高 等 数 学

（基础版）

湘潭大学文科高等数学教学改革课题组　编

科学出版社

北　京

内 容 简 介

　　本书将高等数学的主干内容——一元函数微积分与多元函数微积分有机地结合起来,针对文科类(含经济、管理类)专业对高等数学的不同要求,将课程内容分成若干模块.本书分基础版与加强版两册出版,本册为基础版,所含内容为必修模块,包括函数与极限基础、函数微分学基础、一元函数积分学基础、微分方程初步,每节后配有习题,习题分 A,B 两组,A 组为基础题,B 组为综合题.书末附有部分习题参考答案、常用的数学公式、符号与希腊字母、常用积分公式;加强版为选修模块,包括极限、连续与导数续论、中值定理与导数应用、二重积分与无穷级数、微分方程与差分方程.学生可根据专业的不同要求选修相关内容.

　　本书体系完整、结构严谨、逻辑清晰、叙述清楚、通俗易懂,例题与习题较多,可供高等院校文科类(含经济、管理类)专业的学生使用.

图书在版编目(CIP)数据

高等数学.基础版/湘潭大学文科高等数学教学改革课题组编. —北京:科学出版社,2010.6
　ISBN 978-7-03-027907-1

　Ⅰ.①高… Ⅱ.①湘… Ⅲ.①高等数学-高等学校-教材 Ⅳ.①O13

中国版本图书馆 CIP 数据核字(2010)第 107951 号

责任编辑:王　静　张中兴 / 责任校对:纪振红
责任印制:张克忠 / 封面设计:耕者设计工作室

科 学 出 版 社 出版
北京东黄城根北街 16 号
邮政编码:100717
http://www.sciencep.com

北京佳艺恒彩印刷有限公司 印刷
科学出版社发行　各地新华书店经销

*

2010 年 6 月第　一　版　　开本:B5(720×1000)
2015 年 8 月第八次印刷　　印张:14 3/4
字数:290 000
定　价:26.00 元

前　言

　　中学新课程标准已在全国范围内铺开,在数学课程标准中,部分属于大学数学的教学内容下放到中学,而以往部分属于初等数学的教学内容没有涉及;并且在教学中提倡选用与生活实际密切相关的素材、现实世界中的常见现象或其他科学的实例,展现数学的概念、结论,体现数学的思想、方法,忽略一些抽象的推理与证明.

　　为了更好地与中学数学教学相衔接,帮助文科类(含经济、管理类)专业的学生掌握、理解高等数学基础知识,掌握基本方法与技能,我们组织了数位工作在教学一线的中青年教师,针对模块化教学的特点,结合自身多年的教学实践和教学经验,考虑到不同专业的要求和跨专业学习的需求,编写了本书.本书采用与传统教材不一样的分级模块形式,针对文科类(含经济、管理类)专业对高等数学的不同要求,将课程内容分成 8 个模块,分基础版和加强版出版.基础版内容含 4 个必修模块:函数与极限基础、函数微分学基础、一元函数积分学基础、微分方程初步,所需教学课时约 64 学时;加强版内容含 4 个选修模块:极限、连续与导数续论、微分中值定理与导数的应用、二重积分与无穷级数、微分方程与差分方程,所需教学课时约 80 学时.每个模块又由相应的子模块组成,可根据专业需要选修相关的模块及子模块.本书可作为高等院校文科类(含经济、管理类)专业高等数学课程教材,也可供自学者使用.

　　本书特色鲜明,尽量做到知识点由浅入深、由粗到细,希望能保持学生学习的统一性与连贯性.

　　在基础版中,我们放弃传统意义下的经典,尽可能地绕开数学的抽象,试图以直观、描述性的形式来展示数学的内涵,而对于知识点则试图广泛涉及,即追求宽度、广度而不是深度.例如,不介绍极限的"$\varepsilon\text{-}N,\varepsilon\text{-}\delta$"定义,不局限于一元函数的讲授.适合全体文科类(含经济、管理类)专业选用.

　　在加强版中,我们力求重拾传统的经典.针对学生的学习要求,培养对数学抽象的理解,让他们尽可能地理解高等数学的专业术语,养成严格的数学思维,能够较好地利用数学工具,并以严谨、抽象的形式来展示数学的内涵,增加对知识点进一步理解与掌握,尽量做到刨根究底,追求深度.适合经济、管理类专业选用.

　　本书的编写得到湘潭大学教务处、数学与计算科学学院的大力支持.

　　由于我们水平有限,成书仓促,书中难免有疏漏之处,请有关专家、学者及使用本书的老师、同学和读者批评指正.

编　者

2010 年 8 月于湘潭

目　录

数学是在一切领域中建立真理的方式.

——笛卡儿(Descartes)

第1章 函数与极限基础

静止是相对的,运动是绝对的,如何描述事物的运动状态是高等数学与初等数学对函数研究的关键区别.函数与极限是高等数学这门课程最基本的核心概念,其中如何理解极限概念既是重点又是难点,而且会直接影响到后续章节的学习.

本章从简单介绍 $\mathbf{R}^n$ 空间入手,试图通过几何直观到数学的抽象来思考问题,研究函数及其图形,给出极限的几种具体表述形式,并介绍一些简单极限的计算方法.

1.1 $\mathbf{R}^n$ 空间简介

1. 了解 $\mathbf{R}^n$ 空间、距离、邻域等基本概念;
2. 熟知 $\mathbf{R}^n$ 空间的距离公式;
3. 注意区分 $\mathbf{R}^1$ 空间中几类常见邻域的异同.

1.1.1 $\mathbf{R}^n$ 空间

空间不是一个陌生的词语,人们常说:生存空间、生活空间、私人空间等.如何描述空间呢? 在数学上,空间是由满足一定"关系"的点组成的集合.研究空间就是研究如何确定空间中的点及其关系.例如,当描述一个物体在空间中的位置时,我们通常可以采用以下三种不同的描述方式:一是按"上下、东西、南北"的方式;二是按"上下、前后、左右"的方式;三是按"内外"的方式.其共同的特点是,必须选择一个具体参照物的位置为基准点(参照点),然后才可以进行正确的描述.

人们常说数学的美在于抽象.例如,对于"上下、前后、左右"的描述方式,如果只考虑其中一对方向上的位置,则可抽象成一条用带方向的直线——数轴(常用字母 x,y, $z,\cdots$)来表示.习惯上,如果该直线是左右方向(或说水平)的,则选右方为正向;如果该直线是上下方向的,则选上方为正向;如果该直线是前后方向的,则选前方为正向.

下面以考虑"左右"方向为例:以坐标原点 O 表示参照点,一条水平方向的数轴(图 1.1),若得知点在 $x_1 = -3$ 处,我们就可以明确该位置是在坐标原点 O 的左侧,距离坐标原点 O 为 3 个单位长度的地方.同理,若得知点在 $x_2 = 3$ 处,可以明确该位置是在坐标原点 O 的右侧,距离坐标原点 O 为 3 个单位长度的地方.

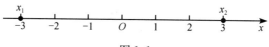

图 1.1

在直线上任意选定一个原点 O、一个正向(正向有两种可能的情形)和一个单位长度,该直线就叫做**数轴**.

这里借助符号"+"和"-"号来表示正向和负向,用数值的大小来表示点与原点 O 的距离.因此,数轴上的点和实数之间建立了一种"一一对应"关系,即不仅数轴上每一点 P 确定唯一的一个实数 x,而且每一个实数 x 也确定数轴上唯一的一点 P.我们常常将点 P 称为点 x,而不加以区分.若以 O 为起点,P 为终点,则可以唯一确定一个向量 $\overrightarrow{OP}$,且有

$$\overrightarrow{OP} = x,$$

如图 1.2 所示.

图 1.2

对应于数轴上一点 P 的实数 x 也叫做 P **点的坐标**,数轴也可以称为**坐标轴**,用 Ox 表示,对应地称为 x **轴**.

跟现实生活中一样,当既要考虑"左右"方向,又要考虑"前后"方向时,对此我们在中学数学中借助两条相互垂直的数轴来表示,即平面直角坐标系,如图 1.3 所示.

我们借助有序实数对 (x,y) 来表示平面所有点的位置,类似于数轴的情形,平面上的点和实数对 (x,y) 之间建立了一种"一一对应"关系,即不仅平面上每一点 P 确定唯一的一个实数对 (x,y),而且每一个实数对 (x,y) 也确定平面上唯一的一点 P.我们也常常将点 P 称为点 (x,y),而不加以区分.若以 O 为起点,P 为终点,则可以唯一确定一个向量 $\overrightarrow{OP}$,且有

$$\overrightarrow{OP} = (x,y),$$

如图 1.4 所示.

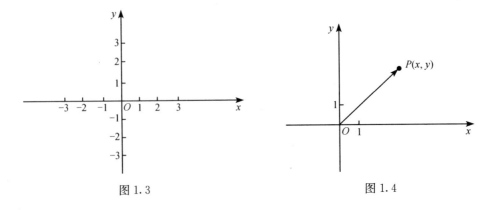

图 1.3   图 1.4

对应于平面上一点 P 的有序实数对 (x,y) 叫做点 P **的坐标**,数轴称为**坐标轴**,分别用 Ox 和 Oy 表示,对应地分别称为 x **轴**和 y **轴**,或**横轴**和**纵轴**.

当我们不仅要考虑"左右"与"前后"位置关系,而且还要考虑"上下"位置时,那么跟平面直角坐标系类似,可建立空间直角坐标系来描述,即如图 1.5 所示:过空间定点 O 作三条互相垂直的数轴,它们都以 O 为原点,并且通常取相同的单位长度,这三条数轴分别称为 x 轴、y 轴、z 轴.

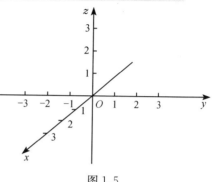

图 1.5

各轴正向之间的顺序通常按下述法则确定(图 1.6):

以右手握住 z 轴,让右手的四指从 x 轴的正向,以 $\dfrac{\pi}{2}$ 的角度转向 y 轴的正向,这时大拇指所指的方向就是 z 轴的正向.这个法则叫做**右手法则**.

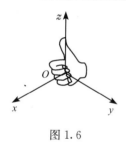

图 1.6

类似平面的情形,我们借助有序实数组 (x,y,z) 来表示空间所有点的位置,同理可得,空间上的点和有序实数组 (x,y,z) 之间建立了一种"一一对应"关系,即不仅空间上每一点 P 确定唯一的一个有序实数组 (x,y,z),而且每一个有序实数组 (x,y,z) 也确定空间上唯一的一点 P.我们也常常将点 P 称为点 (x,y,z),而不加以区分. 若以 O 为起点,P 为终点,则可以唯一确定一个向量 $\overrightarrow{OP}$,且有

$$\overrightarrow{OP} = (x,y,z),$$

如图 1.7 所示.

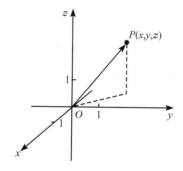
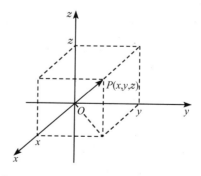

图 1.7

对应于空间上一点 P 的有序实数组 (x,y,z) 也叫做 P 点的**坐标**,三条相互垂直的数轴也称为**坐标轴**,分别用 Ox,Oy 和 Oz 表示,对应地分别称为 x 轴、y 轴和 z 轴,或**横轴、纵轴和竖轴**.

引入数学术语,我们可将

实数 x 称为 **1 维实数组**或 **1 维向量**;

有序实数对 (x,y) 称为 **2 维实数组**或 **2 维向量**;

有序实数组 (x,y,z) 称为 **3 维实数组**或 **3 维向量**.

而且

所有 1 维实数组构成的集合称为 **1 维空间**,记为 $\mathbf{R}$ 或 $\mathbf{R}^1$;

相应地,

所有 2 维实数组构成的集合称为 **2 维空间**,记为 $\mathbf{R}^2$;

所有 3 维实数组构成的集合称为 **3 维空间**,记为 $\mathbf{R}^3$.

在生产实践活动过程中,因为时间对我们认识世界也很重要,所以常常需要考虑 3 维空间中的点在不同时刻的位置. 类似地,引入上述的描述方式,在 3 维空间的基础上增加对时间度量 t 的考虑,故可采用 4 维实数组 (x,y,z,t) 来表示,虽然此时已经无法用几何直观来表达了,但依旧类似上述表述方式,定义如下:

所有 4 维实数组 (x,y,z,t) 构成的集合称为 **4 维空间**,记为 $\mathbf{R}^4$.

更一般地,我们有

定义 1.1.1　所有 n 维实数组 $(x_1,x_2,\cdots,x_n)$ 构成的集合称为 ***n* 维空间**,记为 $\mathbf{R}^n$,即

$$\mathbf{R}^n = \{(x_1,x_2,\cdots,x_n) \mid x_i \in \mathbf{R}, i=1,2,\cdots,n\},$$

其中 n 维实数组 $(x_1,x_2,\cdots,x_n)$ 称为 ***n* 维向量**,通常用 $\boldsymbol{\alpha},\boldsymbol{\beta},\boldsymbol{\gamma},\cdots$ 或粗体的 $\boldsymbol{x},\boldsymbol{y},\boldsymbol{z},\cdots$ 表示,$x_i(i=1,2,\cdots,n)$ 称为**向量的第 i 个分量**(或第 i 个坐标).

注　空间的点与向量形成了"一一对应",因此在以后的章节里,只要不会引起混淆,常常不再加以区分.

在 n 维空间 $\mathbf{R}^n$ 中,通常还定义以下两种运算:

设 $\boldsymbol{\alpha}=(x_1,x_2,\cdots,x_n),\boldsymbol{\beta}=(y_1,y_2,\cdots,y_n)\in\mathbf{R}^n$,$c$ 为实数,则

1. **加法**　$\boldsymbol{\alpha}+\boldsymbol{\beta}=(x_1+y_1,x_2+y_2,\cdots,x_n+y_n)$;

2. **数乘**　$c\boldsymbol{\alpha}=c(x_1,x_2,\cdots,x_n)=(cx_1,cx_2,\cdots,cx_n)$.

与空间对应的还有一个重要概念——距离. 什么是空间 $\mathbf{R}^n$ 中两点 P 与 Q 之间的距离呢? 或者说,什么是空间 $\mathbf{R}^n$ 中两个向量 $\boldsymbol{x}=(x_1,x_2,\cdots,x_n)$ 与 $\boldsymbol{y}=(y_1,y_2,\cdots,y_n)$ 之间的距离呢?

在 $\mathbf{R}^1$ 中,若点 P 的坐标为 x,点 Q 的坐标为 y,则由绝对值的几何意义知:点

P 与 Q 之间的距离为

$$|y - x| \quad 或 \quad \sqrt{(y - x)^2}.$$

在 $\mathbf{R}^2$ 中,若点 P 的坐标为 (x_1, y_1),点 Q 的坐标为 (x_2, y_2),如图 1.8 所示,则由平面几何中勾股定理可知:点 P 与 Q 之间的距离为

$$\sqrt{(x_2 - x_1)^2 + (y_2 - y_1)^2}.$$

在 $\mathbf{R}^3$ 中,若点 P 的坐标为 (x_1, y_1, z_1),点 Q 的坐标为 (x_2, y_2, z_2),如图 1.9 所示,则由立体几何中长方体对角线长度的计算公式知:点 P 与 Q 之间的距离为

$$\sqrt{(x_2 - x_1)^2 + (y_2 - y_1)^2 + (z_2 - z_1)^2}.$$

根据中学的几何知识,不难看出上述两点之间的距离公式的实质是:连接两点 P 与 Q 的线段的长度.

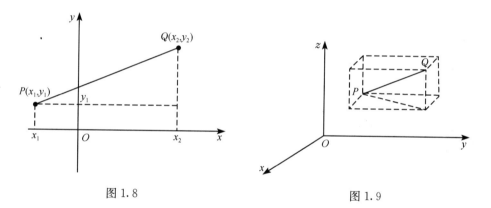

图 1.8   图 1.9

一般地,在 $\mathbf{R}^n$ 中,若点 P 的坐标为 $(x_1, x_2, \cdots, x_n)$,点 Q 的坐标为 $(y_1, y_2, \cdots, y_n)$,定义点 P 与 Q 之间的距离为

$$\sqrt{(y_1 - x_1)^2 + (y_2 - x_2)^2 + \cdots + (y_n - x_n)^2},$$

记为 $|PQ|$,$|\boldsymbol{x} - \boldsymbol{y}|$ 或 $d(\boldsymbol{x}, \boldsymbol{y})$,即

$$|\boldsymbol{x} - \boldsymbol{y}| = \sqrt{(y_1 - x_1)^2 + (y_2 - x_2)^2 + \cdots + (y_n - x_n)^2}.$$

特别地,当点 Q 与原点 O 重合时,或者说 $(y_1, y_2, \cdots, y_n) = (0, 0, \cdots, 0)$ 时,有

$$|\boldsymbol{x}| = \sqrt{x_1^2 + x_2^2 + \cdots + x_n^2},$$

称 $|\boldsymbol{x}|$ 为向量 $\boldsymbol{x}$ 的**模**或**长度**.

设 $\boldsymbol{x}, \boldsymbol{y}$ 为 $\mathbf{R}^n$ 中的向量,c 为实数,可以验证向量的模具有下列性质:

(1) $|\boldsymbol{x}| \geqslant 0$,$|\boldsymbol{x}| = 0$ 当且仅当 $\boldsymbol{x} = \boldsymbol{0}$;

(2) $|\boldsymbol{x} + \boldsymbol{y}| \leqslant |\boldsymbol{x}| + |\boldsymbol{y}|$;

(3) $|c\boldsymbol{x}| = |c||\boldsymbol{x}|$.

1.1.2　邻域

邻域是一个在高等数学中经常用到的概念,同时也是一个极其重要的概念. 直观地说,**点 x_0 的 δ 邻域**是指位于定点 x_0 周围的点的集合,其中每个点 x 与定点 x_0 的距离小于定长 δ,δ 通常是很小的正数. 换而言之,一个点的邻域是包含这个点的集合,可以稍微"抖动"一下这个点而不会离开这个集合.

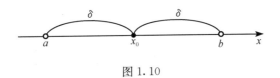

在 $\mathbf{R}^n$ 中点 x_0 的 δ 邻域 $U(x_0,\delta) = \{x \in \mathbf{R}^n \mid |x - x_0| < \delta\}$.

从图形上看,邻域可以看成是 $\mathbf{R}^1$(数轴)中开区间概念的推广.

考虑 $\mathbf{R}^1$ 中开区间 (a,b),若记

$$x_0 = \frac{a+b}{2}, \quad \delta = \frac{b-a}{2},$$

则有

$$U(x_0,\delta) = \{x \mid |x - x_0| < \delta\} = \{x \mid x_0 - \delta < x < x_0 + \delta\} = (a,b),$$

如图 1.10 所示.

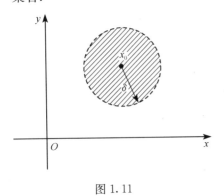

图 1.10

$\mathbf{R}^1$ 中点 x_0 的 δ 邻域就是到定点 x_0 的距离小于定长 $\delta(\delta > 0)$ 的所有点 x 的集合.

如图 1.11 所示,在 $\mathbf{R}^2$ 中有

$$U(x_0,\delta) = \{x \in \mathbf{R}^2 \mid |x - x_0| < \delta\},$$

表示的是以点 x_0 为圆心,$\delta > 0$ 为半径的圆盘,其中不包含边界圆

$$\{x \in \mathbf{R}^2 \mid |x - x_0| = \delta\}.$$

设 M 为常数,下面介绍一些跟邻域密切相关的概念.

点 x_0 的去心 δ 邻域,记为

$$\mathring{U}(x_0,\delta) = \{x \mid 0 < |x - x_0| < \delta\};$$

图 1.11

特别在 $\mathbf{R}^1$ 中还有:

点 x_0 的 δ 右邻域,如图 1.12 所示,记为

$$U_+ (x_0,\delta) = \{x \mid x_0 \leqslant x < x_0 + \delta\};$$

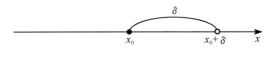

图 1.12

点 x_0 的去心 δ 右邻域，如图 1.13 所示，记为

$$\mathring{U}_+ (x_0,\delta) = \{x \mid x_0 < x < x_0 + \delta\};$$

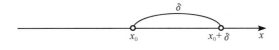

图 1.13

点 x_0 的 δ 左邻域，如图 1.14 所示，记为

$$U_- (x_0,\delta) = \{x \mid x_0 - \delta < x \leqslant x_0\};$$

图 1.14

点 x_0 的去心 δ 左邻域，如图 1.15 所示，记为

$$\mathring{U}_- (x_0,\delta) = \{x \mid x_0 - \delta < x < x_0\};$$

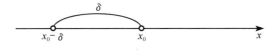

图 1.15

$+\infty$ 的邻域，如图 1.16 所示，记为

$$U(+\infty) = \{x \mid x > M, M > 0\};$$

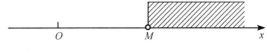

图 1.16

$-\infty$ 的邻域，如图 1.17 所示，记为

$$U(-\infty) = \{x \mid x < -M, M > 0\}.$$

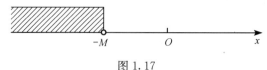

图 1.17

特别地,若不需要指明邻域的大小,常用 $U(x_0)$ 表示 x_0 的邻域,$\mathring{U}(x_0)$ 表示 x_0 的去心邻域.

习 题 1.1

A 组

1. 在 $\mathbf{R}^2$ 中点集

$$A = \{(x,y) \mid 1 < x < 3, 1 < y < 3\}$$

包含点 $(1,1)$ 的一个邻域吗? 包含点 $(2,2)$ 的一个邻域吗? 请说明理由.

2. 试比较在 $\mathbf{R}^1$ 中的邻域与开区间、闭区间之间的区别与联系.

3. 试问 $\mathbf{R}^3$ 中点 x_0 的 δ 邻域 $U(x_0, \delta)$ 是什么形状?

4. 试举例说明生活中什么地方用到了 $\mathbf{R}^n (n>3)$ 空间的向量来表示.

5. 在数轴上画出下列数集所表示的区间:

(1) $\{x \mid (x-2)(x-3) < 0\}$;　　　　(2) $\{x \mid x^2 + x \geqslant 1\}$;

(3) $\left\{ x \mid \dfrac{2}{x-2} < 5 \right\}$;　　　　(4) $\{x \mid x^2 - 16 < 0, x^2 - 2x \geqslant 0\}$;

(5) $U\left(\dfrac{1}{3}, \dfrac{1}{2}\right)$;　　　　(6) $\mathring{U}(5,3)$.

6. 设 $\boldsymbol{x}, \boldsymbol{y}$ 为 $\mathbf{R}^n$ 中的向量,c 为实数,试证:

(1) $\boldsymbol{x} + \boldsymbol{y} = \boldsymbol{y} + \boldsymbol{x}$;　　　　(2) $c(\boldsymbol{x} + \boldsymbol{y}) = c\boldsymbol{y} + c\boldsymbol{x}$.

B 组

1. 设 $\boldsymbol{x}, \boldsymbol{y}$ 为 $\mathbf{R}^3$ 中的向量,c 为实数,试证:

(1) $|\boldsymbol{x} + \boldsymbol{y}| \leqslant |\boldsymbol{x}| + |\boldsymbol{y}|$;　　　　(2) $|c\boldsymbol{x}| = |c| |\boldsymbol{x}|$.

2. 请思考:空间与集合的关系,区间与邻域的关系.

1.2　函数及其图形

1. 了解复合函数、分段函数、反函数、隐函数、三角函数等概念;

2. 掌握初等函数的定义及函数的三种表示法;

3. 熟知函数的四大特性:单调性、有界性、奇偶性和周期性.

1.2.1　函数

1. 函数的定义

函数是高等数学的一个核心概念,也是我们在数学学习过程中最早接触到的

概念之一,小学数学中最常见的函数.形式
如图 1.18 所示.

　　进一步学习过程中,就会碰到如下形
式的应用题.

　　引例 1.2.1　商家销售某种商品的价
格为 7 元 / 千克,每销售 1 千克商家就获
得 0.5 元利润.那么该商家的销售量和总
利润之间有什么联系?

　　当销售量在它可能的变化范围内每取
一个值 q 时,总利润 L 就会有一个唯一确
定的值 $0.5q$ 与之相对应.销售量与总利润

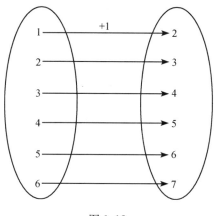

图 1.18

之间的这种对应关系就叫做函数关系,即 $L=0.5q(q \geqslant 0)$.

　　在中学的数学学习过程中,我们得到了函数的如下定义:

　　设 A,B 是非空数集,如果按照某种确定的对应关系 f,使对于集合 A 中的任
意一个数 x,在集合 B 中都有唯一确定的数值 $f(x)$ 和它对应,那么就称 $f:A \rightarrow B$
为从集合 A 到集合 B 的一个**函数**(function),记作

$$y = f(x), \quad x \in A,$$

其中 x 叫做**自变量**(independent variable),x 的取值范围叫做函数的**定义域**(domain);y 叫做**因变量**,与 x 的值对应的 y 值叫做**函数值**,函数值的集合 $\{f(x) \,|\, x \in A\}$
叫做函数的**值域**(range).

　　若借助中学课程中的映射定义,上面函数的定义可以等价地表述如下:

　　设 D 是 **R** 中的非空数集,则称映射 $f:D \rightarrow \mathbf{R}$ 为定义在 D 上的**函数**,记作

$$y = f(x), \quad x \in D,$$

其中定义域 D 也可记作 D_f,值域 $\{f(x) \,|\, x \in D\}$ 也可记作 R_f.

　　从空间的角度考虑,上述函数的定义都是在 1 维空间 $\mathbf{R}^1$ 中得到的.类似地,在
n 维空间 $\mathbf{R}^n$ 中,可以将函数的定义推广如下:

　　定义 1.2.1　设 D 是 $\mathbf{R}^n$ 中的非空点集,则称映射 $f:D \rightarrow \mathbf{R}$ 为定义在 D 上的**n
元函数**,记作

$$y = f(x_1, x_2, \cdots, x_n), \quad (x_1, x_2, \cdots, x_n) \in D,$$

其中向量 $(x_1, x_2, \cdots, x_n)$ 叫做**自变量**;y 叫做**因变量**;D 叫做**定义域**,记作 D_f;函数
值的集合

$$\{y \,|\, y = f(x_1, x_2, \cdots, x_n), (x_1, x_2, \cdots, x_n) \in D\}$$

叫做函数的**值域**,记作 R_f.

注 （1）我们熟悉的函数事实上是一元函数,在后面的章节中,若非特别指出,函数也通常是指一元函数.

（2）当 $n \geqslant 2$ 时,n 元函数统称为**多元函数**.

其实,多元函数对我们而言,也并不陌生,而且经常用到.

例如,长方形的面积公式为

$$S = xy,$$

其中 x,y 分别表示长和宽,则由函数的定义可知,S 是关于 x,y 的二元函数;

长方体的体积公式为

$$V = xyz,$$

其中 x,y,z 分别表示长、宽和高,则由函数的定义可知,V 是关于 x,y,z 的三元函数.

在引例 1.2.1 中,如果商家销售的商品种类有 n 种,则总利润就是销售量的 n 元函数. 因为当已知每销售 1 单位第 1 种商品能获利 c_1 元,第 2 种能获利 c_2 元,$\cdots$,第 n 种能获利 c_n 元时,若它们的销售量依次为 $q_1,q_2,\cdots,q_n$ 时,则有

$$L = c_1 q_1 + c_2 q_2 + \cdots + c_n q_n, \quad q_i \geqslant 0, i = 1,2,\cdots,n,$$

所以总利润 L 是销售量 $q_1,q_2,\cdots,q_n$ 的 n 元函数.

2. 几类重要的函数

1）反函数

引例 1.2.2 设 p 表示某产品的价格,q 表示销售量,当产品的价格 p 固定时,生产者出售一定数量的该产品所得到的全部收入 R 可以看成销售量 q 的函数,即

$$R = pq,$$

反过来,销售量 q 也可以看成全部收入 R 的函数,即

$$q = R/p,$$

称函数 $q=R/p$ 为 $R=pq$ 的反函数.

定义 1.2.2 设函数 $y=f(x)$ 的定义域为 D_f,值域为 R_f,若对任意 $y \in R_f$,有唯一一个 $x \in D_f$ 与之对应,使 $f(x)=y$,则在 R_f 上定义了 y 的一个函数,记作

$$x = f^{-1}(y), \quad y \in R_f,$$

称为函数 $y=f(x)$ 的**反函数**.

习惯上,我们将函数 $y=f(x)$ 的反函数记作 $y=f^{-1}(x)$.

如果函数存在反函数,则 x 与 y 是"一一对应"的.

函数

$$y = f(x)$$

与函数

$$y = f^{-1}(x)$$

互为反函数,**它们的图形关于直线 $y=x$ 对称**,如图 1.19 所示.

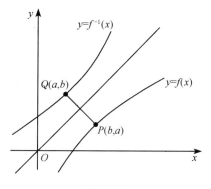

图 1.19

例 1　求正弦函数 $y = \sin x$ 在区间 $\left[-\dfrac{\pi}{2}, \dfrac{\pi}{2}\right]$ 上的反函数.

解　在区间 $\left[-\dfrac{\pi}{2}, \dfrac{\pi}{2}\right]$ 上, y 和 x 之间满足一一对应关系,因此存在反函数

$$x = \arcsin y, \quad y \in [-1, 1],$$

叫做**反正弦函数**,习惯上记作

$$y = \arcsin x, \quad x \in [-1, 1].$$

类似地,余弦函数 $y = \cos x, x \in [0, \pi]$ 的反函数叫做**反余弦函数**,记作

$$y = \arccos x, \quad x \in [-1, 1].$$

正切函数 $y = \tan x, x \in \left(-\dfrac{\pi}{2}, \dfrac{\pi}{2}\right)$ 的反函数叫做**反正切函数**,记作

$$y = \arctan x, \quad x \in \mathbf{R}.$$

余切函数 $y = \cot x, x \in (0, \pi)$ 的反函数叫做**反余切函数**,记作

$$y = \text{arccot} x, \quad x \in \mathbf{R}.$$

2) 复合函数

引例 1.2.3　生产成本 C 可以看成产量 Q 的函数,即

$$C = C(Q),$$

而产量 Q 又是时间 t 的函数,即

$$Q = Q(t),$$

那么成本 C 又可以作为时间 t 的函数,即

$$C = C(Q(t)).$$

成本 C 与时间 t 的这种函数关系叫做通过 Q 构成的复合函数关系.

定义 1.2.3　设 $y = f(u)$ 是 u 的函数, $u = \varphi(x)$ 是 x 的函数. 如果 $u = \varphi(x)$ 的值域与 $y = f(u)$ 的定义域的交集非空,则称

$$y = f(\varphi(x))$$

为由函数 $y = f(u)$ 和 $u = \varphi(x)$ 构成的**复合函数**,简记为 $f \circ \varphi$,其中 u 叫做**中间变**

量,如图 1.20 所示.

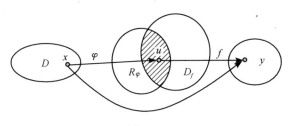

图 1.20

例如,函数 $y=\arctan x^2$ 可看作由 $y=\arctan u$ 和 $u=x^2$ 复合而成. 又如,$y=\sqrt{x^2}$ 可看作由 $y=\sqrt{u}$ 和 $u=x^2$ 复合而成的,这个函数实际上就是 $y=|x|$.

注 (1) 不是任何两个函数都能够复合成一个复合函数的. 例如,$y=\arcsin u$ 和 $u=x^2+3$ 就不能复合成一个复合函数. 因为对于 $u=x^2+3$ 的定义域 $(-\infty,+\infty)$ 内任何 x 值所对应的 u 值(都大于或等于3),都不能使 $y=\arcsin u$ 有意义.

(2) 复合函数也可以由两个以上的函数经过复合构成. 例如,设 $y=\sqrt{u}$,$u=\cot v$,$v=\dfrac{x}{2}$,则得复合函数 $y=\sqrt{\cot\dfrac{x}{2}}$,这里 u 及 v 都是中间变量.

(3) 我们常称函数 $y=f(u)$ 为**外函数**,称函数 $u=\varphi(x)$ 为**内函数**,当外函数或内函数是多元函数时,所得的复合函数也称为**多元复合函数**. 例如,

设 $z=\ln(u^2+v)$,而 $u=x^2+y$,$v=\mathrm{e}^{x+y^2}$,则复合函数

$$z=\ln((x^2+y)^2+\mathrm{e}^{x+y^2})=\ln(x^4+2x^2y+y^2+\mathrm{e}^{x+y^2})$$

是二元复合函数. 若改变中间变量为 $u=y$,$v=\mathrm{e}^{x+y^2}$,则复合函数

$$z=\ln(y^2+\mathrm{e}^{x+y^2})$$

依然是二元复合函数. 由此可见,多元复合函数的情形较一元复合函数复杂多了.

例 2 指出下列函数的复合过程:

(1) $y=\sqrt[3]{2x+1}$;　　　　　　(2) $y=\ln\tan\dfrac{x}{2}$.

解 (1) $y=\sqrt[3]{2x+1}$ 是由 $y=\sqrt[3]{u}$ 与 $u=2x+1$ 复合而成的.

(2) $y=\ln\tan\dfrac{x}{2}$ 是由 $y=\ln u$,$u=\tan v$,$v=\dfrac{x}{2}$ 复合而成的.

例 3 已知 $f(x)$ 的定义域为 $[-1,1]$,求 $f(\ln x)$ 的定义域.

解 由 $-1\leqslant\ln x\leqslant1$ 得 $\dfrac{1}{\mathrm{e}}\leqslant x\leqslant\mathrm{e}$,所以 $f(\ln x)$ 的定义域为 $\left[\dfrac{1}{\mathrm{e}},\mathrm{e}\right]$.

3) 隐函数

函数常见如下表示形式:

$$y = \sin x, \quad y = x^2 + 3x + 1, \quad y = \sqrt{1+x^2}, \quad y = \tan(1+x^2),$$

它们的共同特点是均表示为 $y=f(x)$ 的形式,即因变量 y 单独放在等式的一边,而等式的另一边是只含有自变量 x 的表达式,我们称这种形式表示的函数为**显函数**.此外,若变量 x,y 之间的函数关系是通过一个二元方程

$$F(x,y) = 0$$

来确定的,则称这种形式表示的函数为**隐函数**.

例 4　对于任一 $x \neq 5$,通过二元方程 $xy+3x^2-5y-7=0$ 可唯一确定一个 y,即

$$y = \frac{3x^2-7}{5-x}.$$

由隐函数定义可知,函数

$$y = \frac{3x^2-7}{5-x}, \quad x \neq 5$$

是方程 $xy+3x^2-5y-7=0$ 所确定的隐函数. 这一过程也称为**隐函数显化**.

例 5　常数 $a>0$,二元方程 $x^2+y^2-a^2=0$ 对任意 $x\in(-a,a)$,通过方程对应两个 y.若限定 y 的变化范围 $y>0$ 或 $y<0$,则对任意 $x\in(-a,a)$ 只唯一确定一个 y,即

$$y_1 = \sqrt{a^2-x^2} \quad 或 \quad y_2 = -\sqrt{a^2-x^2}.$$

由隐函数定义可知,函数

$$y_1 = \sqrt{a^2-x^2} \quad 与 \quad y_2 = -\sqrt{a^2-x^2}$$

都是方程 $x^2+y^2-a^2=0$ 所确定的隐函数.

一般地,n 元函数由一个 $n+1$ 元方程确定,我们给出下列定义.

定义 1.2.4　如果 $n+1$ 元方程

$$F(x_1,x_2,\cdots,x_n,y) = 0$$

能确定 y 是 $x_1,x_2,\cdots,x_n$ 的函数,记作

$$y = f(x_1,x_2,\cdots,x_n),$$

使

$$F(x_1,x_2,\cdots,x_n,f(x_1,x_2,\cdots,x_n)) \equiv 0,$$

则称 n 元函数 $y=f(x_1,x_2,\cdots,x_n)$ 是由方程 $F(x_1,x_2,\cdots,x_n,y)=0$ 所确定的(n元)**隐函数**.

例 6　三元方程

$$F(x,y,z) = x+xy+yz-4 = 0, \quad y \neq 0,$$

通过解方程可以唯一确定 z,即

$$z = \frac{4 - x - xy}{y}.$$

此时,有

$$F\left(x, y, \frac{4 - x - xy}{y}\right) \equiv 0.$$

因此由隐函数定义可知,函数

$$z = \frac{4 - x - xy}{y}$$

是方程 $F(x, y, z) = x + xy + yz - 4 = 0$ 所确定的(二元)隐函数.

类似地,方程在 $y \neq -1$ 时,可确定 x 是 y, z 的函数.

4) 分段函数

引例 1.2.4　设企业对某商品规定了价格差,购买量在 10kg 以下(包括 10kg),价格为 10 元/kg;购买量小于等于 100kg,其中超过 10kg 的部分,价格为 9 元/kg;购买量大于 100kg 的部分,价格为 8 元/kg,试作出购买量为 $x$kg 的费用函数 $C(x)$.

解
$$C(x) = \begin{cases} 10x, & 0 \leqslant x \leqslant 10, \\ 100 + 9(x - 10), & 10 < x \leqslant 100, \\ 100 + 810 + 8(x - 100), & x > 100, \end{cases}$$

化简得
$$C(x) = \begin{cases} 10x, & 0 \leqslant x \leqslant 10, \\ 9x + 10, & 10 < x \leqslant 100, \\ 8x + 110, & x > 100. \end{cases}$$

费用函数 $C(x)$ 与购买量 x 的这种函数关系叫做**分段函数**.

定义 1.2.5　函数 $y = f(x)$ 在其定义域 D 的不同子集上具有两个或两个以上的不同的解析表达式,则称函数 $y = f(x)$ 为**分段函数**,其中一个表达式到另一个表达式的过渡点称为**分界点**或**分段点**.

下面介绍几种常见的分段函数.

例 7　绝对值函数
$$y = |x| = \begin{cases} x, & x \geqslant 0, \\ -x, & x < 0, \end{cases}$$

分界点为 $x = 0$,它的图形如图 1.21 所示.

例 8　符号函数
$$y = \mathrm{sgn}\, x = \begin{cases} 1, & x > 0, \\ 0, & x = 0, \\ -1, & x < 0, \end{cases}$$

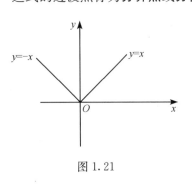

图 1.21

分界点为 $x=0$,它的图形如图 1.22 所示.对于任何实数 x,下列关系成立:

$$|x| = x \cdot \mathrm{sgn}x.$$

例 9 取整函数

$$y = [x],$$

其中 x 为任一实数,$[x]$ 表示不超过 x 的最大整数,称为 x 的**整数部分**.例如,

$$\left[\frac{3}{5}\right] = 0, \quad [\sqrt{3}] = 1, \quad [\pi] = 3, \quad [-1] = -1, \quad [-3.5] = -4.$$

它的图形如图 1.23 所示.

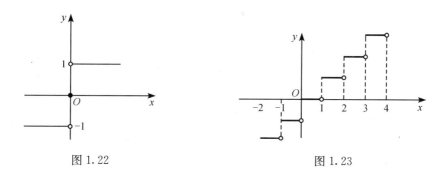

图 1.22   图 1.23

类似图 1.23 的曲线称为**阶梯曲线**.在 x 为整数值处,图形发生跳跃,跃度为 1,分界点为

$$x = 0, \pm 1, \pm 2, \cdots.$$

例 10 最值函数:函数 $f(x) = \max(x, x^2), x \in [-2, 2]$ 是一个分段函数,作出 $y = x$ 及 $y = x^2$ 在 $[-2, 2]$ 上的图形,如图 1.24 所示,由图可知

$$f(x) = \max(x, x^2) = \begin{cases} x^2, & -2 \leqslant x < 0, \\ x, & 0 \leqslant x < 1, \\ x^2, & 1 \leqslant x \leqslant 2. \end{cases}$$

同样,作出函数 $f(x) = \min(2, x^2)$ 在 $[-2, 2]$ 上的图形,如图 1.25 所示,由图可知

$$f(x) = \min(2, x^2) = \begin{cases} 2, & -2 \leqslant x < -\sqrt{2}, \\ x^2, & -\sqrt{2} \leqslant x \leqslant \sqrt{2}, \\ 2, & \sqrt{2} \leqslant x \leqslant 2. \end{cases}$$

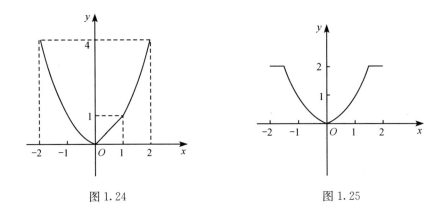

图 1.24　　　　　　　　　　　　　　图 1.25

例 11　狄利克雷(Dirichlet)函数

$$D(x) = \begin{cases} 1, & x \text{ 是有理数}, \\ 0, & x \text{ 是无理数}. \end{cases}$$

这个函数的图形无法画出来,它在数学史上起过重要作用,帮助澄清过许多概念.

1.2.2　初等函数

1. 基本初等函数

1) 常值函数

$y = C$ 或 $x = C$(C 为常数),如图 1.26 所示.

2) 幂函数

$y = x^a$(α 为任意实数),如图 1.27 所示.

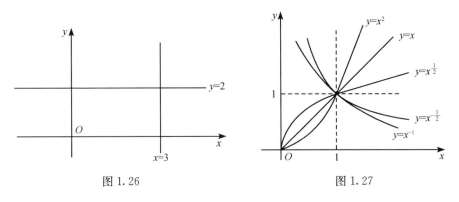

图 1.26　　　　　　　　　　　　　　图 1.27

3) 指数函数

$y = a^x$($a > 0, a \neq 1, a$ 为常数),如图 1.28 所示.

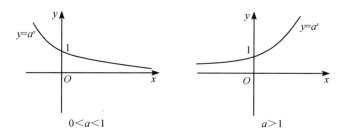

图 1.28

4）对数函数

$y=\log_a x\,(a>0,a\neq 1,a$ 为常数），如图 1.29 所示.

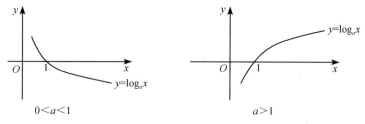

图 1.29

以 e 为底的对数函数称为**自然对数函数**，记作 $y=\ln x$；以 10 为底的对数函数称为**常用对数函数**，记作 $y=\lg x$.

5）三角函数

$$y=\sin x,\quad y=\cos x,\quad y=\tan x,\quad y=\cot x,\quad y=\sec x,\quad y=\csc x,$$

如图 1.30 所示.

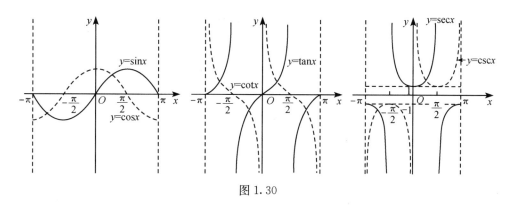

图 1.30

6）反三角函数

$$y=\arcsin x,\quad y=\arccos x,\quad y=\arctan x,\quad y=\operatorname{arccot} x,$$

如图 1.31 所示.

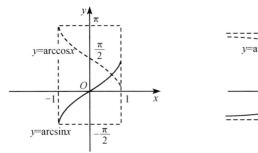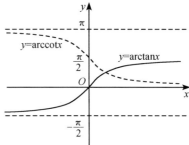

图 1.31

常值函数、幂函数、指数函数、对数函数、三角函数和反三角函数统称为**基本初等函数**.

2. 初等函数

由基本初等函数经过有限次四则运算和有限次函数复合步骤所构成的,且能够用一个表达式表示的函数,称为(**一元**)**初等函数**. 例如,

$$y = \sqrt{1+x}, \quad y = \sqrt{1-2^x}, \quad y = \sin^2 x,$$

$$y = \tan(\ln x)^2, \quad y = \arctan\sqrt{\frac{1+\sin x}{1-\sin x}}$$

都是初等函数.

注　与一元初等函数类似,**多元初等函数**是指可用一个式子所表示的多元函数,这个式子是由常数及具有个不同自变量的一元基本初等函数经过有限次的四则运算和复合运算而得到的. 例如,

$$z = \frac{x + x^2 - y^2}{1 + y^2}, \quad z = \sin(x+y), \quad u = e^{x^2 + y^2 + z^2}$$

都是多元初等函数.

1.2.3　函数的性质

研究函数主要是想了解函数的特性,下面简单介绍函数的几种常见的特性.

1. 函数的单调性

定义 1.2.6　设函数 $y = f(x)$ 在数集 D 上有定义,对于任意 $x_1, x_2 \in D$,
若 $x_1 < x_2$,有 $f(x_1) < f(x_2)$,则称函数 $y = f(x)$ 为在 D 上的**单调增函数**;
若 $x_1 < x_2$,有 $f(x_1) > f(x_2)$,则称函数 $y = f(x)$ 为在 D 上的**单调减函数**.

从几何图形上看,单调增函数的图形如图 1.32 所示,随着自变量的增大而上升,单调减函数的图形如图 1.33 所示,随着自变量的增大而下降. 因此,单调增函数 $y = f(x)$ 也说成函数 $y = f(x)$ 为在 D 上**单调递增**或**单调上升**,单调减函数 $y = f(x)$

也说成函数 $y=f(x)$ 为在 D 上**单调递减**或**单调下降**. 单调上升和单调下降函数统称为**单调函数**.

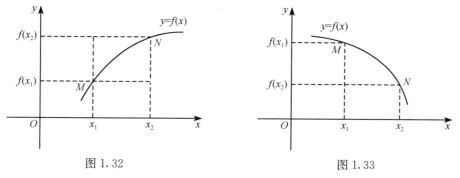

图 1.32　　　　　　　　　　　　　图 1.33

若 $x_1<x_2$，有 $f(x_1)\leqslant f(x_2)$，则称函数 $y=f(x)$ 为在 D 上的**广义单调增函数**；

若 $x_1<x_2$，有 $f(x_1)\geqslant f(x_2)$，则称函数 $y=f(x)$ 为在 D 上的**广义单调减函数**.

例如，函数 $y=x^3$ 在 $(-\infty,+\infty)$ 上是单调上升的. 函数 $y=x^2$ 在 $(-\infty,0)$ 上单调下降，在 $(0,+\infty)$ 上单调上升，但在 $(-\infty,+\infty)$ 上不是单调的. 函数 $y=[x]$ 在 $(-\infty,+\infty)$ 上不是单调上升的，却是广义单调上升的.

注　有时也称广义单调函数为**单调函数**，而称单调函数为**严格单调函数**.

2. 函数的有界性

定义 1.2.7　设函数 $y=f(x)$ 在数集 D 上有定义，若存在常数 $M>0$，对任意 $x\in D$，都有

$$|f(x)|\leqslant M,$$

则称函数 $y=f(x)$ 在 D 上**有界**，或称函数 $y=f(x)$ 在 D 上为**有界函数**；如果这样的 M 不存在，则称函数 $y=f(x)$ 在 D 上**无界**，或称函数 $y=f(x)$ 在 D 上为**无界函数**.

例如，函数 $f(x)=\sin x,f(x)=\cos x$ 在 $(-\infty,+\infty)$ 内是有界的，因为存在正数 $M=1$，无论 x 取任何实数，都有 $|\sin x|\leqslant 1,|\cos x|\leqslant 1$. 函数 $f(x)=\dfrac{1}{x}$ 在开区间 $(0,1)$ 内是无界的，因为不存在这样的正数 M，使 $\left|\dfrac{1}{x}\right|\leqslant M$ 对于 $(0,1)$ 内的一切 x 都成立，事实上，对于任意取定的正数 M（不妨设 $M>1$），则 $\dfrac{1}{2M}\in(0,1)$，当 $x_1=\dfrac{1}{2M}$ 时，$\left|\dfrac{1}{x_1}\right|=2M>M$，但是 $f(x)=\dfrac{1}{x}$ 在区间 $(1,2)$ 内是有界的，如可取 $M=1$ 而使 $\left|\dfrac{1}{x}\right|\leqslant 1$ 对于区间 $(1,2)$ 内的一切 x 都成立.

从几何图形上看，有界函数表示函数 $y=f(x)$ 的图形完全位于直线 $y=M$ 及 $y=-M$ 之间，如图 1.34 所示，无界函数如图 1.35 所示.

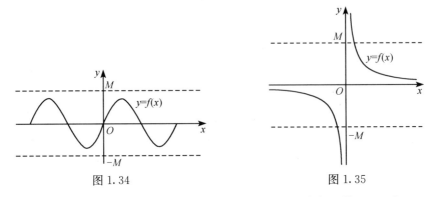

图 1.34　　　　　　　　　　　　图 1.35

如果存在常数 M_1,对任意 $x \in D$,都有 $f(x) \leqslant M_1$,则称函数 $f(x)$ 在 D 上有**上界**. 如果存在常数 M_2,对任意 $x \in D$,都有 $f(x) \geqslant M_2$,则称函数 $f(x)$ 在 D 上有**下界**.

例如,正弦函数 $y = \sin x$ 在 $(-\infty, +\infty)$ 上是有界函数,1 是它的一个上界且是最小的上界,-1 是它的一个下界且是最大的下界.

注　将有界性定义中的一元函数换成 n 元函数,数集 D 换成空间 $\mathbf{R}^n$ 中的点集 D,可完全一样地得到 n 元函数的有界性定义. 例如,二元函数

$$z = \frac{1 + \cos(xy)}{1 + x^2 + y^2},$$

在整个平面 $\mathbf{R}^2$ 上是有界函数,其中 2 是它的一个上界,0 是它的一个下界. 二元函数

$$z = 1 + x^2 + y^2 + \cos(xy),$$

在整个平面 $\mathbf{R}^2$ 上是无界函数;但在点集

$$D = \{(x, y) \mid x^2 + y^2 \leqslant 1\}$$

上有界,此时容易得到 3 是它的一个上界,0 是它的一个下界.

3. 函数的奇偶性

定义 1.2.8　设函数 $y = f(x)$ 的定义域 D 关于原点对称,对于任意 $x \in D$,

(1) 如果 $f(-x) = f(x)$,则称函数 $y = f(x)$ 为 D 上的**偶函数**;

(2) 如果 $f(-x) = -f(x)$,则称函数 $y = f(x)$ 为 D 上的**奇函数**.

从几何图形上看,偶函数的图像关于 y 轴对称(图 1.36),奇函数的图像关于原点对称(图 1.37).

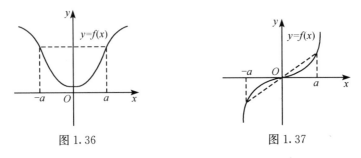

图 1.36　　　　　　　　　　　　图 1.37

例如,幂函数 $y=x^n$,当 n 为奇数时是奇函数,当 n 为偶数时是偶函数.特别地,$y=x^3$ 是奇函数,而 $y=x^2$ 是偶函数,它们的图形分别如图 1.38 和图 1.39 所示.

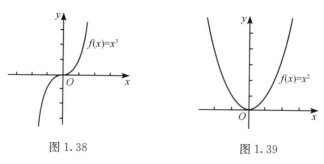

图 1.38   图 1.39

例 12 判断 $f(x)=\ln(\sqrt{x^2+1}+x)$ 的奇偶性.

解 $f(x)$ 的定义域为 $(-\infty,+\infty)$,且

$$f(-x)=\ln(\sqrt{(-x)^2+1}-x)=\ln\frac{1}{\sqrt{x^2+1}+x}=-f(x),$$

所以 $f(x)$ 为奇函数.

4. 函数的周期性

定义 1.2.9 设函数 $y=f(x)$ 的定义域为 D_f,若存在常数 T,使得对于任意 $x\in D_f, x+T\in D_f$,均有

$$f(x+T)=f(x),$$

则称函数 $y=f(x)$ 为**周期函数**,T 称为函数 $y=f(x)$ 的**周期**.

如图 1.40 所示,若 T 是函数 $y=f(x)$ 的周期,则 $2T,3T,\cdots$ 都是函数 $y=f(x)$ 的周期.通常函数的周期是指它的最小正周期(如果存在的话).

例 13 三角函数

$$y=\sin x,\quad y=\cos x,\quad y=\tan x$$

分别是周期为 $2\pi,2\pi,\pi$ 的周期函数,

$$y=x-[x]$$

是周期为 1 的周期函数.

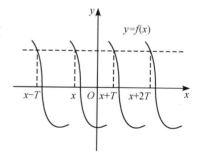

图 1.40

注 并不是所有周期函数都有最小正周期.例如,狄利克雷函数

$$D(x)=\begin{cases}1, & x\text{ 是有理数},\\ 0, & x\text{ 是无理数}.\end{cases}$$

没有最小周期.因为任意正有理数都是它的周期,而正有理数是没有最小(正有理)数的.

1.2.4 函数的表示法

函数的表示形式主要有三种:解析法、表格法和图形法.

例如,汽车在公路上以 60km/h 的速度行驶,用 t 表示行驶时间,s 表示行驶路程,怎样表示汽车行驶路程与行驶时间的关系?

解析法:

$$s = 60t \quad (t \geqslant 0).$$

表格法:

t/h	1	2	3	4	5	6	⋯
s/km	60	120	180	240	300	360	⋯

图形法(图 1.41):

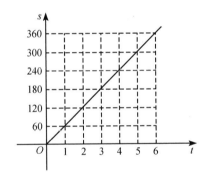

图 1.41

1. 解析法

用数学表达式表示自变量与因变量之间的对应关系.

解析法的优点是简单明了,从解析式中可清楚看到自变量与因变量之间的全部依赖关系,并且通过解析式可求出任意一个自变量的值所对应的函数值,同时适合进行理论分析和推导计算.例如,

$$y = 2x^2 + x - 1, \quad z = x^2 y + 2xy^2 - y, \quad y = \begin{cases} x, & x \leqslant 0, \\ \sin x, & x > 0, \end{cases} \quad e^x - xy + 1 = 0$$

都是用解析法表示的函数.

解析法的缺点是在求对应值时,有时要作较复杂的计算,不够形象、直观、具体,而且并不是所有的函数都能用解析式表示出来.

2. 表格法

用表格表示自变量与因变量之间的对应关系.

表格法的优点是直观、精确,对于表中自变量的每一个值,可以不通过计算,直接把函数值找到,查询时很方便.

例如,下表列出了在上午 10:00～12:00 每隔 20 分钟测得的气温数据,由此可以观察出这段时间内气温(单位:℃)的变化规律.

时刻 t	10:00	10:20	10:40	11:00	11:20	11:40	12:00
温度 T	18	18	18.5	19	20	21	23

表格法的缺点是表中不能把所有的自变量与函数对应值全部列出,而且从表中看不出变量间的对应规律,此外对于多元函数来说列表很不方便.

3. 图形法

用图形表示自变量与因变量之间的对应关系.

随着计算机的应用,这种函数的表示方法越来越被人们采用和认可,尤其适用于研究一元、二元函数的性态. 对于一元函数的图形,已经为大家所熟悉,它的定义如下:

2 维空间 $\mathbf{R}^2$ 中的点集

$$\{(x,y) \mid y = f(x), x \in D_f\}$$

称为一元函数 $y = f(x)$ 的**图形**.

一元函数 $y = f(x)$ 的图形通常是一条平面曲线. 类似地,二元函数

$$z = f(x,y), \quad (x,y) \in D_f$$

的图形通常是一个空间曲面.

例如,二元显函数

$$z = \sin(xy)$$

的图形如图 1.42 所示,其定义域 D_f 为整个平面 $\mathbf{R}^2$.

二元隐函数

$$x^2 + y^2 + z^2 = a^2$$

的图形如图 1.43 所示,其定义域为

$$D_f = \{(x,y) \mid x^2 + y^2 \leqslant a^2\}.$$

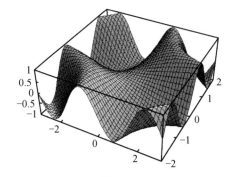

图 1.42

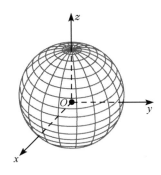

图 1.43

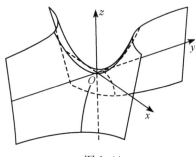

图 1.44

例 14　二元函数 $z=xy$ 定义在整个 xOy 平面上,图像是过原点的双曲抛物面(图 1.44).

据此给出二元函数图形的定义如下:

3 维空间 $\mathbf{R}^3$ 中的点集

$$\{(x,y,z) \mid z=f(x,y),(x,y)\in D_f\}$$

称为二元函数 $z=f(x,y)$ 的**图形**.

图形法的优点是直观、通俗、容易比较.

在现实生活中,气象台应用自动记录器描绘温度随时间变化的曲线,医院测量病人的体温得到的体温图,股市走向图等都是用图形表示函数关系的.

例如,股票在某天的价格随时间的变化关系常用图形表示,如图 1.45 所示为

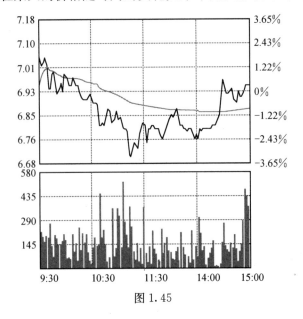

图 1.45

某一只股票在某天的走势图. 从股票曲线可以看出该股票在当天的价格和成交量的波动情况.

图形法的缺点是根据自变量的值常常难以准确地找到对应的函数值, 只能近似地求出自变量所对应的函数值, 而且误差较大, 此外对于 n 元函数 $(n \geqslant 3)$ 图形法是行不通的.

函数的三种基本表示方法, 各有各的优点和缺点, 因此, 要根据不同问题与需要, 灵活地采用不同的方法. 在数学或其他科学研究与应用上, 有时把这三种方法结合起来使用, 即由已知的函数解析式, 列出自变量与对应的函数值的表格, 再画出它的图形.

习　题　1.2

A 组

1. 下列各组函数是否表示相同的函数? 为什么?

(1) $y = \lg x^2$ 与 $y = 2\lg x$;　　　　　　(2) $y = 1$ 与 $y = \sin^2 x + \cos^2 x$;

(3) $y = \dfrac{x^2 - 1}{x - 1}$ 与 $y = x + 1$;　　　　(4) $y = -x|x|$ 与 $y = -x^2$.

2. 某销售商规定, 某产品销量在 10 件以内(含 10 件)时按每件 50 元销售, 超过 10 件时, 超过部分按每件优惠 10 元销售. 试建立销售收入与销售量之间的函数关系.

3. 判断下列函数的奇偶性:

(1) $f(x) = \dfrac{3^x + 3^{-x}}{2}$;　　(2) $f(x) = \ln\left(\dfrac{1+x}{1-x}\right)$;　　(3) $f(x) = xe^x$.

4. 证明:函数 $f(x) = x - [x]$ 是以 1 为周期的周期函数.

5. 设

$$f(x) = \begin{cases} 1, & |x| \leqslant 1, \\ 0, & |x| > 1, \end{cases} \quad g(x) = \begin{cases} 2 - x^2, & |x| \leqslant 1, \\ 2, & |x| > 1. \end{cases}$$

求:(1) $f(g(x))$;(2) $g(f(x))$.

6. 指出下列各复合函数的复合过程:

(1) $y = 2^{\sin^2 x}$;　　　　　　　　　(2) $y = \ln\sqrt{x^2 - 3x + 2}$;

(3) $y = \tan^5 \sqrt[3]{\lg(\arcsin x)}$;　　　(4) $z = \sin(\arctan(x^2 + y))$.

7. 求下列函数的反函数:

(1) $y = 2x^3 + 1$;　　　　　　　　　(2) $y = 1 - \ln(x + 2)$.

8. 设函数 $f(x)$ 在 $(-\infty, +\infty)$ 内单调增加, 且对一切 x 有 $f(x) \leqslant g(x)$, 证明:
$$f(f(x)) \leqslant g(g(x)).$$

9. 设 $f(1-x) = \dfrac{1+x}{2x-1}$, 求 $f(x)$.

10. 求函数 $y = \sin^2 x$ 的周期.

11. 已知分段函数

$$y = \begin{cases} 2\sqrt{x}, & 0 \leqslant x \leqslant 1, \\ 1 + x, & x > 1. \end{cases}$$

试求:(1) 函数的定义域,值域;(2) $f\left(\dfrac{1}{2}\right)$,$f(1)$,$f(3)$;(3) 画出函数的图形.

B 组

1. 选择题

(1) 函数 $f(x)=xe^{\sin x}\tan x$ 是( ).

A. 偶函数　　　　B. 无界函数　　　　C. 周期函数　　　　D. 单调函数

(2) 函数 $f(x)=|x\sin x|e^{\cos x}$ 是( ).

A. 有界函数　　　　B. 单调函数　　　　C. 周期函数　　　　D. 偶函数

2. 已知 $f\left(x+\dfrac{1}{x}\right)=x^2+\dfrac{1}{x^2}$,求 $f(x)$.

3. 已知函数 $f(x+1)=x^2-3x-2$,求 $f(x)$.

4. 设 $f(x)$ 为定义在 $(-l,l)$ 内的奇函数,若 $f(x)$ 在 $(0,l)$ 内单调增加,证明 $f(x)$ 在 $(-l,0)$ 内单调增加.

5. 证明 $f(x)=\dfrac{ax^2+bx+c}{1+x^2}$ 在 $(-\infty,+\infty)$ 上为有界函数,其中 a,b,c 为常数.

6. 已知 $f(x)$ 是二次多项式,且 $f(x+1)-f(x)=8x+3$,求 $f(x)$.

7. 设函数 $f(x)$ 的定义域为 $(-l,l)$,证明必存在 $(-l,l)$ 上的偶函数 $g(x)$ 及奇函数 $h(x)$,使得

$$f(x)=g(x)+h(x).$$

1.3　数列的极限

1. 了解数列极限的概念;
2. 掌握数列极限的基本性质及运算法则;
3. 会求一些简单数列的极限.

1.3.1　问题的引入

通过前面的学习,我们对函数的概念有了进一步的了解.如果研究物体运动只停留在函数概念本身,即仅仅把运动看成物体某一时刻在某一地方,这是以一种静态的观点来理解物体运动,不能达到揭示变量变化的内部规律的目的,也就意味着还没有脱离初等数学的范畴,因此,需要借助动态的观点来揭示函数所确定的自变量和因变量之间的变化关系,只有这样才算是真正意义上进入高等数学的研究领域.

极限作为进入高等数学的钥匙和工具,必须加以特别的重视和关注.在此,从最简单的、最基本的——数列极限开始.

定义 1.3.1　按照一定顺序排列的一列数依次记为

$$x_1,x_2,x_3,\cdots,x_n,\cdots,\qquad(1.3.1)$$

称为**数列**,简记为 $\{x_n\}$.第 n 项记为 x_n,称为**通项**或**一般项**.

数列 $\{x_n\}$ 也可看成是定义在正整数集合上的函数

$$x_n = f(n), \quad n = 1, 2, \cdots. \tag{1.3.2}$$

对于一个给定的数列 $\{x_n\}$，重要的不是去研究它的每一个项如何，而是要知道，当 n 无限增大时，它的通项 x_n 的变化趋势. 为了研究数列的变化趋势，先看下面引例.

引例 1.3.1(芝诺悖论) 乌龟和兔子赛跑，龟在兔子前面 100m，两者同时起跑，兔子的速度是乌龟的 10 倍，问兔子能否追上乌龟？

芝诺认为：兔子跑完 100m 时，乌龟已前进 10m；当兔子跑完了这 10m 时，乌龟又前进了 1m；当兔子又跑了这 1m 时，乌龟又前进了 0.1m；如此下去，龟兔的距离构成一个数列

$$100, 10, 1, \frac{1}{10}, \frac{1}{100}, \frac{1}{1000}, \cdots \quad 或 \quad \left\{ \frac{100}{10^{n-1}} \right\},$$

兔子岂不是永远追不上乌龟了吗？从常识来看，这显然是错误的. 事实上，此数列的变化趋势为零. 在这个过程中，兔子追上了乌龟. 芝诺的错误在于将无限变化的时间与无限变化的空间等同起来，有时无穷与有限间的关系就是这样微妙地迷惑着我们的直觉.

引例 1.3.2 战国时期哲学家庄周所著的《庄子·天下篇》引用过一句话："一尺之棰，日取其半，万世不竭." 也就是说一根一尺长的木棒，每天截去一半，这样的过程可以一直无限制地进行下去，将每天截后的木棒排成一列，其长度组成的数列为

庄子

$$\frac{1}{2}, \frac{1}{4}, \frac{1}{8}, \cdots, \frac{1}{2^n}, \cdots \quad 或 \quad \left\{ \frac{1}{2^n} \right\}$$

随着 n 无限地增加，木棒的长度无限地趋近于零，如图 1.46 所示.

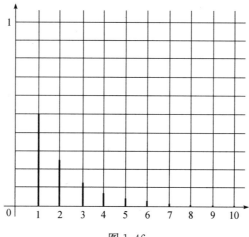

图 1.46

刘徽

引例 1.3.3　三国时期,刘徽提出了"割圆求周"的思想:首先将直径 $R=1$ 的圆周分成六等份,量得圆内接正六边形的周长,再平分各弧量,出内接正十二边形的周长,这样无限制地分割下去,设所得的正 3×2^n 边形的边长为 a_n,则周长为 $C_n=3\times 2^n a_n$,就得到一个(内接正多边形的周长组成的)数列 $\{C_n\}$,如图 1.47 所示. 因为

$$a_1 = r = \frac{1}{2}, \quad DE = r - \sqrt{r^2 - \frac{a_n^2}{4}},$$

所以根据勾股定理有

$$a_{n+1}^2 = \left(\frac{a_n}{2}\right)^2 + DE^2 = \frac{a_n^2}{4} + \left(\frac{1}{2} - \sqrt{\frac{1}{4} - \frac{a_n^2}{4}}\right)^2$$

$$= \frac{1}{2}(1 - \sqrt{1 - a_n^2}), \quad n = 1, 2, \cdots.$$

故

$$C_{n+1} = 3 \cdot 2^{n+1} a_{n+1} = 3 \cdot 2^{n+\frac{1}{2}} (1 - \sqrt{1 - a_n^2})^{\frac{1}{2}}, \quad n = 1, 2, \cdots.$$

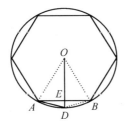
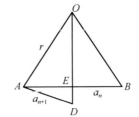

图 1.47

列表可得

n	正多边形	周长 C_n	n	正多边形	周长 C_n
1	6	3.00000000	9	1536	3.14159046
2	12	3.10582854	10	3072	3.141592106
3	24	3.13262861	11	6144	3.141592517
4	48	3.13935020	12	12288	3.141592619
5	96	3.14103195	13	24576	3.141592645
6	192	3.14145247	14	49152	3.141592651
7	384	3.14155761	15	98304	3.141592653
8	786	3.14158389	⋮	⋮	⋮

从上表可以看出,随着 n 的无限增大,正 3×2^n 边形的周长 C_n 无限地接近圆的周长 π. 这正如刘徽所说"割之弥细,所失弥小,割之又割,以之不可割,则与圆合

体而无所失矣".

上述三个引例具有一个共同的特征:

随着自变量 n 的无限增大,因变量 $f(n)$ 无限地接近于一个常数.

这就是我们即将要学到的"极限"的基本思想.

1.3.2　极限的定义

定义 1.3.2　对于数列 $\{x_n\}$,如果当 n 无限增大时,x_n 无限趋向于某一个常数 A,则称 A 为数列 $\{x_n\}$ 的**极限**(**limitation**). 记作

$$\lim_{n \to \infty} x_n = A \quad 或 \quad x_n \to A(n \to \infty).$$

如果一个数列 $\{x_n\}$ 有极限 A,则称这个数列 $\{x_n\}$ 是**收敛数列**,也称数列 $\{x_n\}$ 收敛于 A. 否则就称它是**发散数列**.

注　收敛数列 $\{x_n\}$ 的特性是:

当 n 无限地增大时,x_n 能无限地接近某一个常数 A.

这就是说,

当 n 无限地增大时,$|x_n - A|$ 无限地接近 0.

发散数列没有极限.

例 1　观察下列数列 $\{x_n\}$ 的极限:

(1) $x_n = \dfrac{n}{n+1}$;　　　　(2) $x_n = \dfrac{1}{2^n}$;　　　　(3) $x_n = 2n+1$;

(4) $x_n = (-1)^{n+1}$;　　(5) $x_n = -2$;　　　　(6) $x_n = \dfrac{1}{n}$.

解　观察数列在 $n \to \infty$ 时的变化趋势,得

(1) 当 n 依次取 $1, 2, \cdots$ 正整数时,数列 $\left\{\dfrac{n}{n+1}\right\}$ 的各项依次为

$$\frac{1}{2}, \frac{2}{3}, \frac{3}{4}, \frac{4}{5}, \frac{5}{6}, \cdots, \frac{n}{n+1}, \cdots,$$

所以极限 $\lim\limits_{n \to \infty} \dfrac{n}{n+1} = 1$.

(2) 当 n 依次取 $1, 2, \cdots$ 正整数时,数列 $\left\{\dfrac{1}{2^n}\right\}$ 的各项依次为

$$\frac{1}{2}, \frac{1}{4}, \frac{1}{8}, \frac{1}{16}, \frac{1}{32}, \cdots, \frac{1}{2^n}, \cdots,$$

所以极限 $\lim\limits_{n \to \infty} \dfrac{1}{2^n} = 0$.

一般地,任何一个等比数列$\{q^n\}(|q|<1)$的极限都是零,即

$$\lim_{n\to\infty}q^n = 0, \quad |q|<1.$$

(3) 当 n 依次取 $1,2,\cdots$ 正整数时,数列$\{2n+1\}$的各项依次为

$$3,5,7,9,11,\cdots,2n+1,\cdots,$$

所以极限$\lim\limits_{n\to\infty}(2n+1)$不存在.

(4) 当 n 依次取 $1,2,\cdots$ 正整数时,数列$\{x_n=(-1)^{n+1}\}$的各项依次为

$$1,-1,1,-1,1,\cdots,(-1)^{n+1},\cdots,$$

所以极限$\lim\limits_{n\to\infty}(-1)^{n+1}$不存在.

(5) 这个数列的各项都是-2,故有$\lim\limits_{n\to\infty}(-2)=-2$.

一般地,任何一个常数列$\{C\}$的极限就是这个常数本身,即

$$\lim_{n\to\infty}C = C, \quad C \text{ 为常数}.$$

(6) 当 n 依次取 $1,2,\cdots$ 正整数时,数列$\left\{\dfrac{1}{n}\right\}$的各项依次为

$$\frac{1}{1},\frac{1}{2},\frac{1}{3},\frac{1}{4},\frac{1}{5},\cdots,\frac{1}{n},\cdots,$$

所以极限$\lim\limits_{n\to\infty}\dfrac{1}{n}=0$.

几个常用的数列极限:

$$\lim_{n\to\infty}C=C \text{ （}C\text{ 为常数）}, \quad \lim_{n\to\infty}\frac{1}{n}=0, \quad \lim_{n\to\infty}q^n=0 \text{ （}|q|<1\text{）}.$$

1.3.3　基本性质

定理 1.3.1(唯一性)　若数列$\{x_n\}$有极限,则极限必唯一.

定理 1.3.2　一个数列$\{x_n\}$添加或减少有限项,不影响其极限是否存在,也不影响其极限值(如果极限存在).

例如,数列

$$2,\frac{3}{2},\frac{4}{3},\frac{5}{4},\cdots,\frac{n+1}{n},\cdots \tag{1.3.3}$$

在前面增加三项可得新数列

$$100,200,5000,2,\frac{3}{2},\frac{4}{3},\frac{5}{4},\cdots. \tag{1.3.4}$$

同样,数列(1.3.3)若去掉前面 9 项可得新数列

$$\frac{11}{10}, \frac{12}{11}, \frac{13}{12}, \frac{14}{13}, \cdots.\tag{1.3.5}$$

可以验证,上述三个数列都是极限为 1 的数列.

数列 $\{x_n\}$ 的极限是否存在与前面有限项无关.

因为数列 $\{x_n\}$ 也可看成是定义在正整数集合上的函数,所以根据函数有界性的定义,我们可以给出数列 $\{x_n\}$ 有界性的定义如下:

定义 1.3.3　对于数列 $\{x_n\}$,如果存在着正数 M,使得对于一切 x_n 都满足不等式

$$|x_n| \leqslant M,$$

则称数列 $\{x_n\}$ 是**有界的**;如果这样的正数 M 不存在,就说数列 $\{x_n\}$ 是**无界的**.

定理 1.3.3　若数列 $\{x_n\}$ 收敛,则 $\{x_n\}$ 一定有界.

思考　有界的数列一定收敛吗?

不一定.例如,数列

$$\{(-1)^{n+1}\}, \quad \left\{\sin\frac{n\pi}{2}\right\}$$

都是有界的数列,但都是发散的.

注　有界性只是数列收敛的必要条件,而非充分条件.

推论 1.3.1　如果数列 $\{x_n\}$ 无界,那么数列 $\{x_n\}$ 一定发散.

定理 1.3.4　单调有界数列必有极限.

例如,利用定理 1.3.4 可证明重要数列

$$\{x_n\} = \left\{\left(1+\frac{1}{n}\right)^n\right\}$$

收敛,其极限记为 e,证明过程从略,仅列表考查当 $n \to \infty$ 时,数列 $\{x_n\}$ 的变化趋势.

n	10	100	1000	10000	100000	1000000	$\cdots \to +\infty$
x_n	2.59374	2.70481	2.71692	2.71815	2.71827	2.71828	$\cdots \to$ e

从上表可以看出,当 $n \to \infty$ 时,$\left(1+\frac{1}{n}\right)^n$ 的值无限趋近于无理数

$$e = 2.718281828459045\cdots,$$

所以

$$\lim_{n\to\infty}\left(1+\frac{1}{n}\right)^n = e.$$

定义 1.3.4 在数列 $\{x_n\}$ 中任意抽取无限多项并保持这些项在原数列 $\{x_n\}$ 中的先后次序,这样得到的一个数列称为原数列 $\{x_n\}$ 的**子数列**(或**子列**).

设在数列 $\{x_n\}$ 中,第一次抽取 x_{n_1},第二次在 x_{n_1} 后抽取 x_{n_2},第三次在 x_{n_2} 后抽取 x_{n_3},$\cdots$,这样无休止地抽取下去,得到一个数列

$$x_{n_1}, x_{n_2}, \cdots, x_{n_k}, \cdots,$$

这个数列 $\{x_{n_k}\}$ 就是 $\{x_n\}$ 的一个子数列.

例如,数列

$$\{x_n\} = \{(-1)^n\} = \{-1, 1 - 1, 1, \cdots, (-1)^n, \cdots\}$$

有子数列

$$\{x_{2n-1}\} = \{-1, \cdots, -1, \cdots\}$$

和

$$\{x_{2n}\} = \{1, \cdots, 1, \cdots\}.$$

定理 1.3.5 如果数列 $\{x_n\}$ 收敛于 A,那么它的任一子数列也收敛,且极限也是 A.

注 定理 1.3.5 常用来反证某一数列的发散性.

例如,对 $\{x_n\} = \{(-1)^n\}$,当 $n \to \infty$ 时,

$$x_{2n-1} \to -1,$$

而

$$x_{2n} \to 1,$$

故数列 $\{x_n\}$ 发散.

1.3.4 基本运算法则

定理 1.3.6 数列极限的四则运算法则:设 $\lim\limits_{n \to \infty} x_n$ 和 $\lim\limits_{n \to \infty} y_n$ 都存在,c 为常数,则

(1) $\lim\limits_{n \to \infty}(x_n \pm y_n) = \lim\limits_{n \to \infty} x_n \pm \lim\limits_{n \to \infty} y_n$;

(2) $\lim\limits_{n \to \infty}(x_n y_n) = \lim\limits_{n \to \infty} x_n \lim\limits_{n \to \infty} y_n$;

(3) $\lim\limits_{n \to \infty}(c x_n) = c \lim\limits_{n \to \infty} x_n$;

(4) $\lim\limits_{n \to \infty} \dfrac{x_n}{y_n} = \dfrac{\lim\limits_{n \to \infty} x_n}{\lim\limits_{n \to \infty} y_n}$ (若 $\lim\limits_{n \to \infty} y_n \neq 0$).

例 2 利用 $\lim\limits_{n \to \infty}\left(1 + \dfrac{1}{n}\right)^n = e$ 求下列极限:

(1) $\lim\limits_{n\to\infty}\left(1-\dfrac{1}{n}\right)^{n}$;　　(2) $\lim\limits_{n\to\infty}\left(1+\dfrac{1}{n}\right)^{n+1}$;　　(3) $\lim\limits_{n\to\infty}\left(1+\dfrac{1}{n+1}\right)^{n}$.

解　(1)

$$\lim_{n\to\infty}\left(1-\frac{1}{n}\right)^{n}=\lim_{n\to\infty}\left(\frac{n-1}{n}\right)^{n}=\lim_{n\to\infty}\frac{1}{\left(1+\dfrac{1}{n-1}\right)^{n-1}\left(1+\dfrac{1}{n-1}\right)}=\frac{1}{\mathrm{e}}.$$

(2)

$$\lim_{n\to\infty}\left(1+\frac{1}{n}\right)^{n+1}=\lim_{n\to\infty}\left(1+\frac{1}{n}\right)^{n}\left(1+\frac{1}{n}\right)=\mathrm{e}.$$

(3)

$$\lim_{n\to\infty}\left(1+\frac{1}{n+1}\right)^{n}=\lim_{n\to\infty}\frac{\left(1+\dfrac{1}{n+1}\right)^{n+1}}{\left(1+\dfrac{1}{n+1}\right)}=\mathrm{e}.$$

例 3　求 $\lim\limits_{n\to\infty}\dfrac{2n^{2}+3n-2}{n^{2}+1}$.

解

$$\lim_{n\to\infty}\frac{2n^{2}+3n-2}{n^{2}+1}=\lim_{n\to\infty}\frac{2+\dfrac{3}{n}-\dfrac{2}{n^{2}}}{1+\dfrac{1}{n^{2}}}=\frac{\lim\limits_{n\to\infty}\left(2+\dfrac{3}{n}-\dfrac{2}{n^{2}}\right)}{\lim\limits_{n\to\infty}\left(1+\dfrac{1}{n^{2}}\right)}$$

$$=\frac{\lim\limits_{n\to\infty}2+\lim\limits_{n\to\infty}\dfrac{3}{n}-\lim\limits_{n\to\infty}\dfrac{2}{n^{2}}}{\lim\limits_{n\to\infty}1+\lim\limits_{n\to\infty}\dfrac{1}{n^{2}}}=\frac{2}{1}=2.$$

例 4　求极限 $\lim\limits_{n\to\infty}\dfrac{1+2+\cdots+n}{n^{2}}$.

解　因为

$$1+2+\cdots+n=\frac{n(n+1)}{2},$$

所以

$$\lim_{n\to\infty}\frac{1+2+\cdots+n}{n^{2}}=\lim_{n\to\infty}\frac{n+1}{2n}=\frac{1}{2}.$$

例 5　试问下面的解题方法是否正确:求 $\lim\limits_{n\to\infty}2^{n}$.

设 $a_{n}=2^{n}$ 及 $\lim\limits_{n\to\infty}a_{n}=a$. 由于

$$a_{n}=2a_{n-1},$$

两边取极限$(n \to \infty)$得

$$a = 2a,$$

所以

$$a = 0.$$

解 不正确. 因为极限$\lim\limits_{n \to \infty} 2^n$是否存在还不知道(事实上极限$\lim\limits_{n \to \infty} 2^n$不存在),所以设

$$\lim_{n \to \infty} 2^n = a$$

是错误的.

习 题 1.3

A 组

1. 观察下面数列$\{x_n\}$的通项x_n的变化趋势,并写出它们的极限:

(1) $x_n = \dfrac{1}{2^{n-1}}$;

(2) $x_n = \dfrac{n+1}{n}$;

(3) $x_n = \dfrac{1}{(-3)^n}$;

(4) $x_n = 4$.

2. 判断下列数列是否有界:

(1) $1, \dfrac{4}{3}, \cdots, \dfrac{2n}{n+1}, \cdots$;

(2) $\{2^n\}$.

3. 求下列极限:

(1) $\lim\limits_{n \to \infty} \dfrac{n^3 + 3n^2 + 1}{4n^3 + 2n + 3}$;

(2) $\lim\limits_{n \to \infty} \dfrac{1 + 2n}{n^2}$;

(3) $\lim\limits_{n \to \infty} \dfrac{(-2)^n + 3^n}{(-2)^{n+1} + 3^{n+1}}$;

(4) $\lim\limits_{n \to \infty} (\sqrt{n^2 + n} - n)$;

(5) $\lim\limits_{n \to \infty} \dfrac{2n^2 - 5n + 3}{7n^2 + 3n - 4}$;

(6) $\lim\limits_{n \to \infty} \dfrac{1 + 3 + \cdots + (2n-1)}{1 + 2 + \cdots + n}$.

B 组

1. 设$\{a_n\}$与$\{b_n\}$中一个是收敛数列,另一个是发散数列,证明$\{a_n \pm b_n\}$是发散数列,又问$\{a_n b_n\}$和$\left\{\dfrac{a_n}{b_n}\right\}$ $(b_n \neq 0)$是否必为发散数列?

2. 求下列极限:

(1) $\lim\limits_{n \to \infty} \left(\dfrac{1}{1 \cdot 2} + \dfrac{1}{2 \cdot 3} + \cdots + \dfrac{1}{n(n+1)}\right)$;

(2) $\lim\limits_{n \to \infty} \left(\dfrac{1}{2} + \dfrac{3}{2^2} + \cdots + \dfrac{2n-1}{2^n}\right)$.

3. 证明数列$x_n = \dfrac{1}{2+1} + \dfrac{1}{2^2+1} + \cdots + \dfrac{1}{2^n+1}$有极限.

4. 证明数列$a_n = \dfrac{c^n}{n!} (c > 0, n = 1, 2, \cdots)$的极限存在.

1.4　数项级数简介

1. 了解数项级数、部分和数列等概念；
2. 掌握数项级数收敛性的判别方法及其性质；
3. 会求一些简单数项级数的和.

1.4.1　数项级数的定义

数的加法运算对我们而言是再熟悉不过的事情了. 可是, 现在我们掌握的仅仅是有限个数的加法运算, 如果是无穷多个数相加呢？ 此时, 和存在吗？ 若和存在, 又该如何求呢？

为了对这些问题有个初步印象, 我们先来看下列问题：

有一根十分神奇的橡皮绳, 刚开始它的长度为 1km, 一条蠕虫在橡皮绳的一端点上, 当蠕虫以 1cm/s 的速度沿橡皮绳匀速向另一端爬行时, 橡皮绳在每一秒末都均匀地伸长 1km, 试问：如此下去, 蠕虫能否到达橡皮绳的另一端点？

凭直觉, 几乎大多数的人都会认为蠕虫的爬行速度与橡皮绳拉长的速度差距太大, 蠕虫绝不能爬到另一端. 下面我们来分析上述问题：

由于橡皮绳是均匀伸长的, 所以蠕虫随着拉伸也向前位移. 1km 等于 100000cm, 所以在第一秒末, 蠕虫爬行了整个橡皮绳的 1/100000, 在第二秒内, 蠕虫在 2km 长的橡皮绳上爬行了整个橡皮绳的 1/200000, 在第三秒内, 它又爬行了整个橡皮绳的 1/300000·····所以, 到第 n 秒末, 蠕虫的爬行距离所占橡皮绳长度的比例为

$$\frac{1}{100000}\left(1+\frac{1}{2}+\frac{1}{3}+\cdots+\frac{1}{n}\right).$$

因此上述问题转化为：当 n 充分大时, 上面这个数能否大于等于 1 呢？ 或者说, 括号里的和式能否大于 100000 呢？ 事实上, 当 n 无限增大时, 括号里的和式趋向于 $+\infty$. 也就是说, 我们可以找到这个正整数 N, 使上述结果成立. 也就是说蠕虫在第 N 秒时已经爬到了橡皮绳的另一端点.

那么是不是所有无穷多个数相加的结果都是这样的呢？ 这应当是值得大家期待的.

例如, 1.3.1 小节中提到《庄子・天下篇》"一尺之棰, 日取其半, 万世不竭"的引例中, 把每天截下那一部分的长度"加"起来：

$$\frac{1}{2}+\frac{1}{2^2}+\frac{1}{2^3}+\cdots+\frac{1}{2^n}+\cdots,$$

这就是"无限个数相加"的一个例子. 从直观上可以看到,它的和是 1. 再如下面由"无限个数相加"的表达式

$$1+(-1)+1+(-1)+\cdots$$

中,如果将它写作

$$(1-1)+(1-1)+(1-1)+\cdots=0+0+0+\cdots,$$

其结果无疑是 0,如写作

$$1+[(-1)+1]+[(-1)+1]+\cdots=1+0+0+0+\cdots,$$

其结果则是 1,因此两个结果完全不同. 那么"无限个数相加"在什么条件下存在"和"呢? 如果存在,"和"等于什么?

由上述例子可见,"无限个数相加"不能简单地套用有限个数相加的运算法则,而需要建立它自身的理论.

定义 1.4.1 设给定一个无穷序列

$$x_1,x_2,\cdots,x_n,\cdots,$$

则式子

$$x_1+x_2+\cdots+x_n+\cdots$$

称为**无穷级数**,简称**级数**,记作 $\sum\limits_{n=1}^{\infty}x_n$,即

$$\sum_{n=1}^{\infty}x_n=x_1+x_2+\cdots+x_n+\cdots, \tag{1.4.1}$$

其中第 n 项 x_n 称为级数的**通项**或**一般项**.

若 $\{x_n\}$ 是数列,则级数 $\sum\limits_{n=1}^{\infty}x_n$ 称为**数项级数**;若 $\{x_n\}$ 是函数列,则级数称为**函数项级数**.

级数的和在什么时候存在呢? 下面我们只讨论数项级数的情形,首先引入下列概念.

1.4.2 部分和数列

定义 1.4.2 数项级数 $\sum\limits_{n=1}^{\infty}x_n$ 的前 n 项和

$$S_n=x_1+x_2+\cdots+x_n, \tag{1.4.2}$$

称为该级数的部分和. 若当 $n\to\infty$ 时,部分和数列 $\{S_n\}$ 的极限存在,即

$$\lim_{n\to\infty}S_n=S, \quad S \text{ 为有限常数},$$

则称该级数是**收敛的**,并称 S 为**该级数的和**,记作

$$S = \sum_{n=1}^{\infty} x_n = x_1 + x_2 + \cdots + x_n + \cdots. \qquad (1.4.3)$$

若当 $n \to +\infty$ 时,部分和数列 $\{S_n\}$ 的极限不存在,则称该级数是**发散的**.

注　发散的级数没有和,或者说和不存在.

当级数 $\displaystyle\sum_{n=1}^{\infty} x_n$ 收敛时,其和与部分和之差

$$R_n = S - S_n = x_{n+1} + x_{n+2} + \cdots \qquad (1.4.4)$$

称为**级数的余项**. 用 S_n 作为 S 的近似值所产生的绝对误差就是 $|R_n|$.

例 1　判定等比级数(又称为几何级数) $\displaystyle\sum_{n=1}^{\infty} aq^{n-1}(a \neq 0)$ 的敛散性.

解　当 $|q| \neq 1$ 时,

$$S_n = a + aq + aq^2 + \cdots + aq^{n-1} = \frac{a}{1-q}(1-q^n).$$

(1) 若 $|q| < 1$,则有

$$\lim_{n \to \infty} S_n = \frac{a}{1-q},$$

即当 $|q| < 1$ 时,级数 $\displaystyle\sum_{n=1}^{\infty} aq^{n-1}$ 收敛,其和为 $\dfrac{a}{1-q}$.

(2) 若 $|q| > 1$,则有

$$\lim_{n \to \infty} S_n = \infty,$$

即当 $|q| > 1$ 时,级数 $\displaystyle\sum_{n=1}^{\infty} aq^{n-1}$ 发散.

(3) 当 $q = 1$ 时,由于

$$S_n = a + a + \cdots + a = na,$$

则有

$$\lim_{n \to \infty} S_n = \infty,$$

所以级数 $\displaystyle\sum_{n=1}^{\infty} aq^{n-1}$ 发散.

(4) 当 $q = -1$ 时,由于

$$S_n = a - a + a - \cdots = \begin{cases} a, & n = 2k-1, \\ 0, & n = 2k, \end{cases} \quad k = 1, 2, \cdots,$$

则 $\lim\limits_{n\to\infty}S_n$ 不存在,所以级数 $\sum\limits_{n=1}^{\infty}aq^{n-1}$ 发散.

因此,等比级数 $\sum\limits_{n=1}^{\infty}aq^{n-1}$ 当 $|q|<1$ 时收敛,其和为 $\dfrac{a}{1-q}$;当 $|q|\geqslant1$ 时发散.

例 2 判定级数 $\sum\limits_{n=1}^{\infty}\dfrac{1}{(5n-4)(5n+1)}$ 的敛散性.

解 因为

$$S_n=\frac{1}{1\times6}+\frac{1}{6\times11}+\frac{1}{11\times16}+\cdots+\frac{1}{(5n-4)(5n+1)}$$

$$=\frac{1}{5}\Big[\Big(1-\frac{1}{6}\Big)+\Big(\frac{1}{6}-\frac{1}{11}\Big)+\Big(\frac{1}{11}-\frac{1}{16}\Big)+\cdots+\Big(\frac{1}{5n-4}-\frac{1}{5n+1}\Big)\Big]$$

$$=\frac{1}{5}\Big(1-\frac{1}{5n+1}\Big),$$

所以

$$\lim_{n\to\infty}S_n=\lim_{n\to\infty}\frac{1}{5}\Big(1-\frac{1}{5n+1}\Big)=\frac{1}{5},$$

即原级数收敛,其和为 $\dfrac{1}{5}$.

例 3 判定级数 $\sum\limits_{n=1}^{\infty}\ln\dfrac{n+1}{n}$ 的敛散性.

解 因为

$$S_n=\ln\frac{2}{1}+\ln\frac{3}{2}+\ln\frac{4}{3}+\cdots+\ln\frac{n+1}{n}$$

$$=\ln2-\ln1+\ln3-\ln2+\ln4-\ln3+\cdots+\ln(n+1)-\ln n=\ln(n+1),$$

所以

$$\lim_{n\to\infty}S_n=\lim_{n\to\infty}\ln(n+1)=+\infty,$$

故该级数发散.

注 由于级数的收敛或发散(简称**敛散性**)由它的部分和数列 $\{S_n\}$ 来确定,因而也可把级数作为数列 $\{S_n\}$ 的另一种表现形式. 反之,任给一个数列 $\{x_n\}$,如果把它看成某一数项级数的部分和数列,则这个数项级数就是

$$x_1+\sum_{n=2}^{\infty}(x_n-x_{n-1})=x_1+(x_2-x_1)+(x_3-x_2)+\cdots+(x_n-x_{n-1})+\cdots.$$

$$(1.4.5)$$

这时数列 $\{x_n\}$ 与级数(1.4.5)具有相同的敛散性,且当 $\{x_n\}$ 收敛时,其极限值就是级数(1.4.5)的和.

基于级数与数列的这种关系,根据数列极限的性质不难推出级数的一些基本性质.

1.4.3　无穷级数的基本性质

可以证明,无穷级数具有下列基本性质(证明从略):

性质 1.4.1　若级数 $\sum\limits_{n=1}^{\infty} x_n$ 收敛,且其和为 S,则级数 $\sum\limits_{n=1}^{\infty} kx_n (k$ 为常数) 也收敛,且其和为 kS.

同理,若级数 $\sum\limits_{n=1}^{\infty} x_n$ 发散,且 $k \neq 0$,则级数 $\sum\limits_{n=1}^{\infty} kx_n$ 也发散.

级数的每一项同乘一个非零常数后,其敛散性不变.

性质 1.4.2　若级数 $\sum\limits_{n=1}^{\infty} x_n$ 与 $\sum\limits_{n=1}^{\infty} y_n$ 都收敛,其和分别为 S 与 σ,则级数 $\sum\limits_{n=1}^{\infty} (x_n \pm y_n)$ 也收敛,且其和为 $S \pm \sigma$.

例如,

$$
\begin{aligned}
\sum_{n=1}^{\infty} \frac{2^n + (-1)^n}{3^n} &= \sum_{n=1}^{\infty} \left(\frac{2}{3}\right)^n + \sum_{n=1}^{\infty} \left(-\frac{1}{3}\right)^n \\
&= \frac{\dfrac{2}{3}}{1 - \dfrac{2}{3}} + \frac{-\dfrac{1}{3}}{1 - \left(-\dfrac{1}{3}\right)} \\
&= 2 - \frac{1}{4} = \frac{7}{4}.
\end{aligned}
$$

性质 1.4.2 说明,两个收敛级数逐项相加减后所得的级数仍然收敛.但应注意,两个发散级数逐项相加减所得的级数不一定发散.如级数 $\sum\limits_{n=1}^{\infty} n$ 与 $\sum\limits_{n=1}^{\infty} (-n)$ 都发散,但

$$
\sum_{n=1}^{\infty} [n + (-n)] = \sum_{n=1}^{\infty} 0 = 0
$$

却是收敛的.

性质 1.4.3　级数增加或减少有限项后,其敛散性不变.

当级数收敛时,增加或减少有限项后仍然是收敛的,但级数的和却会改变.

例如,级数

$$
1 + \frac{1}{2} + \frac{1}{4} + \frac{1}{8} + \frac{1}{16} + \cdots = \sum_{n=1}^{\infty} \frac{1}{2^{n-1}} = \frac{1}{1 - \dfrac{1}{2}} = 2,
$$

删去其前三项,即有

$$\frac{1}{8}+\frac{1}{16}+\frac{1}{32}+\cdots=\sum_{n=1}^{\infty}\frac{1}{2^{n+2}}=\frac{\dfrac{1}{8}}{1-\dfrac{1}{2}}=\frac{1}{4}.$$

由性质 1.4.3 知道,若级数 $\sum\limits_{n=1}^{\infty}x_n$ 收敛,其和为 S,则级数

$$x_{n+1}+x_{n+2}+\cdots$$

也收敛,且和 $R_n=S-S_n$,其极限为 $\lim\limits_{n\to\infty}R_n=0$.

注　即级数的敛散性与其前面有限项无关,实际上数列的敛散性也有此性质.

性质 1.4.4　若一个级数收敛,则在其中一些项添加括号后形成的新级数也是收敛的,且其和不变.

> 一个带括号的收敛级数在去掉括号后所得的级数不一定收敛.

例如,级数

$$\sum_{n=1}^{\infty}(a-a)=(a-a)+(a-a)+\cdots,\quad a\neq0$$

是收敛的,去掉括号后,级数化为

$$a-a+a-a+\cdots$$

却是发散的.

性质 1.4.4 说明,收敛级数(无限个数的和)满足结合律.

性质 1.4.5(级数收敛的必要条件)　若级数 $\sum\limits_{n=1}^{\infty}x_n$ 收敛,则

$$\lim_{n\to\infty}x_n=0.$$

性质 1.4.5 说明,$\lim\limits_{n\to\infty}x_n=0$ 是级数 $\sum\limits_{n=1}^{\infty}x_n$ 收敛的必要条件.即如果 $\lim\limits_{n\to\infty}x_n\neq0$,则级数 $\sum\limits_{n=1}^{\infty}x_n$ 必发散,这是判定级数发散的一种常用方法.

例 4　判定级数 $\sum\limits_{n=1}^{\infty}\dfrac{n}{n+1}$ 的敛散性.

解　因为

$$\lim_{n\to\infty}x_n=\lim_{n\to\infty}\frac{n}{n+1}=1\neq0,$$

所以根据级数收敛的必要条件,可知该级数是发散的.

$$\lim_{n\to\infty}x_n = 0 \text{ 是级数 } \sum_{n=1}^{\infty} x_n \text{ 收敛的必要条件但不是充分条件.}$$

例如,在级数 $\sum\limits_{n=1}^{\infty} \ln \dfrac{n+1}{n}$ 中,虽有

$$\lim_{n\to\infty}x_n = \lim_{n\to\infty} \ln \frac{n+1}{n} = \lim_{n\to\infty} \ln\left(1 + \frac{1}{n}\right) = 0,$$

但由例 3 知级数 $\sum\limits_{n=1}^{\infty} \ln \dfrac{n+1}{n}$ 却是发散的.

习　题　1.4

A 组

1. 判别下列数项级数的收敛性,并求和:

(1) $\dfrac{1}{1 \cdot 2} + \dfrac{1}{2 \cdot 3} + \cdots + \dfrac{1}{n(n+1)} + \cdots$;

(2) $\dfrac{1}{1 \cdot 3} + \dfrac{1}{3 \cdot 5} + \cdots + \dfrac{1}{(2n-1) \cdot (2n+1)} + \cdots$.

2. 利用级数的基本性质判断下列级数敛散性:

(1) $\sum\limits_{n=1}^{\infty} \dfrac{n}{100n+1}$;　　　(2) $\sum\limits_{n=1}^{\infty} (-1)^n \dfrac{n}{n+1}$.

3. 求级数 $\sum\limits_{n=1}^{\infty} \left(\left(\dfrac{\ln 3}{2}\right)^n + \dfrac{1}{n(n+1)} \right)$ 的和.

4. 有 A,B,C 三人按以下方法分一个苹果:先将苹果均分成四份,每人各取一份;然后将剩下的一份又均分成四份,每人又取一份,以此类推,以至无穷,验证:最终每人分得苹果的三分之一.

B 组

1. 讨论数项级数 $\sum\limits_{n=2}^{\infty} \ln\left(1 - \dfrac{1}{n^2}\right)$ 的敛散性.

2. 为了拉动内需刺激消费,假设政府通过增加投资向社会注入现金人民币 1000 亿元,每一个从中获得收益的人都将其收入的 25% 存入银行,而将其余的 75% 消费掉,那么从最初的 1000 亿元开始,无限地反复这样下去,试问:由政府增加投资而最终引起的消费增长为多少亿元? 如果每人只将其收入的 10% 存入银行,则结果为多少亿元?

3. 已知数列 $x_n = na_n$ 收敛,若级数 $\sum\limits_{n=1}^{\infty} n(a_n - a_{n-1})$ 收敛,证明级数 $\sum\limits_{n=1}^{\infty} a_n$ 收敛.

1.5　函数的极限

1. 了解函数极限的概念;
2. 掌握函数极限的基本性质及运算法则;
3. 会求一些简单函数的极限.

1.5.1 问题的引入

引例 1.5.1 如图 1.48 所示,函数 $f(x) = \dfrac{1}{x}$,当 $|x|$ 无限增大时,函数值无限地接近 0;函数 $g(x) = \arctan x$,当 x 趋于 $+\infty$ 时函数值无限地接近于 $\dfrac{\pi}{2}$.

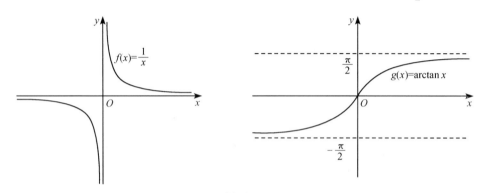

图 1.48

引例 1.5.2 测量正方形面积,其中边长的真值为 x_0,面积为 A.

测量中能够直接获得的是边长的观测值 x,从而得到面积的间接观测值 x^2,我们知道当观测值 x 无限趋于 x_0 时,观测值 x^2 无限地接近 A.

1.5.2 几种极限形式

1. 一元函数的极限

数列 $\{x_n\}$ 可看作自变量取正整数值的函数 $x_n = f(n)$,因此数列极限

$$\lim_{n \to \infty} x_n = A$$

可写成

$$\lim_{n \to \infty} f(n) = A.$$

这时 A 就看作自变量取正整数值的函数 $f(n)$ 当 $n \to \infty$ 时的极限. 因此相对于数列的极限,本节的内容也可称作连续自变量函数的极限.

1) 当 $x \to \infty$ 时,函数 $f(x)$ 的极限

由引例 1.5.1 可以知道:函数 $f(x) = \dfrac{1}{x}$,当 $|x|$ 无限增大时,函数值无限地接近于 0,仿照数列极限的定义,可以得到

定义 1.5.1 如果当 x 的绝对值无限增大(即 $x \to \infty$)时,函数值 $f(x)$ 无限接近于一个确定的常数 A,那么 A 就叫做函数 $f(x)$ 在 $x \to \infty$ 时的**极限**,记作

$$\lim_{x \to \infty} f(x) = A \quad \text{或者} \quad f(x) \to A \quad (x \to \infty).$$

在以上的函数极限定义中,自变量 x 的绝对值无限增大指的是:x 既可以取正值,也可以取负值,但其绝对值无限增大.

定义 1.5.2 如果当 x 仅取正值(或仅取负值)而绝对值无限增大,即 $x \to +\infty$(或 $x \to -\infty$)时,函数值 $f(x)$ 无限接近于一个确定的常数 A,那么 A 就叫做函数 $f(x)$ 在 $x \to +\infty$(或 $x \to -\infty$)时的**极限**,记作

$$\lim_{x \to +\infty} f(x) = A \quad (\text{或} \lim_{x \to -\infty} f(x) = A)$$

或者

$$f(x) \to A \quad (x \to +\infty(\text{或} x \to -\infty)).$$

需要指出的是:$x \to \infty$ 表示 x 既取正值而无限增大(记作 $x \to +\infty$),同时又取负值而其绝对值无限增大(记作 $x \to -\infty$). 因此,函数 $f(x)$ 在 $x \to \infty$ 时的极限与在 $x \to +\infty$,$x \to -\infty$ 时的极限存在以下关系:

定理 1.5.1 $\lim\limits_{x \to \infty} f(x) = A$ 的充要条件是

$$\lim_{x \to -\infty} f(x) = \lim_{x \to +\infty} f(x) = A.$$

例 1 讨论下列函数当 $x \to \infty$ 时的极限:

(1) $y = \dfrac{1}{x}$;   (2) $y = 2^x$;   (3) $y = \arctan x$.

解 (1) 由反比例函数的图形及性质可知,当 $|x|$ 无限增大时,$\dfrac{1}{x}$ 无限接近于 0,所以

$$\lim_{x \to \infty} \frac{1}{x} = 0.$$

(2) 由指数函数的图形及性质可知,当 $x \to +\infty$ 时,2^x 也无限增大,而

$$\lim_{x \to -\infty} 2^x = 0,$$

所以 $\lim\limits_{x \to \infty} 2^x$ 不存在.

(3) 由反正切函数的图形及性质可知,

$$\lim_{x \to +\infty} \arctan x = \frac{\pi}{2}, \quad \lim_{x \to -\infty} \arctan x = -\frac{\pi}{2},$$

所以 $\lim\limits_{x \to \infty} \arctan x$ 不存在.

2) 当 $x \to x_0$ 时,函数 $f(x)$ 的极限

例 2 考查函数 $y = x^2$,当 x 无限趋近于 2 时,函数值 y 的变化趋势.

如图 1.49 所示,不论 x 从左侧趋近于 $2(x \to 2^-)$ 时,还是 x 从右侧趋近于 $2(x \to 2^+)$ 时,函数值 y 都

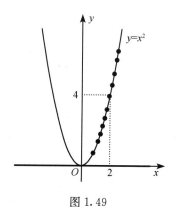

图 1.49

无限趋近于 4.

事实上,我们也可以通过列表更加精确地得到同样的结论,其中表 1.1 表示 x 从左侧趋近于 2 时的变化趋势,表 1.2 表示 x 从右侧趋近于 2 时的变化趋势.

表 1.1

x	$y=x^2$	$\lvert y-4 \rvert$
1.5	2.25	1.75
1.9	3.61	0.39
1.99	3.96	0.04
1.999	3.996	0.004
1.9999	3.9996	0.0004
1.99999	3.99996	0.00004
1.999999	3.999996	0.000004
⋮	⋮	⋮

表 1.2

x	$y=x^2$	$\lvert y-4 \rvert$
2.5	6.25	2.25
2.1	4.41	0.41
2.01	4.04	0.04
2.001	4.004	0.004
2.0001	4.0004	0.0004
2.00001	4.00004	0.00004
2.000001	4.000004	0.000004
⋮	⋮	⋮

例 3 考查函数 $f(x)=x+1$ 和 $g(x)=\dfrac{x^2-1}{x-1}$,当 $x \to 1$ 时,函数值的变化趋势.

如图 1.50 和图 1.51 所示,当 $x \to 1$ 时,函数 $f(x)$,$g(x)$ 都无限接近于 2;

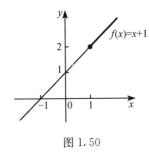

图 1.50

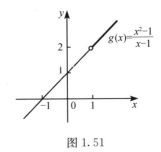

图 1.51

函数 $f(x)=x+1$ 与 $g(x)=\dfrac{x^2-1}{x-1}$ 是两个不同的函数,其区别在于前者在 $x=1$ 处有定义,而后者在 $x=1$ 处无定义.

这就是说,当 $x \to 1$ 时,$f(x)$,$g(x)$ 的极限是否存在与其在点 $x=1$ 处是否有定义无关.

函数 $y=f(x)$ 的极限在点 $x=x_0$ 处是否存在与其在该点是否有定义无关.

对于这种当 $x \to x_0$ 时,函数 $f(x)$ 的变化趋势,给出下面的定义:

定义 1.5.3 设函数 $f(x)$ 在点 x_0 的某一去心邻域内有定义(在 $x=x_0$ 处可以无定义),如果当 x 无限接近于定值 x_0,即当 $x \to x_0$ 时,函数 $f(x)$ 无限接近于一个确定的常数 A,那么 A 就叫做函数 $f(x)$ 当 $x \to x_0$ 时的**极限**,记作

$$\lim_{x \to x_0} f(x) = A \quad 或者 \quad f(x) \to A \quad (x \to x_0).$$

根据定义 1.5.3 可得

$$\lim_{x \to x_0} C = C\ (C\ \textbf{为常数}), \quad \lim_{x \to x_0} x = x_0.$$

3) 当 $x \to x_0$ 时,函数 $f(x)$ 的左极限与右极限

我们常常将从 x_0 的左侧无限接近于 x_0 记作

$$x \to x_0^- \quad 或 \quad x \to x_0 - 0,$$

从 x_0 的右侧无限接近于 x_0 记为

$$x \to x_0^+ \quad 或 \quad x \to x_0 + 0.$$

则

$$x \to x_0 \Leftrightarrow x \to x_0^- \ 且\ x \to x_0^+.$$

下面给出当 $x \to x_0^-$ 或 $x \to x_0^+$ 时函数极限的定义:

定义 1.5.4　如果当 $x \to x_0^+$ 时,函数 $f(x)$ 无限接近于一个确定的常数 A,那么 A 就叫做函数 $f(x)$ 当 $x \to x_0$ 时的**右极限**,记作

$$\lim_{x \to x_0^+} f(x) = A \quad 或 \quad f(x_0 + 0) = A.$$

如果当 $x \to x_0^-$ 时,函数 $f(x)$ 无限接近于一个常数 A,那么 A 就叫做函数 $f(x)$ 当 $x \to x_0$ 时的**左极限**,记作

$$\lim_{x \to x_0^-} f(x) = A \quad 或 \quad f(x_0 - 0) = A.$$

右极限与左极限统称为**单侧极限**.

根据左、右极限的定义可知:极限与左、右极限之间有以下关系.

定理 1.5.2　$\lim\limits_{x \to x_0} f(x) = A \Leftrightarrow \lim\limits_{x \to x_0^-} f(x) = \lim\limits_{x \to x_0^+} f(x) = A.$

例 4　讨论下列函数当 $x \to 0$ 时的极限:

(1) $f(x) = \mathrm{sgn}(x) = \begin{cases} 1, & x > 0, \\ 0, & x = 0, \\ -1, & x < 0; \end{cases}$　(2) $f(x) = \begin{cases} x+1, & x \geqslant 0, \\ 1-x, & x < 0. \end{cases}$

解　(1) 因为

$$\lim_{x \to 0^+} \mathrm{sgn}(x) = \lim_{x \to 0^+} 1 = 1, \quad \lim_{x \to 0^-} \mathrm{sgn}(x) = \lim_{x \to 0^-} (-1) = -1,$$

所以根据定理 1.5.2 知 $\lim\limits_{x \to 0} \mathrm{sgn}(x)$ 不存在,如图 1.52 所示.

(2) 因为

$$\lim_{x \to 0^+} f(x) = \lim_{x \to 0^+} (x+1) = 1, \quad \lim_{x \to 0^-} f(x) = \lim_{x \to 0^-} (1-x) = 1,$$

所以根据定理 1.5.2 知 $\lim\limits_{x \to 0} f(x) = 1$,如图 1.53 所示.

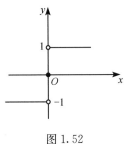

图 1.52

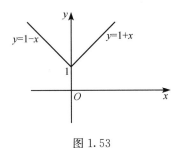

图 1.53

例 5　设函数

$$f(x) = \begin{cases} 1, & x < 0, \\ x, & x \geqslant 0. \end{cases}$$

讨论 $\lim\limits_{x \to 0} f(x)$ 是否存在.

解　因为

$$\lim_{x \to 0^-} f(x) = \lim_{x \to 0^-} 1 = 1, \qquad \lim_{x \to 0^+} f(x) = \lim_{x \to 0^+} x = 0,$$

所以

$$\lim_{x \to 0^-} f(x) \neq \lim_{x \to 0^+} f(x).$$

因此 $\lim\limits_{x \to 0} f(x)$ 不存在.

为了方便以后的学习,在此简单介绍高等数学中的两个重要极限,它们的严格证明将在加强版的教材中给出. 我们直接给出结论和直观验证.

第一个重要极限:

$$\lim_{x \to 0} \frac{\sin x}{x} = 1.$$

下面通过计算进行直观验证,如表 1.3 所示 $\left(1° = \dfrac{\pi}{180} \text{弧度}\right)$.

表 1.3

x(度)	x(弧度)	$\sin x$	$\dfrac{\sin x}{x}$
10	0.174532925199433	0.173648177666930	0.994930770045299
5	0.087266462599716	0.087155742747658	0.998731243953749
2	0.034906585039887	0.034899496702501	0.999796934092020
1	0.017453292519943	0.017452406437283	0.999949231203295
0.5	0.008726646259972	0.008726535498374	0.999987307655838
0.3	0.005235987755983	0.005235963831420	0.999995430744967
0.1	0.001745329251994	0.001745328365898	0.999999492304378
0.01	0.000174532925199	0.000174532924313	0.999999994923043
0.001	0.000017453292520	0.000017453292519	0.999999999949231
0.0001	0.000001745329252	0.000001745329252	0.999999999999492

由上表可看出当 $x \to 0^{+}$ 时, $\dfrac{\sin x}{x}$ 与 1 无限接近,又因为函数 $f(x) = \dfrac{\sin x}{x}$ 是偶函数,有 $x \to 0^{-}$ 时, $\dfrac{\sin x}{x}$ 也与 1 无限接近,因此有 $\lim\limits_{x \to 0} \dfrac{\sin x}{x} = 1$.

第二个重要极限:

$$\lim_{x \to \infty} \left(1 + \frac{1}{x}\right)^{x} = \mathrm{e} \quad 或 \quad \lim_{x \to 0}(1 + x)^{\frac{1}{x}} = \mathrm{e}.$$

注　此极限可以视为 1.3 中数列 $\{x_n\} = \left\{\left(1 + \dfrac{1}{n}\right)^{n}\right\}$ 极限情形的推广,因此直接验证就不再赘述了.

2. **二元函数的极限**

类似一元函数极限的定义,可以给出二元函数极限的定义如下:

定义 1.5.5　设函数 $z = f(x, y)$ 在点 $P_0(x_0, y_0)$ 的附近有定义(可以不包括点 P_0),点 $P(x, y)$ 是异于 P_0 的点,若 P 无论以何种方式趋近 P_0 时,函数在 P 点的对应值 $f(x, y)$ 趋近于一个确定的常数 A,则称 A 是函数 $z = f(x, y)$ 当 $x \to x_0$, $y \to y_0$ 时的**极限**,记作

$$\lim_{(x, y) \to (x_0, y_0)} f(x, y) = A \quad 或 \quad \lim_{\substack{x \to x_0 \\ y \to y_0}} f(x, y) = A$$

或

$$f(x, y) \to A \quad ((x, y) \to (x_0, y_0)).$$

注　点 $P(x, y)$ 以任何方式趋近于点 $P_0(x_0, y_0)$,就是它们之间的距离趋于零,即

$$d = |PP_0| = \sqrt{(x - x_0)^2 + (y - y_0)^2} \to 0.$$

因此上述极限记号也可记作

$$f(x, y) \to A \quad (d \to 0).$$

我们把上述二元函数的极限叫做**二重极限**.

二重极限存在是指 $P(x, y)$ 以任何方式趋近于 $P_0(x_0, y_0)$ 时,函数都无限接近于 A,因此,如果 $P(x, y)$ 仅仅是沿着定直线或定曲线趋近于 $P_0(x_0, y_0)$ 时,即使函数值都无限接近于某一确定值,我们也不能由此断定函数的极限存在.但是反过来,如果当 $P(x, y)$ 以不同方式趋近于 $P_0(x_0, y_0)$ 时,函数趋近于不同的值,那么就可以断定这函数的极限不存在.

例 6　讨论二元函数

$$f(x,y) = \begin{cases} \dfrac{xy}{x^2+y^2}, & x^2+y^2 \neq 0, \\ 0, & x^2+y^2 = 0. \end{cases}$$

当$(x,y) \to (0,0)$时是否存在极限.

解　显然,当点$P(x,y)$沿x轴或y轴趋近于点$(0,0)$时,

$$\lim_{\substack{x \to 0 \\ y=0}} f(x,y) = \lim_{x \to 0} f(x,0) = \lim_{x \to 0} 0 = 0,$$

$$\lim_{\substack{y \to 0 \\ x=0}} f(x,y) = \lim_{y \to 0} f(0,y) = \lim_{y \to 0} 0 = 0.$$

虽然点$P(x,y)$以上述两种特殊方式趋近于原点时函数的极限存在并且相等,但是极限$\lim\limits_{(x,y) \to (0,0)} f(x,y)$并不存在.这是因为当点$P(x,y)$沿着直线$y=kx$趋近于点$(0,0)$时,由于此时

$$f(x,y) = f(x,kx) = \frac{kx^2}{x^2+k^2x^2} = \frac{k}{1+k^2},$$

有

$$\lim_{\substack{(x,y) \to (0,0) \\ y=kx}} f(x,y) = \lim_{(x,kx) \to (0,0)} \frac{xy}{x^2+y^2} = \lim_{x \to 0} \frac{kx^2}{x^2+k^2x^2} = \frac{k}{1+k^2}.$$

因此它的极限值不存在.

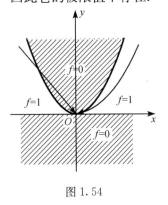

图 1.54

例 7　讨论二元函数

$$f(x,y) = \begin{cases} 1, & -\infty < x < +\infty, 0 < y < x^2, \\ 0, & 其他. \end{cases}$$

当$(x,y) \to (0,0)$时是否存在极限.

解　如图 1.54 所示,当(x,y)沿任何直线趋于原点时,相应的$f(x,y)$都趋于零,但这并不表明此函数在$(x,y) \to (0,0)$时极限存在.因为当点(x,y)沿抛物线$y=kx^2(0<k<1)$趋于点$(0,0)$时,$f(x,y)$将趋于1.所以$\lim\limits_{(x,y) \to (0,0)} f(x,y)$不存在.

1.5.3　基本性质与运算法则

本小节主要讨论一元函数的情形.

1. 函数极限的性质

定理 1.5.3(唯一性)　如果$\lim\limits_{x \to x_0} f(x)$存在,则极限必唯一.

定理 1.5.4(局部有界性)　如果 $\lim\limits_{x \to x_0} f(x) = A$，那么存在常数 $M > 0$ 和 $\delta > 0$，使得当 $0 < |x - x_0| < \delta$ 时，有 $|f(x)| \leqslant M$.

定理 1.5.5(局部保号性)　如果 $\lim\limits_{x \to x_0} f(x) = A$，而且 $A > 0$(或 $A < 0$)，那么存在常数 $\delta > 0$，使得当 $0 < |x - x_0| < \delta$ 时，有 $f(x) > 0$(或 $f(x) < 0$).

反之呢?(请同学们思考)

注　上述性质对于其他形式的极限，只要相应地作一些修改，则同样可得.

2. 极限的四则运算法则

定理 1.5.6　如果 $\lim f(x) = A, \lim g(x) = B$，那么

(1) $\lim[f(x) \pm g(x)] = \lim f(x) \pm \lim g(x) = A \pm B$;

(2) $\lim[f(x)g(x)] = \lim f(x) \cdot \lim g(x) = AB$;

(3) 当 $B \neq 0$ 时，有 $\lim \dfrac{f(x)}{g(x)} = \dfrac{\lim f(x)}{\lim g(x)} = \dfrac{A}{B}$.

注　符号"$\lim$"表示某一极限过程，若无特别说明，均指的是同一极限过程.

思考　如果 $\lim\limits_{x \to x_0} f(x)$ 存在，$\lim\limits_{x \to x_0} g(x)$ 不存在，能否判定 $\lim\limits_{x \to x_0}[f(x) + g(x)]$ 必定不存在?

推论 1.5.1　设 $\lim f(x) = A, k$ 为常数，则有 $\lim[kf(x)] = k\lim f(x) = kA$.

定理 1.5.6 的结论(1)、(2)可推广到任意有限个函数的情形. 特别地，有

推论 1.5.2　设 $\lim f(x) = A, n$ 为正整数，则有 $\lim[f(x)]^n = [\lim f(x)]^n = A^n$.

注　在使用这些法则时，必须满足所需条件:①参与运算的每个函数的极限都存在;②分母的极限不能为零.

例 8　求 $\lim\limits_{x \to 1}(2x - 1)$.

解　$\lim\limits_{x \to 1}(2x - 1) = \lim\limits_{x \to 1} 2x - \lim\limits_{x \to 1} 1 = 2\lim\limits_{x \to 1} x - 1 = 2 \cdot 1 - 1 = 1$.

> 若 $f(x) = a_0 x^n + a_1 x^{n-1} + \cdots + a_n$ **是一多项式，则有**
> $$\lim_{x \to x_0} f(x) = a_0 \left(\lim_{x \to x_0} x\right)^n + a_1 \left(\lim_{x \to x_0} x\right)^{n-1} + \cdots + a_n$$
> $$= a_0 x_0^n + a_1 x_0^{n-1} + \cdots + a_n = f(x_0).$$

例 9　求 $\lim\limits_{x \to 2} \dfrac{x^3 - 1}{x^2 - 5x + 3}$.

解

$$\lim_{x \to 2} \frac{x^3 - 1}{x^2 - 5x + 3} = \frac{\lim\limits_{x \to 2}(x^3 - 1)}{\lim\limits_{x \to 2}(x^2 - 5x + 3)} = \frac{\lim\limits_{x \to 2} x^3 - \lim\limits_{x \to 2} 1}{\lim\limits_{x \to 2} x^2 - \lim\limits_{x \to 2} 5x + \lim\limits_{x \to 2} 3}$$

$$= \frac{2^3 - 1}{2^2 - 10 + 3} = -\frac{7}{3}.$$

若 $f(x) = \dfrac{q(x)}{p(x)}(p(x_0) \neq 0), p(x), q(x)$ **是多项式,则**

$$\lim_{x \to x_0} f(x) = \lim_{x \to x_0} \frac{q(x)}{p(x)} = \frac{\lim\limits_{x \to x_0} q(x)}{\lim\limits_{x \to x_0} p(x)} = \frac{q(x_0)}{p(x_0)}.$$

若 $p(x_0) = 0$ 呢？此时商的运算法则不能用,如下例:

例 10　求 $\lim\limits_{x \to 3} \dfrac{x-3}{x^2-9}$.

解　先约去不为零的无穷小因子 $x-3$ 后,再求极限

$$\lim_{x \to 3} \frac{x-3}{x^2-9} = \lim_{x \to 3} \frac{x-3}{(x-3)(x+3)} = \lim_{x \to 3} \frac{1}{x+3} = \frac{1}{6}.$$

注　这种先约去不为零的无穷小因子后,再求极限的方法称为**消去零因子法**.

例 11　求 $\lim\limits_{x \to \infty} \dfrac{3x^3+4x^2+1}{7x^3+5x^2-3}$.

解　因为 $x \to \infty$ 时,分子分母的极限都不存在,所以不能直接应用商的运算法则.可考虑先用 x^3 同除分子、分母,然后再求极限,

$$\lim_{x \to \infty} \frac{3x^3+4x^2+1}{7x^3+5x^2-3} = \lim_{x \to \infty} \frac{3+\dfrac{4}{x}+\dfrac{2}{x^3}}{7+\dfrac{5}{x}-\dfrac{3}{x^3}} = \frac{3}{7}.$$

一般地,若 $a_0 \neq 0, b_0 \neq 0, m, n$ 为非负整数,则有

$$\lim_{x \to \infty} \frac{a_0 x^m + a_1 x^{m-1} + \cdots + a_m}{b_0 x^n + b_1 x^{n-1} + \cdots + b_n} = \begin{cases} 0, & m < n, \\ \dfrac{a_0}{b_0}, & m = n, \\ \text{不存在}, & m > n. \end{cases}$$

注　这种以分母中自变量的最高次幂除分子、分母,以分出无穷小,然后再求极限的方法称为**无穷小分出法**.

定理 1.5.7(复合函数的极限运算法则)　设函数 $y = f(g(x))$ 由函数 $y = f(u)$ 与函数 $u = g(x)$ 复合而成, $f(g(x))$ 在点 x_0 的某去心邻域内有定义,若 $\lim\limits_{x \to x_0} g(x) = u_0$, $\lim\limits_{u \to u_0} f(u) = A$,且在 x_0 的某去心邻域内 $g(x) \neq u_0$,则

$$\lim_{x \to x_0} f(g(x)) = \lim_{u \to u_0} f(u) = A.$$

例 12　求 $\lim\limits_{x \to 3} \sqrt{\dfrac{x^2-9}{x-3}}$.

解　函数 $y = \sqrt{\dfrac{x^2-9}{x-3}}$ 可视为由 $y = \sqrt{u}$ 与 $u = \dfrac{x^2-9}{x-3}$ 复合而成的.因为

$$\lim_{x\to 3}\frac{x^2-9}{x-3}=6,$$

所以

$$\lim_{x\to 3}\sqrt{\frac{x^2-9}{x-3}}=\lim_{u\to 6}\sqrt{u}=\sqrt{6}.$$

例 13 求下列极限：

(1) $\lim\limits_{x\to 0}\dfrac{\sin 5x}{x}$；

(2) $\lim\limits_{x\to 0}\dfrac{\sin 8x}{\sin 5x}$；

(3) $\lim\limits_{x\to\infty}\left(1+\dfrac{2}{x}\right)^x$；

(4) $\lim\limits_{x\to\infty}\left(1-\dfrac{3}{x}\right)^x$.

解 (1) 令 $u=5x$，当 $x\to 0$ 时，有 $u\to 0$，因此

$$\lim_{x\to 0}\frac{\sin 5x}{x}=\lim_{x\to 0}\frac{\sin 5x}{5x}\cdot 5=5\lim_{5x\to 0}\frac{\sin 5x}{5x}=5\lim_{u\to 0}\frac{\sin u}{u}=5\times 1=5.$$

(2) $\lim\limits_{x\to 0}\dfrac{\sin 8x}{\sin 5x}=\lim\limits_{x\to 0}\dfrac{\dfrac{\sin 8x}{8x}\cdot 8}{\dfrac{\sin 5x}{5x}\cdot 5}=\dfrac{8}{5}\dfrac{\lim\limits_{x\to 0}\dfrac{\sin 8x}{8x}}{\lim\limits_{x\to 0}\dfrac{\sin 5x}{5x}}=\dfrac{8}{5}.$

(3) 令 $u=\dfrac{2}{x}$，当 $x\to\infty$ 时，有 $u\to 0$，因此

$$\lim_{x\to\infty}\left(1+\frac{2}{x}\right)^x=\lim_{x\to\infty}\left(1+\frac{2}{x}\right)^{\frac{x}{2}\cdot 2}=\lim_{u\to 0}[(1+u)^{\frac{1}{u}}]^2=[\lim_{u\to 0}(1+u)^{\frac{1}{u}}]^2=\mathrm{e}^2.$$

(4) $\lim\limits_{x\to\infty}\left(1-\dfrac{3}{x}\right)^x=\lim\limits_{x\to\infty}\left[1+\left(-\dfrac{3}{x}\right)\right]^{-\frac{x}{3}\cdot(-3)}=\lim\limits_{x\to\infty}\left\{\left[1+\left(-\dfrac{3}{x}\right)\right]^{-\frac{x}{3}}\right\}^{-3}=\mathrm{e}^{-3}.$

注 二元函数的极限具有与一元函数极限类似的运算性质. 因此可以借助于一元函数求极限的方法求一些简单的二元函数的极限.

例 14 求极限

(1) $\lim\limits_{\substack{x\to 1\\y\to 2}}\dfrac{xy+1}{x^2+y}$；

(2) $\lim\limits_{(x,y)\to(0,1)}\left(\dfrac{1-xy}{x^2+y^2}+x\right)$.

解 (1) $\lim\limits_{\substack{x\to 1\\y\to 2}}\dfrac{xy+1}{x^2+y}=\dfrac{1\cdot 2+1}{1^2+2}=\dfrac{3}{3}=1.$

(2) 由极限运算法则得

$$\lim_{(x,y)\to(0,1)}\left(\frac{1-xy}{x^2+y^2}+x\right)=\lim_{(x,y)\to(0,1)}\frac{1-xy}{x^2+y^2}+\lim_{x\to 0}x=\lim_{(x,y)\to(0,1)}\frac{1-xy}{x^2+y^2}$$

$$=\frac{\lim\limits_{(x,y)\to(0,1)}(1-xy)}{\lim\limits_{(x,y)\to(0,1)}(x^2+y^2)}=\frac{\lim\limits_{(x,y)\to(0,1)}1-\lim\limits_{(x,y)\to(0,1)}xy}{\lim\limits_{(x,y)\to(0,1)}x^2+\lim\limits_{(x,y)\to(0,1)}y^2}$$

$$=\frac{1-\lim\limits_{x\to 0}x\cdot\lim\limits_{y\to 1}y}{\lim\limits_{x\to 0}x^2+\lim\limits_{y\to 1}y^2}=\frac{1-0}{0+1}=1.$$

习　题　1.5

A 组

1. 根据函数的图形求下列极限:

(1) $\lim\limits_{x \to \infty} \dfrac{1}{1-x}$;　　　　(2) $\lim\limits_{x \to -\infty} 2^x$;　　　　(3) $\lim\limits_{x \to 0} \sin x$;

(4) $\lim\limits_{x \to 0} \arcsin x$;　　　(5) $\lim\limits_{x \to 0} \cos x$;　　　(6) $\lim\limits_{x \to 0} \arccos x$.

2. 求下列函数极限:

(1) $\lim\limits_{x \to 1}(x^2 + 2x + 3)$;　　(2) $\lim\limits_{x \to 2} \dfrac{2x^2 - 3x + 2}{x - 1}$;　　(3) $\lim\limits_{x \to 2} \dfrac{x^2 - 4}{x - 2}$;

(4) $\lim\limits_{x \to 1}\left(\dfrac{1}{1-x} - \dfrac{3}{1-x^3}\right)$;　(5) $\lim\limits_{x \to \infty} \dfrac{3x^2 - 4x - 5}{4x^2 + x + 2}$;　(6) $\lim\limits_{x \to \infty} \dfrac{2x^2 + x - 3}{3x^3 - 2x^2 - 1}$.

3. 求函数 $f(x,y) = x\cos y + y\sin x$ 在点 $(1,0)$ 处的二重极限.

B 组

1. 设函数 $f(x) = \begin{cases} 1, & x < 0, \\ x, & x \geq 0, \end{cases}$ 讨论 $\lim\limits_{x \to 0} f(x)$ 是否存在.

2. 求 $f(x) = \dfrac{x}{x}$, $\varphi(x) = \dfrac{|x|}{x}$ 当 $x \to 0$ 时的左、右极限,并说明它们的极限是否存在.

3. 证明:函数 $f(x,y) = \dfrac{x^2 y}{x^4 + y^2}$ $((x,y) \neq (0,0))$ 在原点 $(0,0)$ 不存在极限.

1.6　无穷小量与无穷大量

1. 掌握无穷小量、无穷大量的概念和基本性质;

2. 了解无穷小量和无穷大量之间的关系;

3. 会比较同阶、等价、高阶无穷小.

1.6.1　无穷小量

1. 无穷小量的提出

引例 1.6.1　飞机降落在跑道上后,其速度 $v(t)$ 随时间 t 的增加逐渐减小到零.
对于这种以零为极限的变量,有以下定义.

定义 1.6.1　如果函数 $f(x)$ 当 $x \to x_0$(或 $x \to \infty$)时的极限为零,那么称函数 $f(x)$ 为 $x \to x_0$(或 $x \to \infty$)时的**无穷小量**(简称无穷小).

例如,(1) 当 $x \to 0$ 时,有 $x^2 \to 0$,则称当 $x \to 0$ 时,函数 $f(x) = x^2$ 是无穷小量;

(2) 当 $x \to \infty$ 时,$\dfrac{1}{x} \to 0$,则称当 $x \to \infty$ 时,函数 $f(x) = \dfrac{1}{x}$ 是无穷小量.

注　(1) 对于 $x \to x_0^+$,$x \to x_0^-$,$x \to +\infty$ 或 $x \to -\infty$ 时有类似的定义.

（2）说一个函数是无穷小量，必须指明自变量的变化趋势，如函数
$$f(x) = (x-1)^2,$$
当 $x \to 1$ 时，它是无穷小量，而当 x 趋向其他数值时，它就不是无穷小量，如
$$\lim_{x \to 2} f(x) = \lim_{x \to 2} (x-1)^2 = 1.$$

（3）常数中只有"0"可以看成无穷小量，其他无论绝对值多么小的常数都不是无穷小.

2. 无穷小量的基本性质

1）在自变量的同一变化过程中无穷小量的运算性质

性质 1.6.1　有限个无穷小量的代数和仍是无穷小量.

性质 1.6.2　有界量与无穷小量之积仍是无穷小量.

推论 1.6.1　常数与无穷小量之积仍是无穷小量.

推论 1.6.2　有限个无穷小量之积仍是无穷小量.

注　（1）无限个无穷小量的代数和不一定是无穷小量. 例如，
$$\lim_{n \to \infty} \left(\frac{1}{n^2} + \frac{2}{n^2} + \cdots + \frac{n}{n^2} \right) = \lim_{n \to \infty} \frac{n(n+1)}{2n^2} = \lim_{n \to \infty} \left(\frac{1}{2} + \frac{1}{2n} \right) = \frac{1}{2}.$$

（2）两个无穷小量的和、差、积仍是无穷小量，但是其商却不一定是无穷小量. 例如，
$$\lim_{x \to 0} \frac{x^2}{2x} = 0, \quad \lim_{x \to 0} \frac{x}{2x} = \frac{1}{2}.$$

例 1　求极限 $\lim\limits_{x \to 0} x \sin \dfrac{1}{x}$.

解　因为当 $x \to 0$ 时，x 是无穷小量，且对一切 $x \neq 0$ 总有
$$\left| \sin \frac{1}{x} \right| \leqslant 1,$$
即 $\sin \dfrac{1}{x}$ 是有界函数，所以 $x \sin \dfrac{1}{x}$ 是当 $x \to 0$ 时的无穷小量，即
$$\lim_{x \to 0} x \sin \frac{1}{x} = 0.$$

思考　指出下列运算的错误之处：
$$\lim_{x \to 0} x \sin \frac{1}{x} = \lim_{x \to 0} x \cdot \lim_{x \to 0} \sin \frac{1}{x} = 0 \cdot \lim_{x \to 0} \sin \frac{1}{x} = 0.$$

例 2　求 $\lim\limits_{(x,y) \to (0,2)} \dfrac{\sin(xy)}{x}$.

解 由极限运算法则得

$$\lim_{(x,y)\to(0,2)} \frac{\sin(xy)}{x} = \lim_{(x,y)\to(0,2)} \left(\frac{\sin(xy)}{xy} \cdot y \right) = \lim_{xy\to 0} \frac{\sin(xy)}{xy} \cdot \lim_{y\to 2} y = 1 \cdot 2 = 2.$$

2）有极限的量与无穷小量的关系

定理 1.6.1 在自变量的某一变化过程中,函数 $f(x)$ 的极限为 A 的充要条件是 $f(x)$ 可以表示成 A 与一个同一变化过程中的无穷小量 $\alpha(x)$ 之和,即

$$\lim f(x) = A \Leftrightarrow f(x) = A + \alpha(x).$$

证 必要性. 令 $\alpha(x) = f(x) - A$,因为 $\lim f(x) = A$,则由极限的运算法则知

$$\lim \alpha(x) = \lim[f(x) - A] = \lim f(x) - \lim A = A - A = 0,$$

即 $\alpha(x)$ 是无穷小,因此 $f(x)$ 可以表示成 A 与一个同一变化过程中的无穷小量 $\alpha(x)$ 之和.

充分性. 因为 $\alpha(x)$ 是无穷小,且 $f(x) = A + \alpha(x)$,则由极限的运算法则知

$$\lim f(x) = \lim[A + \alpha(x)] = \lim A + \lim \alpha(x) = A + 0 = A.$$

3. 无穷小量的比较

两个无穷小的和、差、乘积仍是无穷小. 两个无穷小的商有不同的情况. 两个无穷小之商的极限的各种不同情况,反映了不同的无穷小趋向零的"快慢"程度.

引例 1.6.2 观察表 1.4,当 $x\to 0$ 时,对函数 $x, x^2, 2x$ 的变化进行对比.

表 1.4

x	1	0.5	0.1	0.01	0.001	0.0001	0.00001	⋯
x^2	1	0.25	0.01	0.0001	0.000001	0.00000001	0.0000000001	⋯
$2x$	2	1	0.2	0.02	0.002	0.0002	0.00002	⋯

当 $x\to 0$ 时,函数 x^2 比 x 趋近于零的速度要快得多,而函数 $2x$ 与 x 趋近于零的速度相当. 为了反映无穷小量趋近于零的快慢程度,我们引入无穷小量的阶的概念.

定义 1.6.2 若 $\lim \dfrac{\beta}{\alpha} = 0$,则称 β 是 α 的**高阶无穷小**,记作 $\beta = o(\alpha)$,也称 α 是 β 的**低阶无穷小**;若 $\lim \dfrac{\beta}{\alpha} = c \neq 0$,则称 β 与 α 是**同阶无穷小**;若 $\lim \dfrac{\beta}{\alpha} = 1$,则称 β 与 α 是**等价无穷小**,记作 $\alpha \sim \beta$. 这里 α, β 均是此极限过程中的无穷小.

例如,(1) $\lim\limits_{x\to 0} \dfrac{x^2}{2x} = 0$,当 $x\to 0$, x^2 是 $2x$ 的高阶无穷小,即 $x^2 = o(2x) (x\to 0)$;

(2) $\lim\limits_{x\to 0}\dfrac{2x}{x}=2,2x$ 与 x 是同阶无穷小.

例 3 下列函数是当 $x\to 1$ 时的无穷小,试与 $x-1$ 相比较,哪个是高阶无穷小? 哪个是同阶无穷小? 哪个是等价无穷小?

(1) $2(\sqrt{x}-1)$;   (2) x^3-1;   (3) x^3-3x+2.

解 因为

$$\lim_{x\to 1}\frac{2(\sqrt{x}-1)}{x-1}=\lim_{x\to 1}\frac{2}{\sqrt{x}+1}=1,$$

$$\lim_{x\to 1}\frac{x^3-1}{x-1}=\lim_{x\to 1}(x^2+x+1)=3,$$

$$\lim_{x\to 1}\frac{x^3-3x+2}{x-1}=\lim_{x\to 1}(x^2+x-2)=0.$$

所以当 $x\to 1$ 时,$2(\sqrt{x}-1)$ 与 $x-1$ 是等价无穷小;x^3-1 与 $x-1$ 是同阶无穷小;x^3-3x+2 是 $x-1$ 的高阶无穷小.

例 4 求 $\lim\limits_{x\to 0}\dfrac{\tan x}{x}$.

解 $\lim\limits_{x\to 0}\dfrac{\tan x}{x}=\lim\limits_{x\to 0}\dfrac{\sin x}{x}\cdot\dfrac{1}{\cos x}=\lim\limits_{x\to 0}\dfrac{\sin x}{x}\cdot\lim\limits_{x\to 0}\dfrac{1}{\cos x}=1.$

定理 1.6.2 若 $\alpha\sim\gamma,\beta\sim\lambda$,且 $\lim\dfrac{\beta}{\alpha}$ 存在,则

$$\lim\frac{\beta}{\alpha}=\lim\frac{\lambda}{\gamma}.$$

当 $x\to 0$ 时,常见的等价无穷小:

$$\sin x\sim x,\quad \tan x\sim x,\quad 1-\cos x\sim\frac{x^2}{2},\quad \ln(1+x)\sim x,$$

$$e^x-1\sim x,\quad \arcsin x\sim x,\quad \arctan x\sim x,\quad \sqrt[n]{1+x}-1\sim\frac{1}{n}x.$$

根据定理 1.6.2 可利用等价无穷小简化极限运算,即求两个无穷小之比的极限时分子和分母都可用等价无穷小来代替.

例 5 求 $\lim\limits_{x\to 0}\dfrac{1-\cos x}{x^2}$.

解 $\lim\limits_{x\to 0}\dfrac{1-\cos x}{x^2}=\lim\limits_{x\to 0}\dfrac{2\sin^2\dfrac{x}{2}}{x^2}=\lim\limits_{x\to 0}\dfrac{2\left(\dfrac{x}{2}\right)^2}{x^2}=\dfrac{1}{2}\lim\limits_{x\to 0}\dfrac{x^2}{x^2}=\dfrac{1}{2}\cdot 1=\dfrac{1}{2}.$

例 6 求极限 $\lim\limits_{x\to\infty}x\sin\dfrac{2x}{x^2+1}$.

解 直接用无穷小量的等价代换即可计算,当 $x\to\infty$ 时,$\sin\dfrac{2x}{x^2+1}\sim\dfrac{2x}{x^2+1}$,所以

$$\lim_{x\to\infty}x\sin\frac{2x}{x^2+1}=\lim_{x\to\infty}x\frac{2x}{x^2+1}=2.$$

例 7 求 $\lim\limits_{x\to 0}\dfrac{\sin x}{x^3+3x}$.

解 当 $x\to 0$ 时,$\sin x\sim x$,无穷小 x^3+3x 与自身等价,所以

$$\lim_{x\to 0}\frac{\sin x}{x^3+3x}=\lim_{x\to 0}\frac{x}{x^3+3x}=\lim_{x\to 0}\frac{1}{x^2+3}=\frac{1}{3}.$$

例 8 求 $\lim\limits_{x\to 0}\dfrac{\sin x^2}{\cos x-1}$.

解 当 $x\to 0$ 时,$\sin x^2\sim x^2$,$\cos x-1\sim-\dfrac{1}{2}x^2$,所以

$$\lim_{x\to 0}\frac{\sin x^2}{\cos x-1}=\lim_{x\to 0}\frac{x^2}{-\frac{1}{2}x^2}=-2.$$

例 9 求 $\lim\limits_{x\to 0}\dfrac{\sin x-\tan x}{x^3}$. 下列求极限的方法对吗?

当 $x\to 0$ 时,$\sin x\sim x$,$\tan x\sim x$,则

$$\lim_{x\to 0}\frac{\sin x-\tan x}{x^3}=\lim_{x\to 0}\frac{x-x}{x^3}=0.$$

解 不对. 正确的解答是:

当 $x\to 0$ 时,$\sin x\sim x$,$1-\cos x\sim\dfrac{x^2}{2}$,则

$$\lim_{x\to 0}\frac{\sin x-\tan x}{x^3}=\lim_{x\to 0}\frac{\sin x}{x}\cdot\frac{\cos x-1}{x^2}\cdot\frac{1}{\cos x}=1\cdot\frac{-1}{2}\cdot 1=-\frac{1}{2}.$$

例 10 求 $\lim\limits_{x\to 0}\dfrac{a^x-1}{x}(a>0,a\neq 1)$.

解 令 $t=a^x-1$,则

$$x=\log_a(1+t)=\frac{\ln(1+t)}{\ln a},$$

当 $x\to 0$ 时,$t\to 0$,所以

$$\lim_{x\to 0}\frac{a^x-1}{x}=\lim_{t\to 0}\frac{t\ln a}{\ln(1+t)},$$

而当 $t\to 0$ 时,$\ln(1+t)\sim t$,因此

$$\lim_{x \to 0} \frac{a^x - 1}{x} = \lim_{t \to 0} \frac{t \ln a}{\ln(1+t)} = \lim_{t \to 0} \frac{t \ln a}{t} = \ln a.$$

1.6.2　无穷大量

引例 1.6.3　设存入银行的本金为 A,存款年利率为 r,第 n 年末的本息 $S(n)$ $=A(1+r)^n$. 存款年限越久,所获本息 S 越多. 当存款时间无限延长呢?

理论上讲,当存款时间无限延长时,本息 S 将无限增大. 对于函数的这种变化趋势,有无穷大量的概念.

定义 1.6.3　若 $x \to x_0$(或 $x \to \infty$)时,函数 $f(x)$ 的绝对值 $|f(x)|$ 无限增大,则称 $f(x)$ 为当 $x \to x_0$(或 $x \to \infty$)时的**无穷大量**(简称**无穷大**),记为

$$\lim_{x \to x_0} f(x) = \infty \quad (\text{或} \lim_{x \to \infty} f(x) = \infty).$$

注　(1) 对于 $x \to x_0^+$,$x \to x_0^-$,$x \to +\infty$ 或 $x \to -\infty$ 时有类似的定义.

(2) 无穷大量并不是绝对值很大的数. 任何一个实数都不是无穷大量.

(3) 符号"$\lim f(x) = \infty$"并不表示函数 $f(x)$ 的极限存在,恰恰相反,它是表示 $f(x)$ 的极限不存在,但它也是极限不存在的一种特殊情况,即变化趋势是一种越变越大的"稳定"的趋势. 例如,

当 $x \to 0$ 时,$\left| \dfrac{1}{x} \right|$ 无限增大,所以 $\dfrac{1}{x}$ 是当 $x \to 0$ 时的无穷大,记作

$$\lim_{x \to 0} \frac{1}{x} = \infty;$$

当 $x \to \infty$ 时,x^2 总取正值而无限增大,所以 x^2 是当 $x \to \infty$ 时的无穷大,记作

$$\lim_{x \to \infty} x^2 = +\infty;$$

当 $x \to 0^+$ 时,$\ln x < 0$ 而绝对值无限增大,所以 $\ln x$ 是当 $x \to 0^+$ 时的无穷大,记作

$$\lim_{x \to 0^+} \ln x = -\infty.$$

思考　无穷大量与无界变量有何区别?

1.6.3　无穷大量与无穷小量的关系

定理 1.6.3　在自变量的同一变化过程中,若 $\lim f(x) = \infty$,则 $\lim \dfrac{1}{f(x)} = 0$; 反之,若 $\lim f(x) = 0$,且 $f(x) \neq 0$,则 $\lim \dfrac{1}{f(x)} = \infty$.

简言之,无穷大量的倒数是无穷小量,非零无穷小量的倒数是无穷大量.

例 11 求 $\lim\limits_{x\to\infty}\dfrac{x^2-3x-2}{2x+1}$.

解 因为

$$\lim_{x\to\infty}\frac{2x+1}{x^2-3x-2}=\lim_{x\to\infty}\frac{\dfrac{2}{x}+\dfrac{1}{x^2}}{1-\dfrac{3}{x}-\dfrac{2}{x^2}}=\frac{\lim\limits_{x\to\infty}\left(\dfrac{2}{x}+\dfrac{1}{x^2}\right)}{\lim\limits_{x\to\infty}\left(1-\dfrac{3}{x}-\dfrac{2}{x^2}\right)}=\frac{0+0}{1-0-0}=0,$$

所以

$$\lim_{x\to\infty}\frac{x^2-3x-2}{2x+1}=\infty.$$

习　题　1.6

A 组

1. 判别下列极限哪些是无穷小量,哪些是无穷大量,并说明理由:

(1) $\lim\limits_{x\to\infty}\dfrac{\sin x}{x}$;　　　　(2) $\lim\limits_{x\to0}\dfrac{1}{x^2}$;

(3) $\lim\limits_{x\to0}x^2\cos\dfrac{1}{x}$,　　　(4) $\lim\limits_{x\to+\infty}e^{-x}$.

2. 设某产品的价格 p 是时间 t 的函数,即价格函数为 $p(t)=12.7+20.5e^{-0.5t}$,试预测该产品的长期价格.

3. 利用等价无穷小代换,求下列各极限:

(1) $\lim\limits_{x\to0}\dfrac{1-\cos2x}{x\sin x}$;　　　(2) $\lim\limits_{x\to0}\dfrac{3\sin x+x^2\cos\dfrac{1}{x}}{(1+\cos x)\ln(1+x)}$;

(3) $\lim\limits_{x\to0}\dfrac{1-\cos^3x}{x\sin2x}$;　　　(4) $\lim\limits_{x\to0}\left(\dfrac{1}{\sin x}-\dfrac{1}{\tan x}\right)$;

(5) $\lim\limits_{x\to0}\dfrac{e^{2x}-1}{\ln(x+1)}$;　　　(6) $\lim\limits_{x\to0}\dfrac{\sqrt[3]{1+x^2}-1}{x^2}$;

(7) $\lim\limits_{n\to\infty}\sqrt{n}(\sqrt[n]{a}-1)$;　　(8) $\lim\limits_{x\to0}\dfrac{\tan2x}{\sin3x}$.

4. 求极限 $\lim\limits_{x\to\infty}\dfrac{2x+1}{x}$ 并说明理由.

5. 计算:

(1) $\lim\limits_{h\to0}\dfrac{(x+h)^2-x^2}{h}$;　　(2) $\lim\limits_{x\to4}\dfrac{x^2-6x+8}{x^2-5x+4}$;

(3) $\lim\limits_{x\to\infty}\dfrac{x^2+6x+8}{x^4-3x+1}$;　　(4) $\lim\limits_{x\to\infty}(2x^2-x+1)$;

(5) $\lim\limits_{x\to2}\left(\dfrac{12}{8-x^3}-\dfrac{1}{2-x}\right)$;　(6) $\lim\limits_{n\to\infty}\dfrac{1}{n}\left[\left(x+\dfrac{a}{n}\right)+\left(x+\dfrac{2a}{n}\right)+\cdots+\left(x+\dfrac{(n-1)a}{n}\right)\right]$.

B 组

1. 求极限 $\lim\limits_{x\to 0}\dfrac{\tan x-\sin x}{\sin^3 x}$.

2. 求极限 $\lim\limits_{x\to 0}x\left[\dfrac{1}{x}\right]$.

3. 当 $x\to 1$ 时,下列变量与无穷小 $\pi(1-x)$ 是否同阶? 是否等价?

(1) $1-x^3$,　　　　　　(2) $\sin\pi x$.

4. 若 $\lim\limits_{x\to 0}\dfrac{\sin x}{e^x-a}(\cos x-b)=5$,则 $a=$ _____ , $b=$ _____ .

5. 求函数 $f(x,y)=x\sin\dfrac{1}{y}+y\sin\dfrac{1}{x}$ 在点 $(0,0)$ 处的二重极限.

6. (1) 有界函数与无穷小量的乘积是无穷小量,那么有界函数与无穷大量的乘积是否为无穷大量?

(2) 无界函数是否一定是无穷大量?

1.7　函数的连续性

1. 了解函数连续的定义;

2. 掌握闭区间上连续函数的性质;

3. 了解函数间断点的类型,并会进行判别.

1.7.1　函数连续的定义

引例 1.7.1　一天中的气温是逐渐变化的,当时间改变很小时,气温的变化也很小;当时间改变量趋近于零时,气温的变化量也会趋近于零,这反映了气温连续变化的特征.

事实上,在许多实际问题中,变量的变化往往是"连续"不断的. 变量的这种变化现象,体现在函数关系上,就是函数的连续性. 因此,连续函数是我们在高等数学中接触最多的函数,它反映了自然界各种连续变化现象的一种共同特性.

从几何直观上看,要使函数图形(曲线)连续不断,由如下函数图形可以看出,只有图 1.55 中函数 $f(x)$ 的曲线连续不断,而图 1.56 和图 1.57 中函数 $g(x)$ 和 $h(x)$ 的曲线在 $x=a$ 处都是不连续,或者是间断的.

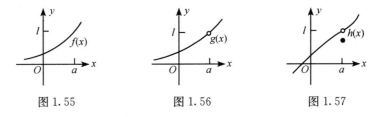

图 1.55　　　　　　　　图 1.56　　　　　　　　图 1.57

尽管当 $x \to a$ 时,图 1.55,图 1.56,图 1.57 中的函数 $f(x), g(x), h(x)$ 都趋近于 l,即

$$\lim_{x \to a} f(x) = \lim_{x \to a} g(x) = \lim_{x \to a} h(x) = l.$$

但是图 1.56 中 $g(a)$ 没有定义;图 1.57 中 $\lim_{x \to a} h(x) \neq h(a)$;而图 1.55 中函数 $f(x)$ 在 $x = a$ 处的函数值等于它在该点的极限值,即

$$\lim_{x \to a} f(x) = f(a).$$

1. 一元函数的连续性

定义 1.7.1　设函数 $y = f(x)$ 在 $U(x_0, \delta)$ 内有定义,若当 $x \to x_0$ 时,函数 $f(x)$ 的极限存在,而且极限值就等于 $f(x)$ 在点 $x = x_0$ 处的函数值 $f(x_0)$,即

$$\lim_{x \to x_0} f(x) = f(x_0),$$

则称函数 $y = f(x)$ 在点 $x = x_0$ 处**连续**.

从定义 1.7.1 不难发现,函数 $y = f(x)$ 在 $x = x_0$ 处连续,必须满足以下三个条件:

1. 在 $x = x_0$ 处有定义(即 $f(x_0)$ 有意义);
2. 在 $x = x_0$ 处有极限(即 $\lim\limits_{x \to x_0} f(x)$ 存在);
3. $\lim\limits_{x \to x_0} f(x) = f(x_0)$.

例 1　试用定义 1.7.1 证明:函数

$$f(x) = \begin{cases} x \sin \dfrac{1}{x}, & x \neq 0, \\ 0, & x = 0 \end{cases}$$

在点 $x = 0$ 处连续.

证　显然 $f(x)$ 在 $x = 0$ 的邻域内有定义,由无穷小量的性质可知,

$$\lim_{x \to 0} f(x) = \lim_{x \to 0} x \cdot \sin \frac{1}{x} = 0,$$

即

$$\lim_{x \to 0} f(x) = f(0),$$

所以根据定义 1.7.1,函数 $f(x)$ 在点 $x = 0$ 处连续.

为了从不同角度来理解函数连续的意义,先引入下面增量的定义.

定义 1.7.2　设变量 u 从初值 u_1 变到终值 u_2,则终值 u_2 与初值 u_1 的差

u_2-u_1 称为变量 u 的**改变量**,也称为**增量**,记作 Δu. 即

$$\Delta u = u_2 - u_1.$$

注　变量 u 的增量 Δu 可以是正的,也可以是负的. 当 Δu 为正时,变量 u 是增加的;当 Δu 为负时,变量 u 是减少的.

由 1.6 节中有极限的量与无穷小量的关系和定义 1.7.1 就可以得出:

定义 1.7.3　设函数 $y=f(x)$ 在 $U(x_0,\delta)$ 内有定义,若当自变量 x 无限趋近于 x_0 时,函数增量 $f(x)-f(x_0)$ 无限趋近于零,即

$$\lim_{x \to x_0}\big[f(x) - f(x_0)\big] = 0,$$

则称函数 $y=f(x)$ 在点 $x=x_0$ 处**连续**,称点 $x=x_0$ 为函数 $y=f(x)$ 的**连续点**.

若令 $x=x_0+\Delta x$,则 $\Delta x \to 0$ 当且仅当 $x \to x_0$,相应地

$$\Delta y = f(x_0 + \Delta x) - f(x_0) = f(x) - f(x_0),$$

$\Delta y \to 0$ 当且仅当 $f(x) \to f(x_0)$,即 $\lim\limits_{\Delta x \to 0}\Delta y=0$ 就是 $\lim\limits_{x \to x_0}\big[f(x)-f(x_0)\big]=0$.

这样可得到定义 1.7.3 有如下等价形式.

定义 1.7.3$'$　设函数 $y=f(x)$ 在 $U(x_0,\delta)$ 内有定义,若当自变量 x 在点 $x=x_0$ 处的增量 Δx 趋近于零时,相应的函数增量 $\Delta y=f(x_0+\Delta x)-f(x_0)$ 也趋近于零,即

$$\lim_{\Delta x \to 0}\Delta y = \lim_{\Delta x \to 0}\big[f(x_0 + \Delta x) - f(x_0)\big] = 0,$$

则称函数 $y=f(x)$ 在点 $x=x_0$ 处**连续**,称点 $x=x_0$ 为函数 $y=f(x)$ 的**连续点**.

例 2　试用定义 1.7.3$'$ 证明:函数 $y=x^2+3$ 在点 $x=1$ 处连续.

证　显然函数 $y=x^2+3$ 在点 $x=1$ 的邻域内有定义. 现设自变量 x 在 $x=1$ 处有增量 Δx,则当 $\Delta x \to 0$ 时,相应的函数增量 Δy 的极限为

$$\lim_{\Delta x \to 0}\Delta y = \lim_{\Delta x \to 0}\big[(1+\Delta x)^2 + 3 - (1^2 + 3)\big] = \lim_{\Delta x \to 0}\big[2\Delta x + (\Delta x)^2\big] = 0,$$

所以,根据定义 1.7.3$'$,函数 $y=x^2+3$ 在点 $x=1$ 处连续.

类似函数的单侧极限,我们有下列定义.

定义 1.7.4　若 $\lim\limits_{x \to x_0^-}f(x)=f(x_0)$,则称函数 $y=f(x)$ 在 $x=x_0$ 处**左连续**.

若 $\lim\limits_{x \to x_0^+}f(x)=f(x_0)$,则称函数 $y=f(x)$ 在 $x=x_0$ 处**右连续**.

根据左、右连续的定义可知,连续与左、右连续之间有以下关系:

定理 1.7.1　$\lim\limits_{x \to x_0}f(x)=f(x_0)$ 的充要条件是

$$\lim_{x \to x_0^-}f(x) = \lim_{x \to x_0^+}f(x) = f(x_0).$$

函数 $y=f(x)$ 在 $x=x_0$ 处连续当且仅当在 $x=x_0$ 处左、右连续.

定义 1.7.5 若 $y=f(x)$ 在 (a,b) 内任一点连续,则称 $y=f(x)$ 在 (a,b) 内连续,若在 $x=a$ 处右连续、在 $x=b$ 处左连续,则称 $y=f(x)$ **在闭区** $[a,b]$ **上连续**.

注 连续函数的图形是一条连续而不间断的曲线.

例 3 证明 $y=\sin x$ 在 $(-\infty,+\infty)$ 内处处(即每一点)连续.

证 任取 $x_0 \in (-\infty,+\infty)$,只要证明

$$\lim_{x \to x_0} \sin x = \sin x_0.$$

令 $x=x_0+h$,则当 $x \to x_0$ 时 $h \to 0$. 由于

$$\lim_{h \to 0} \cos h = 1, \quad \lim_{h \to 0} \sin h = 0,$$

从而有

$$\lim_{x \to x_0} \sin x = \lim_{h \to 0} \sin(x_0 + h) = \lim_{h \to 0} (\sin x_0 \cos h + \cos x_0 \sin h)$$

$$= \sin x_0 \lim_{h \to 0} \cos h + \cos x_0 \lim_{h \to 0} \sin h = \sin x_0.$$

类似可证 $y=\cos x$ 在 $(-\infty,+\infty)$ 内处处连续.

例 4 讨论函数

$$f(x) = \begin{cases} 1 + \cos x, & x < \dfrac{\pi}{2}, \\ \sin x, & x \geqslant \dfrac{\pi}{2} \end{cases}$$

在 $x=\dfrac{\pi}{2}$ 处的连续性.

解 因为

$$f\left(\frac{\pi}{2}\right) = 1,$$

且

$$\lim_{x \to \frac{\pi}{2}^+} f(x) = \lim_{x \to \frac{\pi}{2}^+} \sin x = 1, \quad \lim_{x \to \frac{\pi}{2}^-} f(x) = \lim_{x \to \frac{\pi}{2}^-} (1 + \cos x) = 1,$$

所以

$$\lim_{x \to \frac{\pi}{2}} f(x) = f\left(\frac{\pi}{2}\right) = 1.$$

因此,函数在点 $x=\dfrac{\pi}{2}$ 处是连续的.

2. 二元函数的连续性

定义 1.7.6 如果二元函数 $z = f(x, y)$ 在点 $P_0(x_0, y_0)$ 及其附近有定义,且有

$$\lim_{(x,y) \to (x_0, y_0)} f(x, y) = f(x_0, y_0)$$

成立,则称函数 $z = f(x, y)$ 在点 $P_0(x_0, y_0)$ 处 **连续**,称点 $P_0(x_0, y_0)$ 为函数 $z = f(x, y)$ 的 **连续点**.

注 (1) 这里要求式中 x 和 y 以任意方式趋向于点 (x_0, y_0).

(2) 一般地,n 元函数连续的定义,只需对定义 1.7.6 作一些适当的修改就可以类似给出.

例 5 函数

$$f(x, y) = \begin{cases} x^2 + y^2, & x^2 + y^2 \leqslant 1, \\ \lambda - x^2 - y^2, & x^2 + y^2 > 1. \end{cases}$$

问这个函数在单位圆 $x^2 + y^2 = 1$ 上各点是否连续?

解 令 $z = x^2 + y^2$,在单位圆 $x^2 + y^2 = 1$ 上点 (x_0, y_0) 满足 $z_0 = x_0^2 + y_0^2 = 1$,因此当 $(x, y) \to (x_0, y_0)$ 时,有 $z \to 1$,故所讨论的问题可以转化为函数

$$g(z) = \begin{cases} z, & z \leqslant 1, \\ \lambda - z, & z > 1 \end{cases}$$

在点 $z = 1$ 处是否连续.

因为

$$g(1) = 1,$$

且

$$\lim_{z \to 1^+} g(z) = \lim_{z \to 1^+} (\lambda - z) = \lambda - 1, \quad \lim_{z \to 1^-} g(z) = \lim_{z \to 1^-} z = 1,$$

所以当 $\lambda = 2$ 时,函数 $g(z)$ 在点 $z = 1$ 处连续,当 $\lambda \neq 2$ 时,则函数 $g(z)$ 在点 $z = 1$ 处不连续. 因此当 $\lambda = 2$ 时,有

$$\lim_{(x,y) \to (x_0, y_0)} f(x, y) = f(x_0, y_0) = 1,$$

即函数 $f(x, y)$ 在 $x^2 + y^2 = 1$ 上所有点处都是连续的;但当 $\lambda \neq 2$ 时,因为 $\lim_{\substack{x \to x_0 \\ y \to y_0}} f(x, y)$ 不存在,则函数 $f(x, y)$ 在 $x^2 + y^2 = 1$ 上所有点处都是不连续的.

例 6 函数

$$f(x, y) = \begin{cases} \dfrac{x^2 - y^2}{x^2 + y^2}, & x \neq 0, y \neq 0, \\ 0, & x = 0, y = 0. \end{cases}$$

问函数在点(0,0)处是否连续?

解 由定义知 $f(0,0)=0$. 当点 $P(x,y)$ 沿直线 $y=kx$ 趋近于点(0,0)时,有

$$\lim_{\substack{x\to 0 \\ y=kx\to 0}} f(x,y) = \lim_{\substack{x\to 0 \\ y=kx\to 0}} \frac{x^2-(kx)^2}{x^2+(kx)^2} = \frac{1-k^2}{1+k^2},$$

则函数 $f(x,y)$ 在原点没有极限值,所以在该点是不连续的.

3. 反函数与复合函数的连续性

下面我们不加证明地给出反函数与复合函数的连续性的有关结论.

定理 1.7.2 如果函数 $y=f(x)$ 在区间 I_x 上单调增加(或单调减少)且连续,那么它的反函数

$$x=f^{-1}(y)$$

在对应的区间 $I_y=\{y\,|\,y=f(x),x\in I_x\}$ 上单调增加(或单调减少)且连续.

例 7 由于 $y=\sin x$ 在区间 $\left[-\dfrac{\pi}{2},\dfrac{\pi}{2}\right]$ 上单调增加且连续,所以它的反函数 $y=\arcsin x$ 在区间 $[-1,1]$ 上也是单调增加且连续的.

同样,$y=\arccos x$ 在区间 $[-1,1]$ 上单调减少且连续; $y=\arctan x$ 在区间 $(-\infty,+\infty)$ 内单调增加且连续; $y=\operatorname{arccot} x$ 在区间 $(-\infty,+\infty)$ 内单调减少且连续.

总之,反三角函数 $\arcsin x$,$\arccos x$,$\arctan x$,$\operatorname{arccot} x$ 在它们的定义域内都是连续的.

定理 1.7.3 设函数 $y=f(g(x))$ 由函数 $y=f(u)$ 与函数 $u=g(x)$ 复合而成,$\mathring{U}(x_0)\subset D_{f\circ g}$. 若 $\lim\limits_{x\to x_0} g(x)=u_0$,而函数 $y=f(u)$ 在 u_0 连续,则

$$\lim_{x\to x_0} f(g(x)) = \lim_{u\to u_0} f(u) = f(u_0).$$

注 (1) 定理 1.7.3 的结论也可写成

$$\lim_{x\to x_0} f(g(x)) = f(\lim_{x\to x_0} g(x)),$$

这意味着求复合函数 $f(g(x))$ 的极限,连续函数符号与极限号可以交换次序.

(2) 在定理 1.7.3 的条件下,$\lim\limits_{x\to x_0} f(g(x)) = \lim\limits_{u\to u_0} f(u)$ 表明:如果作代换 $u=g(x)$,那么求 $\lim\limits_{x\to x_0} f(g(x))$ 就转化为求 $\lim\limits_{u\to u_0} f(u)$,这里 $u_0=\lim\limits_{x\to x_0} g(x)$.

(3) 若将定理 1.7.3 中的 $x\to x_0$ 换成 $x\to\infty$,可得类似的定理.

例 8 求 $\lim\limits_{x\to 3}\sqrt{\dfrac{x-3}{x^2-9}}$.

解 $\lim\limits_{x\to 3}\sqrt{\dfrac{x-3}{x^2-9}} = \sqrt{\lim\limits_{x\to 3}\dfrac{x-3}{x^2-9}} = \sqrt{\dfrac{1}{6}}$.

定理 1.7.4　设函数 $y=f(g(x))$ 由函数 $y=f(u)$ 与函数 $u=g(x)$ 复合而成，$U(x_0)\subset D_{f\circ g}$. 若函数 $u=g(x)$ 在点 x_0 连续，函数 $y=f(u)$ 在点 $u_0=g(x_0)$ 连续，则复合函数 $y=f(g(x))$ 在点 x_0 也连续.

1.7.2　函数的间断点

1. 一元函数的间断点

定义 1.7.7　若 $f(x)$ 在点 $x=x_0$ 处不满足连续的条件，则称 $f(x)$ 在点 $x=x_0$ 处为**不连续的**或**间断的**，点 $x=x_0$ 称为 $f(x)$ 的**间断点**.

由一元函数连续须同时满足的三个条件知，间断点出现的情形为：

(1) 在 $x=x_0$ 没有定义；

(2) 虽在 $x=x_0$ 有定义，但 $\lim\limits_{x\to x_0}f(x)$ 不存在；

(3) 虽在 $x=x_0$ 有定义，且 $\lim\limits_{x\to x_0}f(x)$ 存在，但 $\lim\limits_{x\to x_0}f(x)\neq f(x_0)$.

同时可将间断点分类如下：

$$间断点类型\begin{cases}第一类间断点\begin{cases}左右极限都存在且相等（可去间断点）\\左右极限都存在但不相等（跳跃间断点）\end{cases}\\第二类间断点（左右极限至少有一个不存在）\end{cases}$$

例 9　函数

$$f(x)=\begin{cases}x, & x\neq 1,\\\dfrac{1}{2}, & x=1.\end{cases}$$

考察 $f(x)$ 在 $x=1$ 处的连续性.

解　如图 1.58 所示，因为

$$\lim_{x\to 1}f(x)=\lim_{x\to 1}x=1\neq f(1),$$

所以 $x=1$ 为间断点. 此时，可改变函数 $f(x)$ 定义使其在 $x=1$ 连续. 例如，

$$f(x)=\begin{cases}x, & x\neq 1,\\1, & x=1.\end{cases}$$

则函数 $f(x)$ 在 $x=1$ 处连续，故 $x=1$ 称为**可去间断点**.

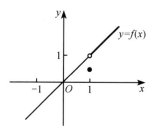

图 1.58

例 10　函数

$$f(x)=\begin{cases}x-1, & x<0,\\0, & x=0,\\x+1, & x>0.\end{cases}$$

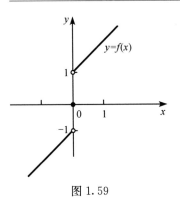

图 1.59

考察 $f(x)$ 在 $x=0$ 处的连续性.

解　如图 1.59 所示,因为

$$\lim_{x \to 0^-} f(x) = -1, \quad \lim_{x \to 0^+} f(x) = 1,$$

所以 $x=0$ 为间断点(**跳跃间断点**,不可去).

注　二元函数间断点的产生与一元函数的情形类似,但是二元函数间断点的情况要比一元函数复杂,间断点可能是孤立点也可能是曲线上的点.例如,函数

$$z = \sin \frac{1}{xy},$$

则直线 $x=0$ 与 $y=0$ 都是它的间断线,点 $(0,0)$ 是其中一个间断点.

2. 初等函数的连续性

我们不加证明地给出如下重要事实:一切一元初等函数在其定义区间内都是连续的.

因此,求一元初等函数的连续区间就是求一元初等函数的定义区间.关于分段函数的连续性,除按上述结论考虑每一分段区间内的连续性外,必须讨论分界点的连续性.

例 11　求函数

$$f(x) = \frac{x^2 - x - 2}{x^2 - 3x + 2}$$

的连续区间和间断点,并指出间断点的类型.

解　将函数恒等变形得

$$f(x) = \frac{x^2 - x - 2}{x^2 - 3x + 2} = \frac{(x-2)(x+1)}{(x-2)(x-1)},$$

故函数 $f(x)$ 的连续区间即为定义区间:$(-\infty, 1), (1, 2), (2, +\infty)$,$x=1$ 和 $x=2$ 是它的两个间断点.因为

$$\lim_{x \to 1} f(x) = \lim_{x \to 1} \frac{(x-2)(x+1)}{(x-2)(x-1)} = \infty,$$

所以 $x=1$ 是第二类间断点(**无穷间断点**).因为

$$\lim_{x \to 2} f(x) = \lim_{x \to 2} \frac{(x-2)(x+1)}{(x-2)(x-1)} = 3,$$

所以 $x=2$ 是第一类间断点(**可去间断点**).

注　多元初等函数有同样类似的性质.

例 12　求 $\lim\limits_{(x,y)\to(1,0)} \dfrac{\ln(x+\mathrm{e}^y)}{\sqrt{x^2+y^2}}$.

解　$\lim\limits_{(x,y)\to(1,0)} \dfrac{\ln(x+\mathrm{e}^y)}{\sqrt{x^2+y^2}} = \dfrac{\ln(1+\mathrm{e}^0)}{\sqrt{1^2+0^2}} = \ln 2$.

例 13　求 $\lim\limits_{(x,y)\to(0,0)} \dfrac{\sqrt{1+xy}-1}{xy}$.

解　$\lim\limits_{(x,y)\to(0,0)} \dfrac{\sqrt{1+xy}-1}{xy} = \lim\limits_{(x,y)\to(0,0)} \dfrac{(\sqrt{1+xy}-1)(\sqrt{1+xy}+1)}{xy(\sqrt{1+xy}+1)}$

$$= \lim\limits_{(x,y)\to(0,0)} \dfrac{1}{\sqrt{1+xy}+1} = \dfrac{1}{2}.$$

1.7.3　闭区间上连续函数的性质

在闭区间上讨论连续函数,它具有许多整个区间上的特性,即整体性质. 这些性质对于开区间上的连续函数或闭区间上的非连续函数,一般是不成立的.

定义 1.7.8　设函数 $y=f(x)$ 在 D 上有定义,若存在 $x_0 \in D$,使对一切 $x \in D$,都有

$$f(x) \leqslant f(x_0) \quad (f(x_0) \leqslant f(x)),$$

则称 $f(x_0)$ 为 $f(x)$ 在 D 上的**最大(小)值**.

一般地,函数 $f(x)$ 在 D 上不一定有最大(小)值,即使它是有界的. 例如,

$$f(x) = x,$$

它在 $(0,1)$ 内既无最大值也无最小值. 又如,

$$g(x) = \begin{cases} x+1, & -1 \leqslant x < 0, \\ 0, & x=0, \\ x-1, & 0 < x \leqslant 1 \end{cases}$$

在 $[-1,1]$ 上也没有最大值和最小值.

定理 1.7.5(最大值最小值定理)　若函数 $f(x)$ 在闭区间 $[a,b]$ 上连续,则 $f(x)$ 在 $[a,b]$ 上有最大值和最小值.

换而言之,在 $[a,b]$ 上至少存在 x_1 及 x_2,使对一切 $x \in [a,b]$,都有

$$f(x_1) \leqslant f(x) \leqslant f(x_2),$$

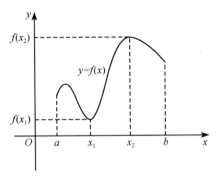

图 1.60

即 $f(x_1)$ 和 $f(x_2)$ 分别是 $f(x)$ 在 $[a,b]$ 上的最小值和最大值(图 1.60).

推论 1.7.1(有界性定理)　若 $f(x)$ 在 $[a,b]$ 上连续,则 $f(x)$ 在 $[a,b]$ 上有界.

证　由定理 1.7.5 可知 $f(x)$ 在 $[a,b]$ 上有最大值 M 和最小值 m,即对一切 $x \in [a,b]$ 有

$$m \leqslant f(x) \leqslant M,$$

所以 $f(x)$ 在 $[a,b]$ 上既有上界又有下界,从而在 $[a,b]$ 上有界.

定理 1.7.6(介值定理)　设 $f(x)$ 在 $[a,b]$ 上连续,且 $f(a) \neq f(b)$,则对介于 $f(a)$ 与 $f(b)$ 之间的任何实数 c,在 (a,b) 内必至少存在一点 ξ,使 $f(\xi) = c$.

这就是说,对任何实数 c,若满足

$$f(a) < c < f(b) \quad \text{或} \quad f(b) < c < f(a),$$

则定义于 (a,b) 内的连续曲线弧

$$y = f(x)$$

与水平直线

$$y = c$$

必至少相交于一点 (ξ,c)(图 1.61).

推论 1.7.2　闭区间上的连续函数必取得介于最大值与最小值之间的任何值.

证　设函数 $f(x)$ 在 $[a,b]$ 上连续,且分别在 $x_1 \in [a,b]$ 取得最小值 $m = f(x_1)$ 和在 $x_2 \in [a,b]$ 取得最大值 $M = f(x_2)$.

不妨设 $x_1 < x_2$,且 $M > m$(即 $f(x)$ 不是常值函数).由于 $f(x)$ 在 $[x_1, x_2]$ 上连续,且 $f(x_1) \neq f(x_2)$,故按介值定理推出,对介于 m 与 M 之间的任何实数 c,必至少存在一点 $\xi \in (x_1, x_2) \subset (a,b)$,使 $f(\xi) = c$.

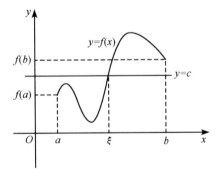

图 1.61

推论 1.7.3(根的存在性定理)　设 $f(x)$ 在闭区间 $[a,b]$ 上连续,且 $f(a)$ 与 $f(b)$ 异号,即

$$f(a)f(b) < 0,$$

则在 (a,b) 内至少存在一点 ξ,使

$$f(\xi) = 0,$$

即方程 $f(x)=0$ 在 (a,b) 内至少存在一个实根.

因为 $f(a)$ 与 $f(b)$ 异号,则 $c=0$ 必然是介于它们之间的一个值,所以结论成立.

注　根的存在性定理是介值定理的一种特殊情形.

例 14　设 $a>0,b>0$,证明方程

$$x = a\sin x + b$$

至少有一个正根,并且它不超过 $a+b$.

证　令 $f(x)=x-a\sin x-b$,则 $f(x)$ 在闭区间 $[0,a+b]$ 上连续,且 $f(0)=-b<0$,

$$f(a+b) = a[1 - \sin(a+b)] \geqslant 0.$$

(1) 若 $f(a+b)=0$,则 $x=a+b$ 就是方程 $x=a\sin x+b$ 的一个正根.

(2) 若 $f(a+b)>0$,则 $f(0) \cdot f(a+b)<0$,故由根的存在性定理知方程 $x=a\sin x+b$ 在 $(0,a+b)$ 内至少有一个实根.

综合(1),(2)所述知结论成立.

方程 $f(x)=0$ 的根也称为函数 $f(x)$ 的**零点**,所以也把根的存在性定理称为**零点存在定理**.

注　二元连续函数与一元连续函数有类似的性质. 例如,有界性、零点存在定理.

习　题　1.7

A 组

1. 函数

$$f(x) = \begin{cases} (1+2x)^{\frac{1}{x}}, & x \neq 0, \\ 2k+1, & x = 0 \end{cases}$$

在 $x=0$ 处连续,求 k 的值.

2. 讨论函数

$$f(x) = \begin{cases} x+3, & x \leqslant 1, \\ -x^2+5, & x > 1 \end{cases}$$

在点 $x=1$ 处的连续性.

3. 求函数

$$f(x) = \begin{cases} \mathrm{e}^{-x}, & x \leqslant 0, \\ x^2 - 1, & 0 < x \leqslant 1, \\ 0.5x - 0.5, & x > 1 \end{cases}$$

的连续区间和间断点,并指出间断点的类型.

4. 求下列极限:

(1) $\lim\limits_{x \to 4} \dfrac{\sqrt{1+2x}-3}{\sqrt{x-2}-\sqrt{2}}$;　　　　(2) $\lim\limits_{x \to \infty}(\sqrt{x^2+1}-\sqrt{x^2-1})$.

5. 求极限 $\lim\limits_{\substack{x \to 1 \\ y \to 2}} \dfrac{x+y}{xy}$.

6. 函数

$$f(x,y) = \begin{cases} \dfrac{xy}{x^2+y^2}, & x \neq 0, y \neq 0, \\ 0, & x = 0, y = 0 \end{cases}$$

在点 $(0,0)$ 处是否连续?

7. 证明方程 $x^3 - 4x^2 + 1 = 0$ 在区间 $(0,1)$ 内至少有一实根.

8. 证明:若 $f(x)$ 在 $[a,b]$ 上连续,且 $f(a) < a, f(b) > b$,则在 (a,b) 内至少有一点 c,使得 $f(c) = c$.

B 组

1. 试确定 a, b,使函数

$$f(x) = \begin{cases} \dfrac{1}{x}\sin x + a, & x < 0, \\ b, & x = 0, \\ x\sin\dfrac{1}{x}, & x > 0 \end{cases}$$

在 $(-\infty, +\infty)$ 内连续.

2. 求下列函数的间断点并确定其类型. 若为可去间断点,则补充或改变函数的定义使它连续:

(1) $f(x) = \begin{cases} \mathrm{e}^{\frac{1}{x}}, & x < 0, \\ 0, & x = 0, \\ \arctan\dfrac{1}{x}, & x > 0; \end{cases}$　　　(2) $f(x) = \dfrac{x}{\tan x}$.

3. 若 $f(x)$ 在闭区间 $[a,b]$ 上连续,$a < x_1 < x_2 < \cdots < x_n < b$,$C_1, C_2, \cdots, C_n$ 为任意正数,证明:至少存在一点 $\xi \in (x_1, x_n)$,使

$$f(\xi) = \frac{C_1 f(x_1) + C_2 f(x_2) + \cdots + C_n f(x_n)}{C_1 + C_2 + \cdots + C_n}.$$

4. 函数 $f(x) = \dfrac{x - x^3}{\sin \pi x}$ 的可去间断点的个数为(　　).

A. 1　　　　　B. 2　　　　　C. 3　　　　　D. 无穷多个

本章内容小结

本章的主要内容有：

（1）函数与反函数的概念，函数的有界性、奇偶性、单调性和周期性，基本初等函数的性质及复合函数与初等函数的概念．

（2）数列极限与函数极限的概念，极限的四则运算，无穷大量与无穷小量的概念．

（3）函数的连续点与间断点的概念，函数在某点连续须满足的三个条件，初等函数的连续性，闭区间上连续函数的性质，最大值与最小值定理、介值定理、零点存在定理．

学习中要注意如下几点：

（1）主要是通过极限的四则运算法则，把所求极限常常转化成下面三个极限：

$$\lim_{n\to\infty}C = C, \quad \lim_{n\to\infty}\frac{1}{n} = 0, \quad \lim_{n\to\infty}q^n = 0 \quad (\,|\,q\,|<1),$$

其中 C 为常数．

（2）$\lim\limits_{x\to\infty}f(x)=A\Leftrightarrow\lim\limits_{x\to+\infty}f(x)=\lim\limits_{x\to-\infty}f(x)=A$，

$\lim\limits_{x\to x_0}f(x)=A\Leftrightarrow f(x_0+0)=f(x_0-0)=A.$

（3）极限的四则运算法则仅适用于有限个具有极限的函数的情形．

（4）$\lim f(x)=A\Leftrightarrow f(x)=A+\alpha$，其中 α 是无穷小量．

（5）两个重要极限的应用．一是 $\lim\limits_{\alpha(x)\to 0}\dfrac{\sin\alpha(x)}{\alpha(x)}=1$，其特征为①分子、分母的极限都是 0；②含有与正弦函数有关的函数；③三个 $\alpha(x)$ 要一致；④结果是 1；二是 $\lim\limits_{u(x)\to\infty}\left(1+\dfrac{1}{u(x)}\right)^{u(x)}=\mathrm{e}$，其特征为①求一个幂指函数的极限；②底数是 1 加上无穷小量 $\dfrac{1}{u(x)}$；③指数是 $u(x)$；④结果是 e．

（6）极限与连续的关系为：

若 $f(x)$ 在点 x_0 处连续，则极限 $\lim\limits_{x\to x_0}f(x)$ 存在；

反之不一定成立．

（7）多元函数的情形及与一元函数之间的联系与区别．

阅读材料

微积分简介

微积分成为一门学科，是在 17 世纪，但是，微分和积分的思想在古代就已经产生了．

一、古代东西方微积分思想的萌芽

有关微积分学的核心概念之一——极限的观念、思想可以追溯到遥远的古代，而其理论的完善得力于 19 世纪法国数学家柯西(Cauchy,1789~1857)和被誉为"现代分析之父"的德国数学家魏尔斯特拉斯(Weierstrass,1815~1897)的工作.

公元前 5 世纪,古希腊的安提丰(Antiphon,公元前 480~前 403)提出"穷竭法". 公元前 4 世纪由欧多克斯(Eudoxus,公元前 408~前 355)作了补充和完善,他们用该法来求平面圆形的面积和立体的体积. 该方法记载在欧几里得(Euclid,公元前 4~前 3 世纪)的《几何原本》中. 公元前 3 世纪,古希腊的阿基米德(Archimedes,公元前 287~前 212)在研究解决抛物弓形的面积、球和球冠面积、螺线下面积和旋转双曲体的体积的问题中,就隐含着近代积分学的思想. 如用"穷竭法"求圆的面积,认为圆的面积与正内接(外切)多边形面积之差可以被"竭尽",得圆周率约等于 3.14. 西方人在 17 世纪(1647 年)时称这种没有极限步骤,但给出证明蕴含极限思想的求积方法为"穷竭法". 我国的《庄子·天下篇》中记载,公元前 4 世纪,学者惠施(公元前 390~前 317)称:"一尺之棰,日取其半,万世不竭"引出收敛的数列

$$\frac{1}{2},\frac{1}{4},\frac{1}{8},\cdots,\frac{1}{2^n},\cdots.$$

公元 3 世纪,三国魏人刘徽(约 225~约 295)作《九章算术》注,提出"割圆术",他认为:"割之弥细,失之弥少,割之又割,以至于不可割,则与圆合体而无所失矣". 这些都是朴素的、也是很典型的极限概念. 公元 5 世纪,祖冲之(429~500)按照刘徽的割圆术之法,经过刻苦钻研,继承和发展了前辈科学家的优秀成果,他的重要贡献是采用"割圆术",证明圆周率应该在 3.1415926 和 3.1415927 之间.

虽然古代由几何问题引出极限与微积分思想的萌芽,但所用方法本质上是静态的. 直到 17 世纪,牛顿(Newton,1643~1727)和莱布尼茨(Leibniz,1646~1716)在先驱者所做工作的基础上,发展成动态分析的方法,逐步使微积分成为一门学科.

微积分学是微分学和积分学的总称. 它是一种数学思想,通俗地说,"无限细分"就是微分,"无限求和"就是积分.

客观世界的一切事物,小至粒子,大至宇宙,始终都在运动和变化着. 因此在数学中引入变量的概念后,就有可能把运动现象用数学来加以描述了. 由于函数概念的产生和运用的加深,也由于科学技术发展的需要,一门新的数学分支就继解析几何之后产生了,这就是微积分学. 微积分学这门学科在数学发展中的地位是十分重要的,可以说它是继欧氏几何后,全部数学中的最大的一个创造.

二、微积分的建立

到了 17 世纪,有许多科学问题亟待解决,这些现实问题也就成了促使微积分产生的较为直接的因素.归结起来,当时大约主要有如下四种类型的问题:

第一类问题是求瞬时速度的问题,即已知物体移动的距离表示为时间的函数,求物体在任意时刻的速度和加速度(还有反问题的求解).

第二类问题是求曲线的切线的问题,如透镜设计时要考虑曲线的法线,实际上就是求曲线的切线,此外,运动物体在任一点处的运动方向即为该点的切线方向.

第三类问题是求函数的最大值和最小值问题.如炮弹射程问题中求获得最大射程的发射角,求行星离太阳最近最远距离(近日点、远日点),这些都是讨论函数的最大值、最小值.

第四类问题是求曲线长、曲线围成的图形的面积、曲面围成的物体的体积、一般物体的重心、一个体积相当大的物体作用于另一物体上的引力.

随着思想的解放与生产力的发展,科学的革命化促使人们不断思索,希望能解决这些迫切需要解决的问题,经过长时间的研究、讨论、酝酿,有关的知识渐渐积累起来了,17 世纪许多著名的数学家、天文学家、物理学家都为解决上述几类问题做了大量的研究工作,如法国的费马(Fermat,1601~1665)、笛卡儿(Descartes,1596~1650)、罗伯瓦(Roberval,1602~1675)、德萨格(Desargues,1591~1661);英国的巴罗(Barrow,1630~1677)、沃利斯(Wallis,1616~1703);德国的开普勒(Kepler,1571~1630);意大利的卡瓦列里(Cavalieri,1598~1647)等都提出许多很有建树的理论.他们为微积分的最终创立作出了贡献.

在前人工作的基础上,17 世纪下半叶,英国大科学家牛顿和德国数学家莱布尼茨分别在自己的国度里独自研究提出微分和积分是一对逆运算,并且给出了换算公式,该公式现在被称为牛顿-莱布尼茨公式,也是微积分学的基本定理,从而完成了微积分的创立工作.尽管这只是十分初步的工作,但他们的最大历史功绩是把两个貌似毫不相关的问题联系在一起,一个是切线问题(微分学的中心问题),一个是求积问题(积分学的中心问题),构建起了两者之间的桥梁.微积分学的创立,极大地推动了数学的发展.过去很多初等数学束手无策的问题,运用微积分,往往迎刃而解,这就显示出了微积分学的非凡威力.

牛顿和莱布尼茨现在被公认为微积分的奠基者.他们的主要功绩可归结如下:

(1) 将各种问题的解法统一成一种方法,微分法和积分法;

(2) 有明确的计算微分法的步骤;

(3) 微分法和积分法互为逆运算.

牛顿和莱布尼茨当时建立微积分的出发点是直观的无穷小量,因此这门学科早期也称为无穷小分析,这也正是现代数学中分析学这一大分支名称的来源.其中牛顿研究微积分侧重于从运动学的角度来考虑,莱布尼茨则是侧重于从几何学的角度来考虑.

牛顿早在 1671 年就写了《流数法和无穷级数》,可该书直到 1736 年才出版,他提出:变量是由点、线、面的连续运动产生的.否定了他以前认为的变量是无穷小元素的静止集合.他把连续变量叫做流动量,把这些流动量的导数叫做流数.牛顿在流数术中所提出的核心问题是:已知连续运动的路径,求给定时刻的速度(微分法);已知运动的速度求给定时间内经过的路程(积分法).

牛顿

1684 年,博才多学的德国数学家莱布尼茨,他发表了现在世界上公认为是最早的微积分文献,该论文有一个很长而且很古怪的名字:"一种求极大极小和切线的新方法,它也适用于分式和无理量,以及这种新方法的奇妙类型的计算".有趣的是,这样一篇说理也颇含糊的论文,却有着划时代的意义,其中就已经包含有现代的微分符号和基本微分法则.1686 年,莱布尼茨又发表了第一篇积分学的文献.莱布尼茨是历史上最伟大的符号学者之一,他所创设的微积分符号,远远优于牛顿的符号,这对微积分的发展有极其深远的影响.例如,我们现在所使用的微积分通用符号就是当时莱布尼茨精心选取的.

莱布尼茨

三、微积分引发的纷争与危机

前面已经提到,一门科学的创立绝不是某一个人的业绩,它必定是在经过数代学者的努力后,在积累了大量成果的基础上,最后由某个人或几个人总结完成的.毫无例外,微积分的创立也是这样的.

当人们在欣赏微积分的宏伟辉煌之余,关于谁是提出这门学科的创立者的讨论,竟然引起了一场旷日持久的纷争,并直接导致了欧洲大陆的数学家和英国数学家的长期对立.起因是牛顿对微积分先发明(1665),后发表(1711);莱布尼茨则后发明(1675),先发表(1684,1686 年先后发表第一篇微分学、第一篇积分学文章),因此发生了所谓"优先权"的争论,英国数学家为了捍卫牛顿,指责莱布尼茨剽窃,而欧洲大陆的数学家则全力支持莱布尼茨.事实上,牛顿和莱布尼茨分别是自己独立研究,在大体上相近的时间里先后创立了微积分.莱布尼茨曾称赞牛顿:"在从世界开始到牛顿生活的全部数学中,牛顿的工作超过了一半."这里比较特殊的是牛顿创立微积分要比莱布尼茨早 10 年左右,但是公开发表微积分这一理论,莱布尼茨却要比牛顿早几年.他们的研究各有长处,也都各有短处.遗憾的是:由于民族的偏见,关于发明优先权的争论竟从 1699 年始一直延续了一百多年.

　　微积分产生的初期,由于还没有建立起巩固的理论基础.应该指出,这是和历史上任何一项重大理论的完成都要经历一段时间一样,牛顿和莱布尼茨的工作也都是很不完善的.他们在无穷小这个问题上,说法不一,十分含糊.牛顿的无穷小量,有时候是零,有时候不是零而是有限的小量;莱布尼茨的也不能自圆其说.这些基础方面的缺陷,最终导致了著名的第二次数学危机的产生.

　　直到 19 世纪初,法国科学院的科学家以柯西为首,对微积分的理论进行了认真研究,建立了极限理论.后来又经过德国数学家魏尔斯特拉斯进一步严格化,使极限理论成为了微积分的坚定基础,才使得微积分进一步的发展开来.

　　任何新兴的、具有无量前途的科学成就都会吸引广大的优秀学者.在微积分的历史上也同样闪烁着一些明星:瑞士的雅各布•伯努利(Jacob Bernoulli,1654～1705)和他的兄弟约翰•伯努利(Johann Bernoulli,1667～1748)、欧拉(Euler,1707～1783),法国的拉格朗日(Lagrange,1736～1813)、柯西等.

　　数学常分为常量数学和变量数学.我们所知的欧氏几何,以及上古和中世纪的代数学,本质上都是一种常量数学.只有发展到微积分才是真正的变量数学,这是整个数学发展历史过程中的大革命.微积分是高等数学的主要分支,不只是局限在解决力学中的变速问题,它已经驰骋在近代和现代科学技术各个领域里,建立了数不清的丰功伟绩.

四、微积分的基本内容

　　微分学的主要内容包括:极限理论、导数、微分等.

　　积分学的主要内容包括:定积分、不定积分等.

　　微积分是与科学应用联系着发展起来的.最初,牛顿应用微积分学及微分方程对丹麦天文学家第谷(Tycho,1546～1601)浩瀚的天文观测数据进行了分析运算,得到了万有引力定律,并进一步导出了开普勒行星运动三大定律.此后,微积分学成了推动近代数学发展强大的引擎,同时也极大地推动了天文学、物理学、化学、生物学、工程学、经济学等自然科学、社会科学及应用科学各个分支的发展.并在这些学科中有越来越广泛的应用,特别是计算机的出现更有助于这些应用的不断发展.

思考:

　　1. 如何正确看待在微积分产生的初期牛顿和莱布尼茨不能自圆其说的困境?

　　2. 牛顿是一位伟大的物理学家已为人熟知,可他同时也是一位伟大的数学家,由此我们该如何正确看待自己的专业学习和兴趣爱好呢?

第 2 章　函数微分学基础

微分学是微积分的重要组成部分,它的基本概念是导数与微分.导数反映了函数相对于自变量变化而变化的快慢程度,即函数的变化率,它使人们能够用数学工具描述事物变化的快慢及解决一系列与之相关的问题.例如,物体运动的速度、国民经济发展速度、劳动生产率等.微分反映了当自变量有微小改变时,函数变化的线性近似.

本章中,我们主要讨论导数和微分的概念、基本计算方法及其简单应用.

2.1　一元函数的导数及基本求导法则

1. 理解导数的概念及可导性与连续性之间的关系,了解导数的几何意义及经济意义;
2. 掌握基本初等函数的导数公式及导数的四则运算法则;
3. 了解高阶导数的概念,会求简单函数的高阶导数.

2.1.1　问题的引入

为了说明微分学的基本概念——导数,先讨论两个问题:切线问题和变化率问题.这两个问题与导数概念的形成密切相关.

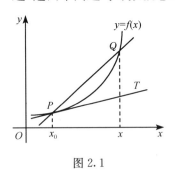

图 2.1

引例 2.1.1(切线问题)　设曲线的方程为 $y = f(x)$,如何求出曲线在点 $P(x_0, y_0)$ 处的切线 PT 的方程?如图 2.1 所示.

由于点 P 在切线上,因此只要求出切线的斜率 k 就行了.为此,在曲线上另取一点 $Q(x, y)$,于是割线 PQ 的斜率为

$$\bar{k} = \frac{f(x) - f(x_0)}{x - x_0}.$$

点 Q 越接近点 P,割线 PQ 的斜率 $\bar{k}$ 越接近切线 PT 的斜率 k.当点 Q 沿曲线无限接近于点 P 时,割线 PQ 绕点 P 旋转而趋于极限位置 PT.当点 Q 沿曲线趋于点 P 时,$x \to x_0$.从而切线的斜率为

$$k = \lim_{Q \to P} \bar{k},$$

即

$$k = \lim_{Q \to P} \bar{k} = \lim_{x \to x_0} \frac{f(x) - f(x_0)}{x - x_0}.$$

引例 2.1.2(变化率问题)　　函数 $y = f(x)$ 在区间 $[x_0, x]$ 上的平均变化率为

$$\frac{f(x) - f(x_0)}{x - x_0},$$

如果极限

$$\lim_{x \to x_0} \frac{f(x) - f(x_0)}{x - x_0}$$

存在,则称此极限为函数 $y = f(x)$ 在点 x_0 处的变化率,也叫瞬时变化率.

例如,做自由落体运动的物体,其位移 s 与时间 t 满足函数关系式 $s(t) = \frac{1}{2} g t^2$ (g 为重力加速度). 该物体在时间段 $[t_0, t]$ 内的平均速度为

$$\bar{v} = \frac{\frac{1}{2} g t^2 - \frac{1}{2} g t_0^2}{t - t_0},$$

在时刻 t_0 的瞬时速度为

$$v = \lim_{t \to t_0} \bar{v} = \lim_{t \to t_0} \frac{\frac{1}{2} g t^2 - \frac{1}{2} g t_0^2}{t - t_0}$$

$$= \lim_{t \to t_0} \frac{1}{2} g(t + t_0) = g t_0.$$

从上面所讨论的两个问题看出,求切线的斜率和函数在某点处的变化率都归结为如下的极限形式:

$$\lim_{x \to x_0} \frac{f(x) - f(x_0)}{x - x_0}, \tag{2.1.1}$$

不难发现,这里 $x - x_0$ 和 $f(x) - f(x_0)$ 分别是函数 $y = f(x)$ 的自变量的增量 Δx 和相应的函数增量 Δy:

$$\Delta x = x - x_0,$$

$$\Delta y = f(x) - f(x_0) = f(x_0 + \Delta x) - f(x_0).$$

因为当 $x \to x_0$ 时,有 $\Delta x \to 0$,故式 (2.1.1) 也可写成

$$\lim_{\Delta x \to 0} \frac{\Delta y}{\Delta x} \quad \text{或} \quad \lim_{\Delta x \to 0} \frac{f(x_0 + \Delta x) - f(x_0)}{\Delta x}.$$

2.1.2 导数的定义

上述引例中出现的求增量比的极限的情形,在其他许多实际问题中我们也会经常遇到. 数学中,我们将这种极限称为导数.

定义 2.1.1 设函数 $y=f(x)$ 在点 $x=x_0$ 的某个邻域内有定义,当自变量 x 在 x_0 处取得增量 Δx(点 $x_0+\Delta x$ 仍在该邻域内)时,相应地函数 y 取得增量 $\Delta y=f(x_0+\Delta x)-f(x_0)$;如果 Δy 与 Δx 之比当 $\Delta x \to 0$ 时的极限存在,则称函数 $y=f(x)$ 在点 $x=x_0$ 处**可导**,并称这个极限为函数 $y=f(x)$ 在点 $x=x_0$ 处的**导数**,记为 $f'(x_0)$,即

$$f'(x_0) = \lim_{\Delta x \to 0} \frac{\Delta y}{\Delta x} = \lim_{\Delta x \to 0} \frac{f(x_0+\Delta x)-f(x_0)}{\Delta x}, \tag{2.1.2}$$

也可记为 $y'\big|_{x=x_0}$,$\dfrac{\mathrm{d}y}{\mathrm{d}x}\big|_{x=x_0}$ 或 $\dfrac{\mathrm{d}f(x)}{\mathrm{d}x}\big|_{x=x_0}$.

函数 $y=f(x)$ 在点 $x=x_0$ 处可导有时也说成 $f(x)$ 在点 $x=x_0$ 处具有导数或导数存在.

导数的几何意义 函数 $y=f(x)$ 在点 x_0 处的导数 $f'(x_0)$ 在几何上表示平面曲线 $y=f(x)$ 在点 $M(x_0,y_0)$ 处的切线的斜率,即

$$f'(x_0) = \tan\varphi,$$

其中 φ 是切线的倾角(图 2.2).

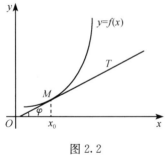

图 2.2

如果函数 $y=f(x)$ 在开区间 I 内每一点的导数都存在,就称函数 $f(x)$ 在开区间 I 内可导. 这时,对于任一 $x \in I$,都对应着 $f(x)$ 的一个确定的导数值. 这样就构成了一个新的函数,这个函数叫做 $y=f(x)$ 的**导函数**,记为 y',$f'(x)$,$\dfrac{\mathrm{d}y}{\mathrm{d}x}$ 或 $\dfrac{\mathrm{d}f(x)}{\mathrm{d}x}$.

在(2.1.2)中,把 x_0 换成 x,即得导函数的定义式

$$f'(x) = \lim_{\Delta x \to 0} \frac{f(x+\Delta x)-f(x)}{\Delta x}.$$

导函数的定义式也可表示为

$$f'(x) = \lim_{h \to 0} \frac{f(x+h)-f(x)}{h}$$

和

$$f'(x) = \lim_{t \to x} \frac{f(t)-f(x)}{t-x}.$$

　　导函数常简称导数. 显然, 函数 $y = f(x)$ 在点 $x = x_0$ 处的导数就是导函数 $f'(x)$ 在点 $x = x_0$ 处的函数值, 即

$$f'(x_0) = f'(x) \mid_{x = x_0}.$$

根据导数的定义可求一些简单函数的导数.

　　例 1　求函数 $f(x) = \sin x$ 的导数.

　　解　$f'(x) = \lim\limits_{h \to 0} \dfrac{f(x+h) - f(x)}{h} = \lim\limits_{h \to 0} \dfrac{\sin(x+h) - \sin x}{h}$

$$= \lim\limits_{h \to 0} \frac{1}{h} \cdot 2\cos\left(x + \frac{h}{2}\right)\sin\frac{h}{2}$$

$$= \lim\limits_{h \to 0} \cos\left(x + \frac{h}{2}\right) \cdot \frac{\sin\dfrac{h}{2}}{\dfrac{h}{2}} = \cos x,$$

即

$$(\sin x)' = \cos x.$$

　　这就是说, 正弦函数的导数是余弦函数.

　　用类似的方法, 可求得

$$(\cos x)' = -\sin x,$$

就是说, 余弦函数的导数是负的正弦函数.

　　例 2　求函数 $f(x) = x^n (n \in \mathbf{N}^+)$ 在点 $x = a$ 处的导数.

　　解　$f'(a) = \lim\limits_{x \to a} \dfrac{f(x) - f(a)}{x - a} = \lim\limits_{x \to a} \dfrac{x^n - a^n}{x - a}$

$$= \lim\limits_{x \to a}(x^{n-1} + ax^{n-2} + \cdots + a^{n-1}) = na^{n-1}.$$

　　把以上结果中的 a 换成 x 得 $f'(x) = nx^{n-1}$, 即

$$(x^n)' = nx^{n-1}.$$

　　更一般地, 对于幂函数 $y = x^\mu (\mu$ 为常数$)$, 有

$$(x^\mu)' = \mu x^{\mu-1}.$$

这就是幂函数的导数公式.

　　定义 2.1.2　若函数 $y = f(x)$ 在点 $x = x_0$ 处的某个邻域内有定义且

$$\lim\limits_{h \to 0^-} \frac{f(x_0 + h) - f(x_0)}{h} \quad 及 \quad \lim\limits_{h \to 0^+} \frac{f(x_0 + h) - f(x_0)}{h}$$

都存在. 则这两个极限分别称为函数 $f(x)$ 在点 $x = x_0$ 处的**左导数**和**右导数**, 分别记作 $f'_-(x_0)$ 及 $f'_+(x_0)$, 即

$$f'_-(x_0) = \lim_{h \to 0^-} \frac{f(x_0+h)-f(x_0)}{h},$$

$$f'_+(x_0) = \lim_{h \to 0^+} \frac{f(x_0+h)-f(x_0)}{h}.$$

函数 $f(x)$ 在点 $x=x_0$ 处可导的充分必要条件是左导数 $f'_-(x_0)$ 和右导数 $f'_+(x_0)$ 都存在且相等.

例 3　求函数 $f(x)=|x|$ 在点 $x=0$ 处的导数.

解　$f'_+(0) = \lim\limits_{h \to 0^+} \dfrac{f(0+h)-f(0)}{h} = \lim\limits_{h \to 0^+} \dfrac{|h|}{h} = \lim\limits_{h \to 0^+} \dfrac{h}{h} = 1,$

$\qquad f'_-(0) = \lim\limits_{h \to 0^-} \dfrac{f(0+h)-f(0)}{h} = \lim\limits_{h \to 0^-} \dfrac{|h|}{h} = \lim\limits_{h \to 0^-} \dfrac{-h}{h} = -1.$

函数 $f(x)=|x|$ 在点 $x=0$ 处的左导数 $f'_-(0)=-1$ 及右导数 $f'_+(0)=1$ 虽然都存在,但是不相等,故 $f(x)=|x|$ 在点 $x=0$ 处不可导.

左导数和右导数统称为**单侧导数**.

如果函数 $f(x)$ 在开区间 (a,b) 内可导,且 $f'_+(a)$ 及 $f'_-(b)$ 都存在,就说 $f(x)$ 在闭区间 $[a,b]$ 上可导.

对于函数 $y'=f'(x)$,继续求增量比的极限

$$\lim_{\Delta x \to 0} \frac{f'(x+\Delta x)-f'(x)}{\Delta x}.$$

若此极限存在,称此极限为函数 $y=f(x)$ 的**二阶导数**. 记作 y'',$f''(x)$ 或 $\dfrac{d^2 y}{dx^2}$,即

$$y'' = (y')' = \lim_{\Delta x \to 0} \frac{f'(x+\Delta x)-f'(x)}{\Delta x}$$

或

$$\frac{d^2 y}{dx^2} = \frac{d}{dx}\left(\frac{dy}{dx}\right) = \lim_{\Delta x \to 0} \frac{f'(x+\Delta x)-f'(x)}{\Delta x}.$$

类似地,若二阶导函数可导,二阶导数的导数为函数 $y=f(x)$ 的**三阶导数**. 记作

$$y''', \quad f'''(x) \quad 或 \quad \frac{d^3 y}{dx^3}.$$

一般地,若函数 $y=f(x)$ 的 $n-1$ 阶导数的导数存在,称函数 $y=f(x)$ 为 **n 阶可导**. 其 n 阶导数记作

$$y^{(n)} = f^{(n)}(x) = (f^{(n-1)}(x))'$$

或

$$y^{(n)} = \frac{\mathrm{d}^n y}{\mathrm{d}x^n} = \frac{\mathrm{d}}{\mathrm{d}x}\left(\frac{\mathrm{d}^{n-1} y}{\mathrm{d}x^{n-1}}\right).$$

二阶及二阶以上的导数统称为**高阶导数**. 而函数 $y' = f'(x)$ 称为 $y = f(x)$ 的**一阶导数**；函数 $y = f(x)$ 称为函数本身的**零阶导数**.

由此可见, 求高阶导数就是多次地求一阶导数.

例 4　求函数 $f(x) = e^x$ 的 n 阶导数.

解　$f'(x) = (e^x)' = e^x$,

$f''(x) = (f'(x))' = (e^x)' = e^x$,

$f'''(x) = (f''(x))' = (e^x)' = e^x$.

一般地, 可得

$$f^{(n)}(x) = (f^{(n-1)}(x))' = (e^x)' = e^x.$$

2.1.3　可导与连续的关系

设函数 $y = f(x)$ 在点 $x = x_0$ 处可导.

当 $x \neq x_0$ 时, 函数 $f(x)$ 可改写成

$$f(x) = f(x_0) + \frac{f(x) - f(x_0)}{x - x_0} \cdot (x - x_0).$$

令 $x \to x_0$, 对上式两端取极限, 得

$$\lim_{x \to x_0} f(x) = \lim_{x \to x_0}\left[f(x_0) + \frac{f(x) - f(x_0)}{x - x_0} \cdot (x - x_0)\right]$$

$$= \lim_{x \to x_0} f(x_0) + \lim_{x \to x_0} \frac{f(x) - f(x_0)}{x - x_0} \cdot \lim_{x \to x_0}(x - x_0)$$

$$= f(x_0) + f'(x_0) \cdot 0 = f(x_0).$$

从而可知

如果函数 $y = f(x)$ 在点 $x = x_0$ 处可导, 则函数 $y = f(x)$ 在该点必连续.

然而, 一个函数在某点连续却不一定在该点处可导. 例如, 函数 $f(x) = |x|$ 在点 $x = 0$ 处连续却不可导.

由以上讨论可知, 函数在某点连续是函数在该点可导的必要条件, 但不是充分条件.

2.1.4　基本求导法则

根据导数的定义, 可以证明下列求导法则:

设函数 $f(x)$，$g(x)$ 在点 x 处可导，则它们的和、差、积、商（分母不为 0）都在点 x 处可导，且

(1) $(f(x) \pm g(x))' = f'(x) \pm g'(x)$，

(2) $(f(x) \cdot g(x))' = f'(x)g(x) + f(x)g'(x)$，

(3) $\left(\dfrac{f(x)}{g(x)} \right)' = \dfrac{f'(x)g(x) - f(x)g'(x)}{g^2(x)}$ $(g(x) \neq 0)$.

证　下面只证法则(2)，其他证法类同.

设 $F(x) = f(x)g(x)$，则

$$F'(x) = \lim_{h \to 0} \frac{F(x+h) - F(x)}{h} = \lim_{h \to 0} \frac{f(x+h)g(x+h) - f(x)g(x)}{h}$$

$$= \lim_{h \to 0} \frac{f(x+h)g(x+h) - f(x+h)g(x) + f(x+h)g(x) - f(x)g(x)}{h}$$

$$= \lim_{h \to 0} \left[f(x+h) \frac{g(x+h) - g(x)}{h} + g(x) \frac{f(x+h) - f(x)}{h} \right]$$

$$= \lim_{h \to 0} f(x+h) \cdot \lim_{h \to 0} \frac{g(x+h) - g(x)}{h} + g(x) \cdot \lim_{h \to 0} \frac{f(x+h) - f(x)}{h}$$

$$= f'(x)g(x) + f(x)g'(x).$$

特别地，若 $f(x) = C$ 为常数，则 $(Cg(x))' = Cg'(x)$.

注　$(f(x)g(x))' \neq f'(x)g'(x)$；$\left(\dfrac{f(x)}{g(x)} \right)' \neq \dfrac{f'(x)}{g'(x)}$.

以上求导法则(1)，(2)可推广到任意有限个可导函数的情形.

例 5　求函数 $f(x) = \tan x$ 的导数.

解　$f'(x) = (\tan x)' = \left(\dfrac{\sin x}{\cos x} \right)' = \dfrac{(\sin x)' \cos x - \sin x (\cos x)'}{(\cos x)^2}$

$$= \frac{\cos x \cdot \cos x - \sin x(-\sin x)}{(\cos x)^2}$$

$$= \frac{(\cos x)^2 + (\sin x)^2}{(\cos x)^2} = \frac{1}{(\cos x)^2} = \sec^2 x,$$

即

$$(\tan x)' = \sec^2 x.$$

这就是正切函数的导数公式.

例 6　求函数 $f(x) = \sec x$ 的导数.

解　$f'(x) = (\sec x)' = \left(\dfrac{1}{\cos x} \right)' = \dfrac{(1)' \cos x - 1 \cdot (\cos x)'}{(\cos x)^2}$

$$= \frac{0 \cdot \cos x - 1 \cdot (-\sin x)}{(\cos x)^2}$$

$$=\frac{\sin x}{(\cos x)^2}=\sec x\tan x,$$

即

$$(\sec x)'=\sec x\tan x.$$

这就是正割函数的导数公式.

用类似方法,还可以求得余切函数及余割函数的导数:

$$(\cot x)'=-\csc^2 x,$$
$$(\csc x)'=-\csc x\cot x.$$

2.1.5　初等函数的导数

根据中学所学和前面的推导,可以得到下列基本初等函数的导数公式:

(1) $(C)'=0(C$ 为常数$)$;

(2) $(x^\mu)'=\mu x^{\mu-1}(\mu\in\mathbf{R})$;

(3) $(\sin x)'=\cos x$;

(4) $(\cos x)'=-\sin x$;

(5) $(\tan x)'=\sec^2 x$;

(6) $(\cot x)'=-\csc^2 x$;

(7) $(\sec x)'=\sec x\tan x$;

(8) $(\csc x)'=-\csc x\cot x$;

(9) $(a^x)'=a^x\ln a(a>0)$;

(10) $(e^x)'=e^x$;

(11) $(\log_a x)'=\dfrac{1}{x\ln a}(a>0,$ 且 $a\neq 1)$;

(12) $(\ln x)'=\dfrac{1}{x}$.

借助于这些基本初等函数的导数公式和基本求导法则,就能比较方便地求出一些简单的初等函数的导数与高阶导数.

例 7　求函数 $f(x)=x\ln x$ 的 n 阶导数.

解　$f'(x)=(x\ln x)'=x(\ln x)'+(x)'\ln x=1+\ln x$,

$$f''(x)=(f'(x))'=(1+\ln x)'=\frac{1}{x},$$

$$f'''(x)=(f''(x))'=\left(\frac{1}{x}\right)'=(-1)\cdot\frac{1}{x^2},$$

$$f^{(4)}(x)=(f'''(x))'=\left(-\frac{1}{x^2}\right)'=(-1)\cdot(-2)\cdot\frac{1}{x^3},$$

$$f^{(5)}(x)=(f^{(4)}(x))'=\left(2\,\frac{1}{x^3}\right)'=(-1)\cdot(-2)\cdot(-3)\cdot\frac{1}{x^4}.$$

一般地,可得

$$f^{(n)}(x)=(-1)^{n-2}(n-2)!\frac{1}{x^{n-1}}$$

$$=(-1)^n(n-2)!\frac{1}{x^{n-1}},\quad n\geqslant 2.$$

习　题　2.1

A 组

1. 根据导数的定义,求下列函数的导数:

(1) $y=mx+b$;　　　　　(2) $y=\sqrt{x}$;　　　　　(3) $y=\cos x$.

2. 求下列函数的导数:

(1) $y=x^4\sqrt[5]{x}$;

(2) $y=\dfrac{x^2\sqrt[3]{x^2}}{\sqrt{x^5}}$;

(3) $y=x^3+\dfrac{7}{x^4}-\dfrac{2}{x}+12$;

(4) $y=5x^3-2^x+3e^x$;

(5) $y=2\tan x+\sec x-1$;

(6) $y=\sin x\cdot\cos x$;

(7) $y=x^2\ln x$;

(8) $y=3e^x\cos x$;

(9) $y=\dfrac{\ln x}{x}$;

(10) $y=\dfrac{e^x}{x^2}+\ln 3$;

(11) $y=x^2\ln x\cos x$;

(12) $s=\dfrac{1+\sin t}{1+\cos t}$.

3. 求下列函数在给定点处的导数:

(1) $y=\sin x-\cos x$,求 $y'\big|_{x=\frac{\pi}{6}}$ 和 $y'\big|_{x=\frac{\pi}{4}}$;

(2) $\rho=\theta\sin\theta+\dfrac{1}{2}\cos\theta$,求 $\dfrac{\mathrm{d}\rho}{\mathrm{d}\theta}\big|_{\theta=\frac{\pi}{4}}$;

(3) $f(x)=\dfrac{3}{5-x}+\dfrac{x^2}{5}$,求 $f'(0)$ 和 $f'(2)$.

4. 设函数 $f(x)=\begin{cases}x^2, & x\leqslant 1,\\ ax+b, & x>1,\end{cases}$ 为了使函数 $f(x)$ 在 $x=1$ 处可导,a,b 应取什么值?

5. 已知 $f(x)=\begin{cases}x^2, & x\geqslant 0,\\ -x, & x<0,\end{cases}$ 求 $f'_+(0)$ 及 $f'_-(0)$,又 $f'(0)$ 是否存在?

6. 已知 $f(x)=\begin{cases}x, & x\geqslant 0,\\ \sin x, & x<0,\end{cases}$ 求 $f'(x)$.

7. 求下列函数的二阶导数:

(1) $y=2x^2+\ln x$;

(2) $y=x\cos x$;

(3) $y=\tan x$;

(4) $y=\dfrac{e^x}{x}$.

8. 验证函数 $y=e^x\sin x$ 满足关系式

$$y''-2y'+2y=0.$$

B 组

1. 利用导数的定义求下列极限：

(1) $\lim\limits_{x\to 0}\dfrac{\sin x}{x}$；

(2) $\lim\limits_{x\to 0}\dfrac{e^x-1}{x}$.

2. 已知函数 $f(x)$ 在 $x=1$ 处连续，且 $\lim\limits_{x\to 1}\dfrac{f(x)}{x-1}=2$，求 $f'(1)$.

3. 设 $f(x)=(x-a)\phi(x)$，其中 $\phi(x)$ 在 $x=a$ 处连续，求 $f'(a)$.

4. 如果 $f(x)$ 为偶函数，且 $f'(0)$ 存在，试证 $f'(0)=0$.

5. 求下列函数所指定阶数的导数：

(1) $y=e^x\cos x$，求 $y^{(4)}$；

(2) $y=x^2 e^x$，求 y'''.

6. 设 $f(x)$ 在点 $x=0$ 某邻域内可导. $x\neq 0$ 时 $f(x)\neq 0$，已知 $f(0)=0$，$f'(0)=2$，则极限 $\lim\limits_{x\to 0}[1-2f(x)]^{\frac{1}{\sin x}}=$ _____ .

7. 设 $f(x)=\sin x+2\cos x$，则 $f^{(27)}(\pi)=$ _____ .

2.2　一元函数的微分

1. 了解微分的概念；

2. 了解导数与微分之间的关系；

3. 会求函数的微分.

2.2.1　微分的定义

引例 2.2.1　函数增量的计算及增量的构成.

一块正方形金属薄片受温度变化的影响，其边长 x 由 x_0 变到 $x_0+\Delta x$，此薄片面积 $A=x^2$ 的增量

$$\Delta A=(x_0+\Delta x)^2-(x_0)^2=2x_0\Delta x+(\Delta x)^2.$$

从上式可以看出，ΔA 分成两部分：

第一部分为 $2x_0\Delta x$，它是 Δx 的线性函数；

第二部分为 $(\Delta x)^2$，当 $\Delta x\to 0$ 时，它是 Δx 的高阶无穷小，即 $(\Delta x)^2=o(\Delta x)$.

几何意义　如图 2.3 所示，$2x_0\Delta x$ 表示两个长为 x_0 宽为 Δx 的长方形面积；$(\Delta x)^2$ 表示边长为 Δx 的正方形面积.

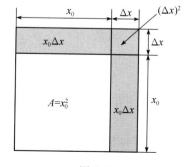

图 2.3

数学意义：当 $\Delta x \to 0$ 时，$(\Delta x)^2$ 是 Δx 的高阶无穷小，即 $(\Delta x)^2 = o(\Delta x)$；$2x_0 \Delta x$ 是 Δx 的线性函数，是 ΔA 的主要部分，可以近似地代替 ΔA，即

$$\Delta A \approx 2x_0 \Delta x.$$

定义 2.2.1　设函数 $y = f(x)$ 在区间 I 内有定义，且 x_0 与 $x_0 + \Delta x$ 都在区间 I 内，如果函数的增量

$$\Delta y = f(x_0 + \Delta x) - f(x_0)$$

可表示为

$$\Delta y = A\Delta x + o(\Delta x),$$

其中 A 是不依赖于 Δx 的常数，那么称函数 $y = f(x)$ 在点 x_0 是**可微的**，而 $A\Delta x$ 叫做函数 $y = f(x)$ 在点 x_0 相应于自变量增量 Δx 的**微分**，记作 $\mathrm{d}y$，即

$$\mathrm{d}y = A\Delta x.$$

2.2.2　可微与可导

定理 2.2.1　函数 $f(x)$ 在点 x_0 处可微的充分必要条件是函数 $f(x)$ 在点 x_0 处可导，且当函数 $f(x)$ 在点 x_0 处可微时，其微分必定是

$$\mathrm{d}y = f'(x_0)\Delta x.$$

证　设函数 $f(x)$ 在点 x_0 处可微，则按定义有

$$\Delta y = A\Delta x + o(\Delta x),$$

上式两边除以 Δx，得

$$\frac{\Delta y}{\Delta x} = A + \frac{o(\Delta x)}{\Delta x}.$$

于是，当 $\Delta x \to 0$ 时，由上式就得到

$$A = \lim_{\Delta x \to 0} \frac{\Delta y}{\Delta x} = f'(x_0).$$

因此，如果函数 $f(x)$ 在点 x_0 处可微，则 $f(x)$ 在点 x_0 处也一定可导，且

$$\mathrm{d}y = f'(x_0)\Delta x.$$

反之，如果 $f(x)$ 在点 x_0 处可导，即

$$\lim_{\Delta x \to 0} \frac{\Delta y}{\Delta x} = f'(x_0)$$

存在，根据极限与无穷小的关系，上式可写成

$$\frac{\Delta y}{\Delta x} = f'(x_0) + \alpha,$$

即

$$\Delta y = f'(x_0)\Delta x + \alpha \Delta x,$$

其中,当 $\Delta x \to 0$ 时,$\alpha \to 0$,$\alpha \Delta x = o(\Delta x)$.且 $A = f'(x_0)$ 是常数,不依赖于 Δx,故上式相当于

$$\Delta y = A\Delta x + o(\Delta x),$$

所以 $f(x)$ 在点 x_0 处也是可微的.

　　思考　以微分 $\mathrm{d}y$ 近似代替函数增量 Δy 的合理性.

　　当 $f'(x_0) \neq 0$ 时,有

$$\lim_{\Delta x \to 0} \frac{\Delta y}{\mathrm{d}y} = \lim_{\Delta x \to 0} \frac{\Delta y}{f'(x_0)\Delta x} = \frac{1}{f'(x_0)} \lim_{\Delta x \to 0} \frac{\Delta y}{\Delta x} = 1.$$

根据极限与无穷小的关系,上式可写成

$$\Delta y = \mathrm{d}y + o(\mathrm{d}y).$$

　　结论　在 $f'(x_0) \neq 0$ 的条件下,以微分 $\mathrm{d}y = f'(x_0)\Delta x$ 近似代替增量 $\Delta y = f(x_0 + \Delta x) - f(x_0)$ 时,其误差为 $o(\mathrm{d}y)$.因此,在 $|\Delta x|$ 很小时,有近似等式

$$\Delta y \approx \mathrm{d}y.$$

　　例 1　求函数 $y = x^2$ 在 $x = 1$ 和 $x = 3$ 处的微分.

　　解　函数 $y = x^2$ 在 $x = 1$ 处的微分为

$$\mathrm{d}y = (x^2)'|_{x=1}\Delta x = 2\Delta x;$$

函数 $y = x^2$ 在 $x = 3$ 处的微分为

$$\mathrm{d}y = (x^2)'|_{x=3}\Delta x = 6\Delta x.$$

函数 $y = f(x)$ 在任意点 x 的微分,称为**函数的微分**,记作 $\mathrm{d}y$ 或 $\mathrm{d}f(x)$,即

$$\mathrm{d}y = f'(x)\Delta x.$$

　　例如,函数 $y = \cos x$ 的微分为

$$\mathrm{d}\cos x = (\cos x)'\Delta x = -\sin x \Delta x.$$

函数 $y = \mathrm{e}^x$ 的微分为

$$\mathrm{d}\mathrm{e}^x = (\mathrm{e}^x)'\Delta x = \mathrm{e}^x \Delta x.$$

　　函数的微分 $\mathrm{d}y = f'(x)\Delta x$ 与 x 和 Δx 有关.

　　例 2　求函数 $y = x^3$ 当 $x = 2$,$\Delta x = 0.02$ 时的微分.

　　解　先求函数在任意点 x 的微分

$$\mathrm{d}y = (x^3)'\Delta x = 3x^2 \Delta x.$$

再求函数当 $x = 2$,$\Delta x = 0.02$ 时的微分

$$\mathrm{d}y\,|_{x=2,\Delta x=1.02}=3x^2\Delta x\,|_{x=2,\Delta x=1.02}=3\times2^2\times0.02=0.24.$$

自变量的微分　因为当 $y=x$ 时，

$$\mathrm{d}y=\mathrm{d}x=(x)'\Delta x=\Delta x,$$

所以通常把自变量 x 的增量 Δx 称为自变量的微分，记作 $\mathrm{d}x$，即 $\mathrm{d}x=\Delta x$. 于是函数 $y=f(x)$ 的微分又可记作

$$\mathrm{d}y=f'(x)\mathrm{d}x.$$

从而有

$$\frac{\mathrm{d}y}{\mathrm{d}x}=f'(x).$$

上式表明，函数 $y=f(x)$ 的微分 $\mathrm{d}y$ 与自变量的微分 $\mathrm{d}x$ 之商等于该函数的导数. 因此，导数也叫做"**微商**".

2.2.3　微分的几何意义

如图 2.4 所示，点 $M(x_0,y_0)$ 为曲线 $y=f(x)$ 上的点，MT 是过点 M 的切线，则由微分的定义

$$\mathrm{d}y=f'(x_0)\Delta x=\tan\varphi\Delta x,$$

因此，当 Δy 是曲线 $y=f(x)$ 上点的纵坐标的增量时，$\mathrm{d}y$ 就是曲线的切线上点的纵坐标的相应增量. 当 $|\Delta x|$ 很小时，$|\Delta y-\mathrm{d}y|$ 比 $|\Delta x|$ 小得多，因此在点 M 的邻近，我们可以用切线段来近似代替曲线段.

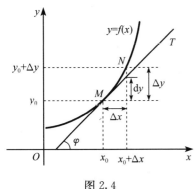

图 2.4

2.2.4　微分的计算

从函数 $y=f(x)$ 的微分的表达式

$$\mathrm{d}y=f'(x)\mathrm{d}x$$

可以看出，要计算函数的微分，只要计算函数的导数，再乘以自变量的微分.

例 3　设 $y=xe^x$，求 $\mathrm{d}y$.

解　$\mathrm{d}y=(xe^x)'\mathrm{d}x=e^x(x+1)\mathrm{d}x.$

例 4　在括号中填入适当的函数，使等式成立.

(1) $\mathrm{d}(\quad)=x\mathrm{d}x$；　　　(2) $\mathrm{d}(\quad)=(\cos t-\sin t)\mathrm{d}t.$

解　(1) 因为 $\mathrm{d}(x^2)=2x\mathrm{d}x$，所以

$$\mathrm{d}\left(\frac{1}{2}x^2\right)=\frac{1}{2}\cdot2x\mathrm{d}x=x\mathrm{d}x,$$

即

$$\mathrm{d}\left(\frac{1}{2}x^2\right)=x\mathrm{d}x.$$

一般地,有

$$d\left(\frac{1}{2}x^2 + C\right) = x\mathrm{d}x, \quad C \text{ 为任意常数.}$$

(2) 因为 $\mathrm{d}(\sin t + \cos t) = (\cos t - \sin t)\mathrm{d}t$,所以有

$$\mathrm{d}(\sin t + \cos t + C) = (\cos t - \sin t)\mathrm{d}t, \quad C \text{ 为任意常数.}$$

习 题 2.2

A 组

1. 已知 $y = x^3 - x$,计算在 $x = 2$ 处的微分.

2. 已知 $y = x^3 - x$,计算在 $x = 2$ 处当 Δx 分别等于 $1, 0.1, 0.01$ 时的 Δy 及 $\mathrm{d}y$,并比较它们.

3. 求下列函数的微分:

(1) $y = x\ln x - x^2$;　　　　　　(2) $y = \mathrm{e}^x \sin x$;

(3) $y = x\tan x$;　　　　　　　　(4) $y = 1 + x\mathrm{e}^x$.

4. 设 u, v, w 为 x 的可微分的函数,求函数 y 的微分:

(1) $y = uvw$;　　　　　　　　　(2) $y = \dfrac{v}{u} + w(u \neq 0)$.

B 组

1. 设函数 $y = f(x)$ 的图形如下图所示,试在图(a),(b),(c),(d)中分别标出点 x_0 的 $\mathrm{d}y$,Δy 及 $\Delta y - \mathrm{d}y$,并说明其正负性.

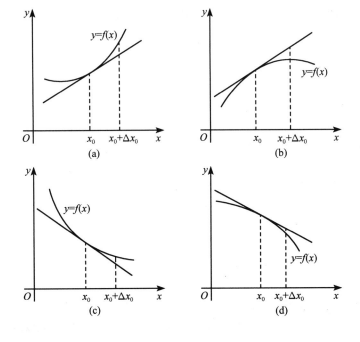

2. 在括号中填入适当的函数,使等式成立.

(1) d(　　) $=2\mathrm{d}x$；　　　　(2) d(　　) $=3x\mathrm{d}x$；

(3) d(　　) $=\cos t\mathrm{d}t$；　　　　(4) d(　　) $=\dfrac{1}{\sqrt{x}}\mathrm{d}x$；

(5) d(　　) $=3^x\mathrm{d}x$；　　　　(6) d(　　) $=\dfrac{1}{x}\mathrm{d}x(x>0)$.

3. 设函数 $f(x)$ 在点 x_0 的某一邻域内有定义,且有

$$f(x_0+\Delta x)-f(x_0)=a\Delta x+b(\Delta x)^3,$$

a,b 为常数,则有(　　).

　A. $f(x)$ 在点 $x=x_0$ 处连续

　B. $f(x)$ 在点 $x=x_0$ 处可导且 $f'(x_0)=a$

　C. $f(x)$ 在点 $x=x_0$ 处可微且 $\mathrm{d}f(x)=a\mathrm{d}x$

　D. $f(x_0+\Delta x)\approx f(x_0)+a\Delta x$(当 Δx 充分小时)

4. 若函数 $y=f(x)$,有 $f'(x_0)=\dfrac{1}{2}$,则当 $\Delta x\to0$ 时,该函数在点 $x=x_0$ 处的微分 $\mathrm{d}y$ 是(　　).

　A. 与 Δx 等价的无穷小　　　　B. 与 Δx 同阶的无穷小

　C. 比 Δx 低阶的无穷小　　　　D. 比 Δx 高阶的无穷小

2.3　反函数与复合函数的求导法则

1. 掌握反函数与复合函数的求导法则;

2. 会利用求导法则,求反函数与复合函数的导数.

2.3.1　反函数的求导法则

前面已经得到了 12 个基本初等函数的求导公式,但是反三角函数的求导公式尚不知道,那么如何求反三角函数的导数呢?

下面给出反函数求导法则:

定理 2.3.1　设函数 $y=f(x)$ 为函数 $x=\varphi(y)$ 的反函数,若 $\varphi(y)$ 在点 y 的某邻域内单调可导,且 $\varphi'(y)\neq0$,则 $f(x)$ 在点 $x(x=\varphi(y))$ 处可导,且

$$f'(x)=\frac{1}{\varphi'(y)}.$$

证　设

$$\Delta x=\varphi(y+\Delta y)-\varphi(y),\quad\Delta y=f(x+\Delta x)-f(x).$$

因为 $\varphi'(y)\neq0$,根据无穷小的比较和导数的定义可知,当 $\Delta y\to0$ 时,Δx 是 Δy 的同阶无穷小. 由于 $x=\varphi(y)$ 在点 y 的某邻域内单调可导(从而连续),于是可知当

$\Delta x \rightarrow 0$ 时，$\Delta y \rightarrow 0$，Δy 是 Δx 的同阶无穷小. 从而 $f(x)$ 在点 $x(x = \varphi(y))$ 处可导. 又因为导数也叫做微商，所以有

$$f'(x) = \frac{\mathrm{d}y}{\mathrm{d}x} = \frac{1}{\dfrac{\mathrm{d}x}{\mathrm{d}y}} = \frac{1}{\varphi'(y)}.$$

例 1　求函数 $y = \arcsin x$ 的导数 y'.

解　由于函数 $y = \arcsin x$ 是函数 $x = \sin y, y \in \left(-\dfrac{\pi}{2}, \dfrac{\pi}{2}\right)$ 的反函数，所以

$$(\arcsin x)' = \frac{1}{(\sin y)'} = \frac{1}{\cos y} = \frac{1}{\sqrt{1 - \sin^2 y}} = \frac{1}{\sqrt{1 - x^2}}.$$

又根据恒等式

$$\arcsin x + \arccos x \equiv \frac{\pi}{2},$$

上式两端同时求导可得

$$(\arcsin x)' + (\arccos x)' = 0,$$

所以

$$(\arccos x)' = -(\arcsin x)' = -\frac{1}{\sqrt{1 - x^2}}.$$

此外，函数 $y = \arccos x$ 的导数也可以根据反函数的求导法则计算.

例 2　求函数 $y = \arctan x$ 的导数.

解　由于函数 $y = \arctan x$ 是函数 $x = \tan y, y \in \left(-\dfrac{\pi}{2}, \dfrac{\pi}{2}\right)$ 的反函数，所以

$$(\arctan x)' = \frac{1}{(\tan y)'} = \frac{1}{\sec^2 y} = \frac{1}{1 + \tan^2 y} = \frac{1}{1 + x^2}.$$

类似地，可得

$$(\operatorname{arccot} x)' = \frac{1}{(\cot y)'} = \frac{1}{-\csc^2 y} = -\frac{1}{1 + \cot^2 y} = -\frac{1}{1 + x^2}.$$

于是可得下列求导公式：

$$(\arcsin x)' = \frac{1}{\sqrt{1 - x^2}}, \quad (\arccos x)' = -\frac{1}{\sqrt{1 - x^2}},$$

$$(\arctan x)' = \frac{1}{1 + x^2}, \quad (\operatorname{arccot} x)' = -\frac{1}{1 + x^2}.$$

例 3　求指数函数 $y = a^x (a > 0, a \neq 1)$ 的导数.

解　因为指数函数 $y = a^x (x \in \mathbf{R})$ 为对数函数 $x = \log_a y (y \in (0, +\infty))$ 的反函

数,所以

$$(a^x)' = \frac{1}{(\log_a y)'} = \frac{1}{\dfrac{1}{y\ln a}} = y\ln a = a^x \ln a,$$

即

$$(a^x)' = a^x \ln a.$$

到目前为止,我们给出了所有基本初等函数的求导公式,可是怎样求较复杂的初等函数的导数呢? 例如,求函数 $y=\sin 2x$, $y=\ln(\tan x)$ 的导数.

2.3.2　复合函数的求导法则

引例 2.3.1　求函数 $\sin 2x$ 的导数.

解　因为 $(\sin x)'=\cos x$,所以 $(\sin 2x)'=\cos 2x$.

这个解答是错误的. 正确的解答如下:

$$(\sin 2x)' = (2\sin x\cos x)' = 2[(\sin x)'\cos x + \sin x(\cos x)'] = 2\cos 2x.$$

发生错误的原因是 $(\sin 2x)'$ 表示对自变量 x 求导,而不是对 $2x$ 求导.

下面我们给出复合函数的求导法则.

定理 2.3.2　如果函数 $u=\varphi(x)$ 在点 x 处可导,而函数 $y=f(u)$ 在对应点 $u=\varphi(x)$ 处可导,那么复合函数 $y=f(\varphi(x))$ 也在点 x 处可导,并且有

$$\frac{\mathrm{d}y}{\mathrm{d}x} = \frac{\mathrm{d}y}{\mathrm{d}u} \cdot \frac{\mathrm{d}u}{\mathrm{d}x} \quad \text{或} \quad (f(\varphi(x)))' = f'(u) \cdot \varphi'(x).$$

证　设

$$\Delta y = f(u+\Delta u) - f(u), \quad \Delta u = \varphi(x+\Delta x) - \varphi(x),$$

因为函数 $u=\varphi(x)$ 在点 x 处可导,所以根据无穷小的比较和导数的定义可知,当 $\Delta x \to 0$ 时,Δu 是 Δx 的同阶或高阶无穷小. 同理可证,当 $\Delta u \to 0$ 时,Δy 是 Δu 的同阶或高阶无穷小. 于是可以推知,当 $\Delta x \to 0$ 时,Δy 是 Δx 的同阶或高阶无穷小. 因此,函数 $y=f[\varphi(x)]$ 在点 x 处可导. 又根据一元函数可微与可导是等价的,有

$$\mathrm{d}y = f'(u)\mathrm{d}u, \quad \mathrm{d}u = \varphi'(x)\mathrm{d}x.$$

联立上述两式可得

$$\mathrm{d}y = f'(u) \cdot \varphi'(x)\mathrm{d}x,$$

因此结论得证.

注　(1) $f'(\varphi(x))=f'(u)|_{u=\varphi(x)}$ 与 $(f(\varphi(x)))'=f'(u) \cdot \varphi'(x)$ 写法与含义的区别. 例如,设 $y=f(u)=u^2$, $u=\varphi(x)=2x$,则

$$f'(\varphi(x)) = f'(u)|_{u=2x} = 2u|_{u=2x} = 4x,$$

而

$$(f(\varphi(x)))' = f'(u) \cdot \varphi'(x) = 4x \cdot (2x)' = 8x.$$

（2）对复合函数求导的结果一般应用最终自变量（如以上的 x）表示.

复合函数的导数等于函数对中间变量的导数与中间变量对自变量的导数之积.因此求复合函数的导数,关键是要正确分析复合函数的复合过程,找出中间变量.

例 4　求函数 $y=\ln(\tan x)$ 的导数.

解　设 $y=\ln u, u=\tan x$,则

$$\frac{dy}{dx} = \frac{dy}{du} \cdot \frac{du}{dx} = \frac{1}{u} \cdot \sec^2 x = \frac{\sec^2 x}{\tan x} = \sec x \cdot \csc x.$$

例 5　求函数 $y=(2x+1)^3$ 的导数.

解　设 $y=u^3, u=2x+1$,则

$$\frac{dy}{dx} = \frac{dy}{du} \cdot \frac{du}{dx} = 3u^2 \cdot 2 = 6(2x+1)^2.$$

例 6　求幂函数 $y=x^\alpha (\alpha \in \mathbf{R}, x>0)$ 的导数.

解　将幂函数改写成下列等价形式:

$$y = x^\alpha = e^{\ln x^\alpha} = e^{\alpha \ln x},$$

可看作由函数 $y=e^u$ 与 $u=\alpha\ln x$ 复合而成,因此由复合函数求导法则有

$$(x^\alpha)' = \frac{dy}{du} \cdot \frac{du}{dx} = (e^u)' \cdot (\alpha\ln x)' = e^u \cdot \frac{\alpha}{x} = e^{\alpha\ln x} \cdot \frac{\alpha}{x} = \alpha x^{\alpha-1}.$$

于是得到求导公式:

$$(x^\alpha)' = \alpha x^{\alpha-1}.$$

例 7　求下列函数的导数:

（1）$y=\sin x^2$;　　　　　　（2）$y=\mathrm{arccot}\dfrac{1+x}{1-x}$.

解　（1）设 $y=\sin u, u=x^2$,则

$$\frac{dy}{dx} = \frac{dy}{du} \cdot \frac{du}{dx} = (\sin u)' \cdot (x^2)' = \cos u \cdot 2x = 2x\cos x^2.$$

（2）设 $y=\mathrm{arccot}\,u, u=\dfrac{1+x}{1-x}$,则

$$\frac{dy}{dx} = \frac{dy}{du} \cdot \frac{du}{dx} = (\mathrm{arccot}\,u)' \cdot \left(\frac{1+x}{1-x}\right)' = \left(-\frac{1}{1+u^2}\right) \cdot \frac{(1-x)+(1+x)}{(1-x)^2}$$

$$=-\frac{1}{1+\left(\dfrac{1+x}{1-x}\right)^2}\cdot\frac{2}{(1-x)^2}=\frac{-2}{(1-x)^2+(1+x)^2}=-\frac{1}{1+x^2}.$$

对复合函数求导法则的掌握比较熟练后,就不必再写出中间变量,而可以采用下列例题的方式来计算.

例 8 求函数 $y=\ln(\cos x)$ 的导数.

解 $y'=\dfrac{1}{\cos x}(\cos x)'=\dfrac{-\sin x}{\cos x}=-\tan x.$

例 9 求函数 $y=\tan(x^2)$ 的导数.

解 $y'=(\sec x^2)^2\cdot(x^2)'=2x(\sec x^2)^2.$

例 10 求函数 $y=\sqrt[3]{1-2x^2}$ 的导数.

解 $y'=\dfrac{1}{3}(1-2x^2)^{-\frac{2}{3}}\cdot(1-2x^2)'=-\dfrac{4}{3}x(1-2x^2)^{-\frac{2}{3}}.$

复合函数的求导法则可以推广到多个中间变量的情形. 例如,由三个可导函数 $y=f(u),u=\varphi(v),v=\psi(x)$ 复合而成的函数 $y=f(\varphi(\psi(x)))$,其导数为

$$\frac{\mathrm{d}y}{\mathrm{d}x}=\frac{\mathrm{d}y}{\mathrm{d}u}\cdot\frac{\mathrm{d}u}{\mathrm{d}v}\cdot\frac{\mathrm{d}v}{\mathrm{d}x}.$$

例 11 求下列函数的导数:

(1) $y=\tan^2\dfrac{1}{x}$;　　　　(2) $y=(\arctan x^3)^2.$

解 (1) 设 $y=u^2,u=\tan v,v=\dfrac{1}{x}$,则

$$\frac{\mathrm{d}y}{\mathrm{d}x}=\frac{\mathrm{d}y}{\mathrm{d}u}\cdot\frac{\mathrm{d}u}{\mathrm{d}v}\cdot\frac{\mathrm{d}v}{\mathrm{d}x}=(u^2)'\cdot(\tan v)'\cdot\left(\frac{1}{x}\right)'$$

$$=2u\cdot\sec^2v\cdot\left(-\frac{1}{x^2}\right)=-\frac{2}{x^2}\tan\frac{1}{x}\sec^2\frac{1}{x};$$

(2) 设 $y=u^2,u=\arctan v,v=x^3$,则

$$\frac{\mathrm{d}y}{\mathrm{d}x}=\frac{\mathrm{d}y}{\mathrm{d}u}\cdot\frac{\mathrm{d}u}{\mathrm{d}v}\cdot\frac{\mathrm{d}v}{\mathrm{d}x}=(u^2)'\cdot(\arctan v)'\cdot(x^3)'$$

$$=2u\cdot\frac{1}{1+v^2}\cdot3x^2=\frac{6x^2}{1+x^6}\arctan x^3.$$

例 12 求函数 $y=\ln(\sin2x)$ 的导数.

解 $y'=\dfrac{1}{\sin2x}\cdot(\sin2x)'=\dfrac{1}{\sin2x}\cdot(\cos2x)\cdot(2x)'=2\cot2x.$

计算复合函数的导数时,有时还需要同时运用导数的四则运算法则及其他求导法则.

例 13　求函数 $y = \sin \dfrac{2x}{1+x^2}$ 的导数.

解　$y' = \cos \dfrac{2x}{1+x^2} \cdot \left(\dfrac{2x}{1+x^2}\right)' = \cos \dfrac{2x}{1+x^2} \cdot \dfrac{2(1+x^2)-2x \cdot 2x}{(1+x^2)^2}$

$\qquad = \dfrac{2(1-x^2)}{(1+x^2)^2} \cdot \cos \dfrac{2x}{1+x^2}.$

2.3.3　一元函数的微分法则

因为函数 $y = f(x)$ 可微与可导是等价的,且

$$\mathrm{d}y = f'(x)\mathrm{d}x,$$

即求微分 $\mathrm{d}y$ 只要求出导数 $f'(x)$,再乘以 $\mathrm{d}x$,所以利用求导公式及求导法则便可得到相应的微分公式和微分法则:

1. 基本初等函数的微分公式

导数公式	微分公式
$(x^\mu)' = \mu x^{\mu-1}$	$\mathrm{d}(x^\mu) = \mu x^{\mu-1}\mathrm{d}x$
$(\sin x)' = \cos x$	$\mathrm{d}(\sin x) = \cos x\,\mathrm{d}x$
$(\cos x)' = -\sin x$	$\mathrm{d}(\cos x) = -\sin x\,\mathrm{d}x$
$(\tan x)' = \sec^2 x$	$\mathrm{d}(\tan x) = \sec^2 x\,\mathrm{d}x$
$(\cot x)' = -\csc^2 x$	$\mathrm{d}(\cot x) = -\csc^2 x\,\mathrm{d}x$
$(\sec x)' = \sec x \tan x$	$\mathrm{d}(\sec x) = \sec x \tan x\,\mathrm{d}x$
$(\csc x)' = -\csc x \cot x$	$\mathrm{d}(\csc x) = -\csc x \cot x\,\mathrm{d}x$
$(a^x)' = a^x \ln a$	$\mathrm{d}(a^x) = a^x \ln a\,\mathrm{d}x$
$(\mathrm{e}^x)' = \mathrm{e}^x$	$\mathrm{d}(\mathrm{e}^x) = \mathrm{e}^x\mathrm{d}x$
$(\log_a x)' = \dfrac{1}{x \ln a}$	$\mathrm{d}(\log_a x) = \dfrac{1}{x \ln a}\mathrm{d}x$
$(\ln x)' = \dfrac{1}{x}$	$\mathrm{d}(\ln x) = \dfrac{1}{x}\mathrm{d}x$
$(\arcsin x)' = \dfrac{1}{\sqrt{1-x^2}}$	$\mathrm{d}(\arcsin x) = \dfrac{1}{\sqrt{1-x^2}}\mathrm{d}x$
$(\arccos x)' = -\dfrac{1}{\sqrt{1-x^2}}$	$\mathrm{d}(\arccos x) = -\dfrac{1}{\sqrt{1-x^2}}\mathrm{d}x$
$(\arctan x)' = \dfrac{1}{1+x^2}$	$\mathrm{d}(\arctan x) = \dfrac{1}{1+x^2}\mathrm{d}x$
$(\operatorname{arccot} x)' = -\dfrac{1}{1+x^2}$	$\mathrm{d}(\operatorname{arccot} x) = -\dfrac{1}{1+x^2}\mathrm{d}x$

2. 函数和、差、积、商的微分法则

设 $u = u(x), v = v(x)$ 均可导,则

求导法则	微分法则
$(u \pm v)' = u' \pm v'$	$d(u \pm v) = du \pm dv$
$(u \cdot v)' = u'v + uv'$	$d(u \cdot v) = v du + u dv$
$(Cu)' = Cu'$ (C 为常数)	$d(Cu) = Cdu$ (C 为常数)
$\left(\dfrac{u}{v}\right)' = \dfrac{u'v - uv'}{v^2}$ ($v \neq 0$)	$d\left(\dfrac{u}{v}\right) = \dfrac{v du - u dv}{v^2}$ ($v \neq 0$)

证　我们只证积的微分法则:根据函数微分的表达式,有

$$d(uv) = (uv)' dx.$$

再根据乘积的求导法则,有

$$(uv)' = u'v + uv'.$$

于是

$$d(uv) = (u'v + uv') dx = u'v\, dx + uv'\, dx.$$

由于

$$u' dx = du, \quad v' dx = dv,$$

所以

$$d(uv) = v du + u dv.$$

其余的留给读者自行证明.

3. 复合函数微分法则

设 $y = f(u)$ 及 $u = \varphi(x)$ 都是可导函数,

(1) 对函数 $y = f(u)$,有 $dy = f'(u) du$;

(2) 对复合函数 $y = f(\varphi(x))$,有

$$dy = f'(u) \cdot \varphi'(x) dx = f'(u) du,$$

即

$$dy = f'(u) du.$$

由此可见,不论 u 是自变量还是中间变量,函数 $y = f(u)$ 的微分形式始终保持不变,即恒有 $dy = f'(u) du$,这一性质称为**一阶微分形式不变性**.

应用此性质可以比较方便地求出复合函数的微分.

例 14　求函数 $y = \sin(2x+1)$ 的微分 dy.

解　$dy = \cos(2x+1) d(2x+1) = 2\cos(2x+1) dx.$

例 15　求函数 $y = \ln(1+e^x)$ 的微分 dy.

解　$dy = \dfrac{1}{1+e^x} d(1+e^x) = \dfrac{e^x}{1+e^x} dx.$

例 16　求函数 $y = e^{1-3x}\cos x$ 的微分 $\mathrm{d}y$.

解　$\mathrm{d}y = \cos x\, \mathrm{d}(e^{1-3x}) + e^{1-3x}\, \mathrm{d}(\cos x)$

$\qquad = \cos x \cdot e^{1-3x}\, \mathrm{d}(1-3x) + e^{1-3x}(-\sin x)\, \mathrm{d}x$

$\qquad = (-3e^{1-3x}\cos x - e^{1-3x}\sin x)\, \mathrm{d}x.$

习　题　2.3

A 组

1. 求下列函数的导数：

(1) $y = e^{x^3}$；

(2) $y = \ln\sin x$；

(3) $y = \arctan(\ln(ax+b))$；

(4) $y = \left(\arcsin\dfrac{1}{x}\right)^3$；

(5) $y = \arcsin(\sin^2 x)$；

(6) $y = e^{-3x}\sin 2x$；

(7) $y = \arctan\dfrac{1}{x}$；

(8) $y = \arcsin(2\cos(x^2-1))$.

2. 求下列函数的微分：

(1) $y = \dfrac{e^x}{\arctan x}$；

(2) $y = e^x\sin 2x$；

(3) $y = \cos^2 x \cdot \ln x$；

(4) $y = \ln(e^x + \sqrt{1+e^{2x}})$；

(5) $y = \ln^2(1-x)$；

(6) $y = \tan^2(1+2x^2)$；

(7) $y = \arcsin\sqrt{1-x^2}$；

(8) $y = \arctan\dfrac{1-x^2}{1+x^2}$.

3. 求 $y = \ln(x + \sqrt{1+x^2})$ 在 $x=2$ 处的微分 $\mathrm{d}y$.

4. 在括号内填入适当的函数：

(1) $\mathrm{d}(\qquad\quad) = \dfrac{1}{1+x}\mathrm{d}x$；

(2) $\mathrm{d}(\qquad\quad) = e^{2x}\mathrm{d}x$；

(3) $\mathrm{d}(\qquad\quad) = \sin 2x\,\mathrm{d}x$；

(4) $\mathrm{d}(\qquad\quad) = \dfrac{x}{\sqrt{1+x^2}}\mathrm{d}x$；

(5) $\mathrm{d}(\qquad\quad) = \sec^2 2x\,\mathrm{d}x$；

(6) $\mathrm{d}(\qquad\quad) = \dfrac{1}{x\ln x}\mathrm{d}x$.

5. 证明：

(1) 可导偶函数的导数是奇函数；

(2) 可导奇函数的导数是偶函数；

(3) 可导周期函数的导数是具有相同周期的周期函数.

6. 设 $f(x)$ 在 $(-\infty, +\infty)$ 内可导，且 $F(x) = f(x^2-1) + f(1-x^2)$，证明：

$$F'(1) = F'(-1).$$

B 组

1. 求下列函数的导数:

(1) $y = \sin\dfrac{2x}{1+x^2}$;　　　　　　(2) $y = \sqrt{x + \sqrt{x + \sqrt{x}}}$;

(3) $y = \ln\left(\ln\left(\ln\tan\dfrac{x}{2}\right)\right)$;　　(4) $y = \ln(\cos(e^x))$.

2. 设函数 $f(x)$ 和 $g(x)$ 可导,且 $f^2(x) + g^2(x) \neq 0$,试求函数 $y = \sqrt{f^2(x) + g^2(x)}$ 的导数.

3. 设 $f(x)$ 可导,求下列函数的导函数:

(1) $y = f(x^2)$;　　　　　　　(2) $y = f(\sin^2 x) + f(\cos^2 x)$.

4. 设 $y = \arctan e^x - \ln\sqrt{\dfrac{e^{2x}}{e^{2x}+1}}$,求 $\dfrac{dy}{dx}\bigg|_{x=1}$.

2.4　多元函数的偏导数

1. 了解多元函数偏导数的概念;

2. 会求多元函数的偏导数.

2.4.1　问题的引入

在研究一元函数时,我们从研究函数的变化率引入了导数的概念. 对于多元函数同样需要讨论它的变化率. 但多元函数的自变量不止一个,因变量与自变量的关系要比 · 元函数复杂得多. 本节考虑多元函数关于其中一个自变量的变化率.

引例 2.4.1(经济问题)　某商品的销售量 C 与该商品的定价 P 和另一同类商品的定价 Q 满足函数关系式

$$C = C(P, Q).$$

一方面,我们要考虑在同类商品定价 Q 已定的情况下,本商品的定价 P 为多少时可获得最大的销售量 C. 另一方面,我们也要考虑在本商品定价 P 已定的情况下,同类商品定价 Q 的变化对销售量 C 产生的影响.

引例 2.4.2(物理问题)　理想气体的体积 V 和压强 P 以及温度 T 之间的函数关系是

$$V = k \cdot \dfrac{T}{P}, \quad k \text{ 为常数}.$$

在热学中,需要研究下面两种情况:

(1) 在等温过程中,即温度 T 不变时,考查因压强 P 的变化而引起体积 V 的变化.

(2) 在等压过程中,即压强 P 不变时,考查因温度 T 的变化而引起体积 V 的变化.

从数学的观点来看,对上述问题的研究,事实上讨论的是二元函数关于其中一个自变量的变化特性.

2.4.2　偏导数的定义

以二元函数 $z=f(x,y)$ 为例,如果只有自变量 x 变化,而自变量 y 固定(即看作常量),这时它就是 x 的一元函数,这函数对 x 的导数,就称为二元函数 $z=f(x,y)$ 对于 x 的偏导数,即有如下定义:

定义 2.4.1　设函数 $z=f(x,y)$ 在点 (x_0,y_0) 的某一邻域内有定义,当 y 固定在 y_0 而 x 在 x_0 处有增量 Δx 时,相应地函数有增量

$$f(x_0+\Delta x,y_0)-f(x_0,y_0),$$

如果

$$\lim_{\Delta x \to 0}\frac{f(x_0+\Delta x,y_0)-f(x_0,y_0)}{\Delta x}$$

存在,则称此极限为函数 $z=f(x,y)$ 在点 (x_0,y_0) 处**对 x 的偏导数**,记作

$$\left.\frac{\partial z}{\partial x}\right|_{\substack{x=x_0\\y=y_0}},\quad \left.\frac{\partial f}{\partial x}\right|_{\substack{x=x_0\\y=y_0}},\quad \left.z_x\right|_{\substack{x=x_0\\y=y_0}}\quad \text{或}\quad f_x(x_0,y_0),$$

即

$$\left.\frac{\partial z}{\partial x}\right|_{\substack{x=x_0\\y=y_0}}=\lim_{\Delta x \to 0}\frac{f(x_0+\Delta x,y_0)-f(x_0,y_0)}{\Delta x}.$$

类似地,函数 $z=f(x,y)$ 在点 (x_0,y_0) 处**对 y 的偏导数**定义为

$$\lim_{\Delta y \to 0}\frac{f(x_0,y_0+\Delta y)-f(x_0,y_0)}{\Delta y},$$

记作

$$\left.\frac{\partial z}{\partial y}\right|_{\substack{x=x_0\\y=y_0}},\quad \left.\frac{\partial f}{\partial y}\right|_{\substack{x=x_0\\y=y_0}},\quad \left.z_y\right|_{\substack{x=x_0\\y=y_0}}\quad \text{或}\quad f_y(x_0,y_0),$$

即

$$\left.\frac{\partial z}{\partial y}\right|_{\substack{x=x_0\\y=y_0}}=\lim_{\Delta y \to 0}\frac{f(x_0,y_0+\Delta y)-f(x_0,y_0)}{\Delta y}.$$

如果二元函数 $z=f(x,y)$ 在某个区域 D 内的每一点处对 x 的偏导数都存在,那么这个偏导数就是 x,y 的函数,称为函数 $z=f(x,y)$ **对自变量 x 的偏导函数**,记为 $f_x(x,y),\dfrac{\partial z}{\partial x},z_x$ 或 $\dfrac{\partial f}{\partial x}$. 定义式如下:

$$f_x(x,y) = \lim_{\Delta x \to 0} \frac{f(x+\Delta x, y) - f(x,y)}{\Delta x}.$$

类似地,函数 $z = f(x,y)$ **对自变量 y 的偏导函数**,记为 $f_y(x,y)$, $\dfrac{\partial z}{\partial y}$, z_y 或 $\dfrac{\partial f}{\partial y}$. 定义式如下:

$$f_y(x,y) = \lim_{\Delta y \to 0} \frac{f(x, y+\Delta y) - f(x,y)}{\Delta y}.$$

显然,函数在某点处的偏导数就是相应的偏导函数在该点处的函数值. 在不引起混淆时,偏导函数也简称为偏导数.

偏导数的概念还可以推广到二元以上的函数. 例如,三元函数 $u = f(x,y,z)$ 对 x 的偏导数定义为

$$f_x(x,y,z) = \lim_{\Delta x \to 0} \frac{f(x+\Delta x, y, z) - f(x,y,z)}{\Delta x}.$$

思考 请大家自己给出 $f_y(x,y,z)$, $f_z(x,y,z)$ 的定义式.

2.4.3 偏导数的计算方法

根据偏导数的定义可知,求二元函数 $z = f(x,y)$ 的偏导数时并不需要用新的方法. 因为这里只有一个自变量在变动,另一个自变量是看作固定的,所以仍旧是一元函数的求导问题. 求 $\dfrac{\partial z}{\partial x}$ 时,只要把 y 暂时看作常量而对 x 求导数;求 $\dfrac{\partial z}{\partial y}$ 时,只要把 x 暂时看作常量而对 y 求导数.

二元以上函数的偏导数可类似计算. 因此,利用一元函数的求导方法就可求出多元函数的各个偏导数.

例 1 求函数 $f(x,y) = x^2 - xy^2 + y^3$ 在点 $(1,2)$ 处的偏导数.

解 把 y 看作常量,得

$$\frac{\partial f}{\partial x} = 2x - y^2.$$

把 x 看作常量,得

$$\frac{\partial f}{\partial y} = -2xy + 3y^2.$$

将 $(x,y) = (1,2)$ 代入上面的结果,则

$$\frac{\partial f}{\partial x}\Big|_{\substack{x=1\\y=2}} = 2 \times 1 - 2^2 = -2,$$

$$\frac{\partial f}{\partial y}\Big|_{\substack{x=1\\y=2}} = -2 \times 1 \times 2 + 3 \times 2^2 = 8.$$

例 2　求函数 $w = f(x,y,z) = xyz - xe^y + x\ln z$ 的偏导数.

解　函数 $w = f(x,y,z)$ 是一个三元函数,其偏导数有三个.

把 y 和 z 都看作常量,得

$$f_x(x,y,z) = yz - e^y + \ln z;$$

把 x 和 z 都看作常量,得

$$f_y(x,y,z) = xz - xe^y;$$

把 x 和 y 都看作常量,得

$$f_z(x,y,z) = xy + \frac{x}{z}.$$

例 3　设函数 $z = x^y (x > 0, x \neq 1)$,求证:

$$\frac{x}{y}\frac{\partial z}{\partial x} + \frac{1}{\ln x}\frac{\partial z}{\partial y} = 2z.$$

证　因为

$$\frac{\partial z}{\partial x} = yx^{y-1}, \qquad \frac{\partial z}{\partial y} = x^y \ln x,$$

所以

$$\frac{x}{y}\frac{\partial z}{\partial x} + \frac{1}{\ln x}\frac{\partial z}{\partial y} = \frac{x}{y}yx^{y-1} + \frac{1}{\ln x}x^y \ln x = x^y + x^y = 2z.$$

例 4　求函数 $z = x^2 \sin y^2$ 的偏导数.

解　
$$\frac{\partial z}{\partial x} = 2x\sin y^2,$$

$$\frac{\partial z}{\partial y} = 2x^2 y\cos y^2.$$

例 5　已知理想气体的状态方程为 $PV = kT$(k 为常数),证明:

$$\frac{\partial P}{\partial V} \cdot \frac{\partial V}{\partial T} \cdot \frac{\partial T}{\partial P} = -1.$$

证　因为

$$P = \frac{kT}{V}, \qquad \frac{\partial P}{\partial V} = -\frac{kT}{V^2};$$

$$V = \frac{kT}{P}, \qquad \frac{\partial V}{\partial T} = \frac{k}{P};$$

$$T = \frac{PV}{k}, \qquad \frac{\partial T}{\partial P} = \frac{V}{k}.$$

所以

$$\frac{\partial P}{\partial V} \cdot \frac{\partial V}{\partial T} \cdot \frac{\partial T}{\partial P} = -\frac{kT}{V^2} \cdot \frac{k}{P} \cdot \frac{V}{k} = -1.$$

注 偏导数的记号是一个整体记号,不能看作分子与分母之商.

我们已经知道,如果一元函数在某点具有导数,则它在该点必定连续. 但对于多元函数来说,即使各偏导数在某点都存在,也不能保证函数在该点连续. 例如,函数

$$f(x,y) = \begin{cases} \dfrac{xy}{x^2+y^2}, & x^2+y^2 \neq 0, \\ 0, & x^2+y^2 = 0 \end{cases}$$

在点$(0,0)$对x的偏导数为

$$f_x(0,0) = \lim_{\Delta x \to 0} \frac{f(0+\Delta x,0) - f(0,0)}{\Delta x} = \lim_{\Delta x \to 0} 0 = 0.$$

同样有

$$f_y(0,0) = \lim_{\Delta y \to 0} \frac{f(0,0+\Delta y) - f(0,0)}{\Delta y} = \lim_{\Delta y \to 0} 0 = 0.$$

但是这函数在点$(0,0)$并不连续. 因为当点(x,y)沿直线$y=x$趋向于$(0,0)$时,

$$\lim_{\substack{x \to 0 \\ y = x}} f(x,y) = \lim_{x \to 0} \frac{x \cdot x}{x^2 + x^2} = \lim_{x \to 0} \frac{1}{2} = \frac{1}{2} \neq f(0,0).$$

习　题　2.4

A 组

1. 求下列函数的偏导数:

(1) $z = 2x + 3y + 5$;

(2) $z = 2xy$;

(3) $z = \dfrac{2y}{x^2}$;

(4) $z = \dfrac{x^2 - y^2}{x^2 + y^2}$;

(5) $z = x\ln y + y\ln x$;

(6) $w = e^u \ln v$;

(7) $z = \dfrac{e^x + e^y}{x + y}$;

(8) $u = \left(\dfrac{y}{x}\right)^z$;

(9) $g(x,y,z) = \dfrac{2xyz}{x^2 + y^2 + z^2}$;

(10) $f(u,v,w) = \dfrac{w}{u+v}$;

(11) $z = \ln\left(\tan\dfrac{x}{y}\right)$;

(12) $z = (1+x)^y$;

(13) $z = \sqrt{\ln(xy)}$;

(14) $z = \sin(xy) + \cos^2(xy)$;

(15) $u = x^{\frac{y}{z}}$;

(16) $u = \arctan(x-y)^z$.

2. 设函数 $f(x,y)=e^x\sin y$，求 $f_x\left(0,\dfrac{\pi}{4}\right),f_y\left(0,\dfrac{\pi}{4}\right)$.

3. 求函数 $f(x,y)=ye^x+x\ln y$ 在点 $(1,1)$ 处的偏导数.

4. 求函数 $z=x^2\sin y$ 在点 $\left(2,\dfrac{\pi}{6}\right)$ 处的偏导数.

5. 设 $T=2\pi\sqrt{\dfrac{l}{g}}$，求证 $l\dfrac{\partial T}{\partial l}+g\dfrac{\partial T}{\partial g}=0$.

6. 设 $z=e^{-\left(\frac{1}{x}+\frac{1}{y}\right)}$，求证 $x^2\dfrac{\partial z}{\partial x}+y^2\dfrac{\partial z}{\partial y}=2z$.

7. 设 $f(x,y)=x+(y-1)\arcsin\sqrt{\dfrac{x}{y}}$，求 $f_x(x,1)$.

B 组

1. 是否存在一个函数 $f(x,y)$，使得 $f_x(x,y)=x+4y,f_y(x,y)=3x-y$?

2. 求下列分段函数的偏导数:

(1) $f(x,y)=\begin{cases}\dfrac{x^2y}{x^2+y^2}, & x^2+y^2\neq 0,\\[2mm] 0, & x^2+y^2=0.\end{cases}$

(2) $f(x,y)=\begin{cases}\sqrt{x^2+y^2}\sin\dfrac{1}{x^2+y^2}, & x^2+y^2\neq 0,\\[2mm] 0, & x^2+y^2=0.\end{cases}$

(3) $f(x,y)=\begin{cases}x\ln(x^2+y^2), & x^2+y^2\neq 0,\\[2mm] 0, & x^2+y^2=0.\end{cases}$

3. 求函数 $u=\arctan\dfrac{x+y+z-xyz}{1-xy-xz-yz}$ 在点 $(0,0,0)$ 处的偏导数.

4. 二元函数 $f(x,y)=\begin{cases}\dfrac{x^2y^2}{x^2+y^2}, & (x,y)\neq(0,0),\\[2mm] 0, & (x,y)=(0,0)\end{cases}$ 在点 $(0,0)$ 处 (　　).

A. 连续且偏导数存在　　　　　　　　B. 不连续但偏导数存在

C. 连续但偏导数不存在　　　　　　　D. 不连续且偏导数不存在

2.5　多元函数的全微分

> 1. 了解全微分的定义;
> 2. 了解可微与可导、连续之间的关系;
> 3. 会求多元函数的全微分.

2.5.1　全微分的定义

二元函数 $z=f(x,y)$ 在点 (x,y) 处对某个自变量的偏导数表示当另一个自变

量固定时,因变量相对于该自变量的变化率.根据一元函数微分学中增量与微分的关系,可得

$$f(x+\Delta x,y)-f(x,y) \approx f_x(x,y)\Delta x,$$

$$f(x,y+\Delta y)-f(x,y) \approx f_y(x,y)\Delta y,$$

上面两式的左端分别叫做**二元函数** $z=f(x,y)$ **对** x **和对** y **的偏增量**,而右端分别叫做**二元函数** $z=f(x,y)$ **对** x **和对** y **的偏微分**.

设二元函数 $z=f(x,y)$ 在点 (x,y) 的某一邻域内有定义,$(x+\Delta x,y+\Delta y)$ 为该邻域内的任意一点,则称这两点的函数值之差 $f(x+\Delta x,y+\Delta y)-f(x,y)$ 为二元函数 $z=f(x,y)$ 在点 (x,y) 处对应于自变量增量 $\Delta x,\Delta y$ 的**全增量**,记作 Δz,即

$$\Delta z = f(x+\Delta x,y+\Delta y)-f(x,y).$$

一般说来,计算全增量 Δz 比较复杂.与一元函数的情形一样,我们希望用自变量的增量 $\Delta x,\Delta y$ 的线性函数来近似地代替函数的全增量 Δz,从而引入如下定义.

定义 2.5.1　如果函数 $z=f(x,y)$ 在点 (x,y) 处的全增量

$$\Delta z = f(x+\Delta x,y+\Delta y)-f(x,y)$$

可表示为

$$\Delta z = A\Delta x + B\Delta y + o(\rho),$$

其中 A,B 不依赖于 $\Delta x,\Delta y$ 而仅与 x,y 有关,$\rho=\sqrt{(\Delta x)^2+(\Delta y)^2}$,当 $\rho \to 0$ 时,$o(\rho)$ 是 ρ 的高阶无穷小,则称函数 $z=f(x,y)$ 在点 (x,y) 处**可微分**,而 $A\Delta x+B\Delta y$ 称为函数 $z=f(x,y)$ 在点 (x,y) 处的**全微分**,记作 $\mathrm{d}z$,即

$$\mathrm{d}z = A\Delta x + B\Delta y.$$

可微与连续的关系:

如果函数 $z=f(x,y)$ 在点 (x,y) 处可微分,则函数在该点必定连续.

事实上,因为函数 $z=f(x,y)$ 在点 (x,y) 处可微分,则

$$\Delta z = f(x+\Delta x,y+\Delta y)-f(x,y) = A\Delta x + B\Delta y + o(\rho),$$

于是

$$\lim_{\rho \to 0}\Delta z = 0,$$

从而

$$\lim_{(\Delta x,\Delta y) \to (0,0)} f(x+\Delta x,y+\Delta y) = \lim_{\rho \to 0}[f(x,y)+\Delta z] = f(x,y).$$

因此函数 $z=f(x,y)$ 在点 (x,y) 处连续.

2.5.2　可微与偏导数存在的关系

在一元函数 $y=f(x)$ 中,可微和可导是等价的. 对于多元函数,可微与偏导数存在的关系又如何呢? 以二元函数为例,我们有如下定理:

定理 2.5.1(必要条件)　如果函数 $z=f(x,y)$ 在点 (x,y) 处可微分,则函数 $z=f(x,y)$ 在点 (x,y) 的偏导数 $\dfrac{\partial z}{\partial x},\dfrac{\partial z}{\partial y}$ 必定存在,且函数 $z=f(x,y)$ 在点 (x,y) 处的全微分为

$$\mathrm{d}z = \frac{\partial z}{\partial x}\Delta x + \frac{\partial z}{\partial y}\Delta y.$$

证　因为函数 $z=f(x,y)$ 在点 $P(x,y)$ 处可微分. 所以,对于点 P 的某个邻域内的任意一点 $Q(x+\Delta x,y+\Delta y)$,有

$$\Delta z = A\Delta x + B\Delta y + o(\rho).$$

特别当 $\Delta y=0$ 时有

$$f(x+\Delta x,y) - f(x,y) = A\Delta x + o(|\Delta x|).$$

上式两边各除以 Δx,再令 $\Delta x \to 0$ 而取极限,就得

$$\lim_{\Delta x\to 0}\frac{f(x+\Delta x,y) - f(x,y)}{\Delta x} = A,$$

从而偏导数 $\dfrac{\partial z}{\partial x}$ 存在,且 $\dfrac{\partial z}{\partial x}=A$. 同理可证偏导数 $\dfrac{\partial z}{\partial y}$ 存在,且 $\dfrac{\partial z}{\partial y}=B$. 所以

$$\mathrm{d}z = \frac{\partial z}{\partial x}\Delta x + \frac{\partial z}{\partial y}\Delta y.$$

注　偏导数 $\dfrac{\partial z}{\partial x},\dfrac{\partial z}{\partial y}$ 存在是可微分的必要条件,但不是充分条件. 例如,函数

$$f(x,y) = \begin{cases} \dfrac{xy}{\sqrt{x^2+y^2}}, & x^2+y^2 \neq 0, \\ 0, & x^2+y^2 = 0 \end{cases}$$

在点 $(0,0)$ 处虽然有 $f_x(0,0)=0$ 及 $f_y(0,0)=0$,但函数在点 $(0,0)$ 处是不可微分的,即

$$\Delta z - [f_x(0,0)\Delta x + f_y(0,0)\Delta y]$$

不是 ρ 的高阶无穷小. 这是因为当 $(\Delta x,\Delta y)$ 沿直线 $y=x$ 趋于 $(0,0)$ 时,

$$\frac{\Delta z - [f_x(0,0)\cdot\Delta x + f_y(0,0)\cdot\Delta y]}{\rho} = \frac{\Delta x\cdot\Delta y}{(\Delta x)^2 + (\Delta y)^2} = \frac{\Delta x\cdot\Delta x}{(\Delta x)^2 + (\Delta x)^2}$$

$$\to \frac{1}{2} \neq 0.$$

定理 2.5.2(充分条件)　如果函数 $z=f(x,y)$ 的偏导数 $\dfrac{\partial z}{\partial x},\dfrac{\partial z}{\partial y}$ 在点 (x,y) 的某一邻域内存在,且在该点连续,则函数在该点可微分.

注　若函数 $z=f(x,y)$ 在点 (x,y) 处可微分,则偏导数 $\dfrac{\partial z}{\partial x},\dfrac{\partial z}{\partial y}$ 在该点存在但不一定连续. 例如,函数

$$z=f(x,y)=\begin{cases}(x^2+y^2)\sin\dfrac{1}{x^2+y^2}, & x^2+y^2\neq 0,\\ 0, & x^2+y^2=0\end{cases}$$

在点 $(0,0)$ 可微分,但偏导数在点 $(0,0)$ 处不连续.

事实上,因为

$$f_x(0,0)=\lim_{x\to 0}\frac{f(x,0)-f(0,0)}{x}=\lim_{x\to 0}\frac{x^2\sin\dfrac{1}{x^2}}{x}=0,$$

同理可得

$$f_y(0,0)=0.$$

又因为

$$\Delta z=f(\Delta x,\Delta y)-f(0,0)=\left[(\Delta x)^2+(\Delta y)^2\right]\sin\frac{1}{(\Delta x)^2+(\Delta y)^2}=\rho^2\sin\frac{1}{\rho^2},$$

所以当 $\rho=\sqrt{(\Delta x)^2+(\Delta y)^2}\to 0$ 时,有

$$\frac{\Delta z-\left[f_x(0,0)\Delta x+f_y(0,0)\Delta y\right]}{\rho}=\frac{\rho^2\sin\dfrac{1}{\rho^2}}{\rho}=\rho\cdot\sin\frac{1}{\rho^2}\to 0.$$

故函数 $f(x,y)$ 在 $(0,0)$ 处的全微分存在,且 $\mathrm{d}z|_{(0,0)}=0$,而

$$f_x(x,y)=\begin{cases}2x\sin\dfrac{1}{x^2+y^2}-\dfrac{2x}{x^2+y^2}\cos\dfrac{1}{x^2+y^2}, & x^2+y^2\neq 0,\\ 0, & x^2+y^2=0.\end{cases}$$

当点 (x,y) 沿直线 $y=x$ 趋向于 $(0,0)$ 时,

$$\lim_{\substack{x\to 0\\ y=x}}f_x(x,y)=\lim_{x\to 0}\left(2x\sin\frac{1}{2x^2}-\frac{2x}{2x^2}\cos\frac{1}{2x^2}\right)=\lim_{x\to 0}\left(2x\sin\frac{1}{2x^2}-\frac{1}{x}\cos\frac{1}{2x^2}\right)$$

不存在. 因此 $\lim\limits_{\substack{x\to 0\\ y\to 0}}f_x(x,y)$ 不存在,所以 $f_x(x,y)$ 在点 $(0,0)$ 处不连续.

以上关于二元函数全微分的定义及可微分的必要条件和充分条件,可以完全类似地推广到三元和三元以上的多元函数.

习惯上,我们将自变量的增量 $\Delta x, \Delta y$ 分别记作 $\mathrm{d}x, \mathrm{d}y$,并分别称为自变量 x, y 的微分. 这样,函数 $z = f(x, y)$ 的全微分可写作

$$\mathrm{d}z = \frac{\partial z}{\partial x}\mathrm{d}x + \frac{\partial z}{\partial y}\mathrm{d}y.$$

通常把二元函数的全微分等于它的两个偏微分之和称为二元函数的微分符合 **叠加原理**.

叠加原理也适用于二元以上的函数的情形. 例如,如果三元函数 $u = f(x, y, z)$ 可微分,那么它的全微分就等于它的三个偏微分之和,即

$$\mathrm{d}u = \frac{\partial u}{\partial x}\mathrm{d}x + \frac{\partial u}{\partial y}\mathrm{d}y + \frac{\partial u}{\partial z}\mathrm{d}z.$$

例 1　求函数 $z = x^2 y + y^2 + x$ 的全微分 $\mathrm{d}z$.

解　因为

$$\frac{\partial z}{\partial x} = 2xy + 1, \quad \frac{\partial z}{\partial y} = x^2 + 2y,$$

所以

$$\mathrm{d}z = (2xy + 1)\mathrm{d}x + (x^2 + 2y)\mathrm{d}y.$$

例 2　计算函数 $z = \mathrm{e}^{xy}$ 在点 $(2, 1)$ 处的全微分 $\mathrm{d}z$.

解　因为

$$\frac{\partial z}{\partial x} = y\mathrm{e}^{xy}, \quad \frac{\partial z}{\partial y} = x\mathrm{e}^{xy},$$

所以

$$\frac{\partial z}{\partial x}\bigg|_{\substack{x=2 \\ y=1}} = \mathrm{e}^2, \quad \frac{\partial z}{\partial y}\bigg|_{\substack{x=2 \\ y=1}} = 2\mathrm{e}^2,$$

因此

$$\mathrm{d}z = \mathrm{e}^2 \mathrm{d}x + 2\mathrm{e}^2 \mathrm{d}y.$$

例 3　计算函数 $u = x + \sin \dfrac{y}{2} + \mathrm{e}^{yz}$ 的全微分 $\mathrm{d}u$.

解　因为

$$\frac{\partial u}{\partial x} = 1, \quad \frac{\partial u}{\partial y} = \frac{1}{2}\cos \frac{y}{2} + z\mathrm{e}^{yz}, \quad \frac{\partial u}{\partial z} = y\mathrm{e}^{yz},$$

所以

$$\mathrm{d}u = \mathrm{d}x + \left(\frac{1}{2}\cos \frac{y}{2} + z\mathrm{e}^{yz}\right)\mathrm{d}y + y\mathrm{e}^{yz}\mathrm{d}z.$$

例 4 当 $\Delta x = 0.02, \Delta y = -0.01$ 时,计算函数 $z = x^2 y^2$ 在点$(2, -1)$处的全增量 Δz 和全微分 $\mathrm{d}z$.

解 由定义知

$$\Delta z = (2+0.02)^2(-1-0.01)^2 - 2^2 \times (-1)^2 = 0.1624.$$

因为

$$\frac{\partial z}{\partial x} = 2xy^2, \quad \frac{\partial z}{\partial y} = 2x^2 y,$$

所以

$$\frac{\partial z}{\partial x}\bigg|_{\substack{x=2\\y=-1}} = 4, \quad \frac{\partial z}{\partial y}\bigg|_{\substack{x=2\\y=-1}} = -8,$$

因此

$$\mathrm{d}z = 4 \times 0.02 + (-8) \times (-0.01) = 0.16.$$

例 5 当 $\Delta x = 0.1, \Delta y = -0.2$ 时,计算函数 $z = \ln(1 + x^2 + y^2)$ 在点$(1,2)$处的全微分 $\mathrm{d}z$.

解 因为

$$\frac{\partial z}{\partial x} = \frac{2x}{1+x^2+y^2}, \quad \frac{\partial z}{\partial y} = \frac{2y}{1+x^2+y^2},$$

所以

$$\frac{\partial z}{\partial x}\bigg|_{\substack{x=1\\y=2}} = \frac{1}{3}, \quad \frac{\partial z}{\partial y}\bigg|_{\substack{x=1\\y=2}} = \frac{2}{3},$$

因此在点$(1,2)$处,当 $\Delta x = 0.1, \Delta y = -0.2$ 时,函数的全微分为

$$\mathrm{d}z = \frac{1}{3} \times 0.1 + \frac{2}{3} \times (-0.2) = -\frac{0.3}{3} = -0.1.$$

习 题 2.5

A 组

1. 求下列函数的全微分:

(1) $z = \dfrac{x}{y} + xy$;

(2) $z = 4xy^3 + 5x^2 y^6$;

(3) $z = \dfrac{x+y}{x-y}$;

(4) $u = \mathrm{e}^x(x^2 + y^2 + z^2)$;

(5) $z = \ln(x + y^2)$;

(6) $z = x^y$;

(7) $z = \dfrac{y}{\sqrt{x^2 + y^2}}$;

(8) $u = z\sin(xy^2)$.

2. 求函数 $z=\dfrac{y}{x}$ 当 $x=2,y=1,\Delta x=0.1,\Delta y=-0.2$ 时的全增量和全微分.

3. 求函数 $f(x,y)=x^2\mathrm{e}^y+y^2\sin x$ 在点 $(\pi,0)$ 处的全微分.

4. 求函数 $z=\mathrm{e}^{xy}$ 当 $x=1,y=1,\Delta x=0.15,\Delta y=0.1$ 时的全微分.

5. 设二元函数 $z=x\mathrm{e}^{x+y}+(x+1)\ln(1+y)$,求 $\mathrm{d}z|_{(1,0)}$.

6. 已知 $f(x,y)=\sqrt{|xy|}$,试讨论:

(1) $f(x,y)$ 在 $(0,0)$ 处的连续性;

(2) $f(x,y)$ 在 $(0,0)$ 处的两个偏导数是否存在;

(3) $f(x,y)$ 在 $(0,0)$ 处的可微性.

B 组

1. 以下结论中,正确的是(　　　).

A. $f(x,y)$ 在点 (x_0,y_0) 处一阶偏导数存在,则 $f(x,y)$ 在点 (x_0,y_0) 处连续

B. $f(x,y)$ 在点 (x_0,y_0) 处一阶偏导数存在,则 $f(x,y)$ 在点 (x_0,y_0) 处可微

C. $f(x,y)$ 在点 (x_0,y_0) 处可微,则 $f(x,y)$ 在点 (x_0,y_0) 处一阶偏导数存在

D. $f(x,y)$ 在点 (x_0,y_0) 处连续,则 $f(x,y)$ 在点 (x_0,y_0) 处一阶偏导数存在

2. 二元函数 $z=f(x,y)$ 在点 (x_0,y_0) 处可微分的充分条件是(　　　).

A. $f_x(x_0,y_0)$ 及 $f_y(x_0,y_0)$ 均存在

B. $f_x(x,y)$ 及 $f_y(x,y)$ 在点 (x_0,y_0) 的某一邻域内连续

C. 当 $\sqrt{(\Delta x)^2+(\Delta y)^2}\to 0$ 时,$\Delta z-f_x(x_0,y_0)\Delta x-f_y(x_0,y_0)\Delta y$ 是无穷小量

D. 当 $\sqrt{(\Delta x)^2+(\Delta y)^2}\to 0$ 时,$\dfrac{\Delta z-f_x(x_0,y_0)\Delta x-f_y(x_0,y_0)\Delta y}{\sqrt{(\Delta x)^2+(\Delta y)^2}}$ 是无穷小量

3. 已知边长为 $x=6\mathrm{m}$ 与 $y=8\mathrm{m}$ 的矩形,如果 x 边增加 $5\mathrm{cm}$ 而 y 边减少 $10\mathrm{cm}$,问这个矩形的面积的近似变化怎样?

4. 证明函数

$$f(x,y)=\begin{cases}\dfrac{x^2y}{x^2+y^2}, & x^2+y^2\neq 0,\\[2mm] 0, & x^2+y^2=0\end{cases}$$

在 $(0,0)$ 点连续且偏导数存在,但在此点不可微.

5. 设 $f(x,y)=\begin{cases}xy\sin\dfrac{1}{x^2+y^2}, & (x,y)\neq(0,0),\\[2mm] 0, & (x,y)=(0,0),\end{cases}$ 讨论函数 $f(x,y)$ 在 $(0,0)$ 处的可微性.

2.6　微分学的简单应用

1. 熟悉常见的经济函数,了解边际的概念;

2. 会求平面曲线的切线方程和法线方程;

3. 了解微分在近似计算中的应用.

2.6.1　边际函数与边际分析

1. 常见的经济函数

1) 需求函数

一种商品的市场需求量 Q 与该商品的价格 p 密切相关,通常降价使需求量增加,涨价使需求量减少. 如果不考虑其他因素的影响,需求量 Q 可以看成是价格 p 的一元函数,称为**需求函数**,记作

$$Q = Q(p).$$

一般地,需求函数为价格 p 的单调减少函数.

需求函数 $Q=Q(p)$ 的反函数,就是**价格函数**,记作

$$p = p(Q).$$

一般地,价格函数为需求量 Q 的单调减少函数,如图 2.5 所示.

2) 供给函数

一种商品的市场供给量 S 也受商品价格 p 的制约,价格上涨将刺激生产者向市场提供更多的商品,使供给量增加;反之,价格下跌将使供给量减少. 如果不考虑其他因素的影响,供给量 S 也可以看成价格 p 的一元函数,称为**供给函数**,记作

$$S = S(p).$$

一般地,供给函数为价格 p 的单调增加函数,如图 2.6 所示.

图 2.5

图 2.6

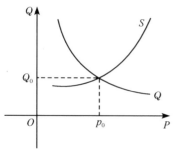

图 2.7

市场上需求量与供给量相等时的价格称为**均衡价格**. 与均衡价格对应的需求量(或供给量)称为**均衡商品量**. 如图 2.7 所示,p_0 为均衡价格,Q_0 为均衡商品量.

例 1　某种商品的市场需求函数为 $Q(p) = 300 - p$,供给函数为 $S(p) = -30 + 0.5p$,试求均衡价格和均衡需求量.

解　由定义知当 $Q(p) = S(p)$ 时有

$$300 - p = -30 + 0.5p,$$

解得

$$p = 220.$$

这表明均衡价格 $p_0 = 220$，均衡需求量 $Q_0 = 80$。

　　3）成本函数、收入函数和利润函数

　　在生产和经营产品的活动中，人们总希望尽可能降低成本，提高收入和增加利润。而成本 C、收入 R 和利润 L 这些经济变量都与产品的产量或销售量 Q 密切相关，它们都可以看成 Q 的函数，分别称为**总成本函数**，记 $C(Q)$；**总收入函数**，记为 $R(Q)$；**总利润函数**，记为 $L(Q)$。

　　一般地，**总成本**由固定成本 C_1 和可变成本 $C_2(Q)$ 两部分组成，固定成本与产量 Q 无关；可变成本随产量 Q 的增加而增加，即

$$C(Q) = C_1 + C_2(Q).$$

　　总成本函数 $C(Q)$ 是 Q 的单调增加函数。

　　总收入是销售出一定数量产品所得的全部收入。设产品的单价为 p，销售量为 Q，则**总收入函数**为

$$R(Q) = pQ.$$

　　总利润等于销售一定数量产品的总收入与总成本的差，于是**总利润函数**为

$$L(Q) = R(Q) - C(Q).$$

　　例 2　已知某产品的价格为 p，需求函数为 $Q = 50 - 5p$，总成本函数为 $C = 50 + 2Q$，求产量 Q 为多少时利润 L 最大？最大利润是多少？

　　解　已知需求函数为

$$Q = 50 - 5p,$$

故价格函数为 $p = 10 - \dfrac{Q}{5}$，于是总收入函数为

$$R = p \cdot Q = 10Q - \frac{Q^2}{5},$$

这样，总利润函数为

$$L = R - C = 8Q - \frac{Q^2}{5} - 50 = -\frac{1}{5}(Q - 20)^2 + 30.$$

因此 $Q = 20$ 时取得最大总利润，最大总利润为 30。

　　2. 边际函数

　　定义 2.6.1　在经济学中，可导函数 $y = f(x)$ 的导函数 $y' = f'(x)$ 称为**边际函数**，$f'(x_0)$ 称为 $f(x)$ 在点 x_0 处的**边际函数值**。

在数学中,比值 $\dfrac{\Delta y}{\Delta x} = \dfrac{f(x_0 + \Delta x) - f(x_0)}{\Delta x}$ 表示 $f(x)$ 在点 x_0 附近 Δx 范围内的平均变化速度. 当 $\Delta x \to 0$ 时,该比值的极限 $f'(x_0)$ 若存在,则它表示 $f(x)$ 在点 x_0 处的(瞬时)变化速度. 在经济学中,$\dfrac{\Delta y}{\Delta x}$ 表示某种经济量 y 相对于另一种经济量 x 的平均变化速度. 然而实际意义中经济量 y 的自变量往往取值在正整数集,例如研究以某产量为自变量的成本函数,其中产品的产量可能是灯泡数量,电视机台数,小麦的数量(以"千克"为单位)等. 这时"$\Delta x \to 0$"的意义只能理解为经济量 x 在 x_0 附近改变了"一个单位". 当 $x = x_0$,$\Delta x = 1$ 时,则有

$$\Delta y = \frac{\Delta y}{\Delta x} \approx f'(x_0),$$

而当 $\Delta x = -1$ 时,标志着 x 由 x_0 减小一个单位,这时也有类似的结果.

上式说明了边际函数 $f'(x)$ 的含义,即在点 $x = x_0$ 处,当 x 产生一个单位的改变时,y 近似改变 $f'(x_0)$ 个单位. 在经济学中解释边际函数值的具体意义时,我们增加了相应实际意义并略去"近似"二字. 例如,某产品成本函数 $C = C(Q)$,其边际成本 $C'(Q_0)$ 在 $Q = Q_0$ 时的值表示当产量达到 Q_0 时,再多生产一个单位产品所增加的成本. 具体而言,总成本函数 $C(Q)$ 的导数 $C'(Q)$ 称为**边际成本**;总收入函数 $R(Q)$ 的导数 $R'(Q)$ 称为**边际收入**;总利润函数 $L(Q)$ 的导数 $L'(Q)$ 称为**边际利润**.

例 3　某商品的需求函数为 $Q = 75 - p^2$,求 $p = 4$ 时的边际需求.

解　该商品的边际需求函数为

$$Q' = -2p.$$

当 $p = 4$ 时的边际需求为

$$Q'(4) = -2 \times 4 = -8.$$

上述结果表明:当价格为 4 时,价格上涨(或下降)1 个单位,需求量将减少(或增加)8 个单位.

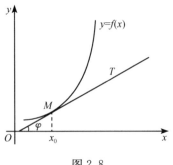

图 2.8

2.6.2　平面曲线的切线与法线方程

已知函数 $y = f(x)$ 在点 x_0 处的导数 $f'(x_0)$ 在几何上表示平面曲线 $y = f(x)$ 在点 $M(x_0, y_0)$ 处的切线的斜率. 如图 2.8 所示.

由直线的点斜式方程,可知曲线 $y = f(x)$ 在 $M(x_0, y_0)$ 处的切线方程为

$$y - y_0 = f'(x_0)(x - x_0).$$

过切点 $M(x_0, y_0)$ 且与切线垂直的直线叫做

曲线 $y = f(x)$ 在点 M 处的法线.

如果 $f'(x_0) \neq 0$，法线的斜率为 $-\dfrac{1}{f'(x_0)}$，从而法线方程为

$$y - y_0 = -\frac{1}{f'(x_0)}(x - x_0).$$

例 4　求曲线 $y = \cos x$ 上点 $\left(\dfrac{\pi}{3}, \dfrac{1}{2}\right)$ 处的切线方程和法线方程.

解　根据导数的几何意义，所求切线的斜率为

$$y'\Big|_{x=\frac{\pi}{3}} = (\cos x)'\Big|_{x=\frac{\pi}{3}} = (-\sin x)\,\big|_{x=\frac{\pi}{3}} = -\frac{\sqrt{3}}{2},$$

从而所求切线方程为

$$y - \frac{1}{2} = -\frac{\sqrt{3}}{2}\left(x - \frac{\pi}{3}\right),$$

即

$$\frac{\sqrt{3}}{2}x + y - \frac{1}{2}\left(1 + \frac{\sqrt{3}}{3}\pi\right) = 0.$$

所求法线的斜率为

$$k = -\frac{1}{y'}\Big|_{x=\frac{\pi}{3}} = -\frac{1}{-\dfrac{\sqrt{3}}{2}} = \frac{2\sqrt{3}}{3},$$

于是所求法线方程为

$$y - \frac{1}{2} = \frac{2\sqrt{3}}{3}\left(x - \frac{\pi}{3}\right),$$

即

$$\frac{2\sqrt{3}}{3}x - y + \frac{1}{2} - \frac{2\sqrt{3}}{9}\pi = 0.$$

注　(1) 当 $f'(x_0) = 0$ 时，曲线 $y = f(x)$ 在 $M(x_0, y_0)$ 处具有水平切线. 此时，法线垂直于 x 轴.

例如，抛物线 $y = x^2$ 在 $O(0,0)$ 处的切线方程与法线方程分别为

$$y = 0, \quad x = 0.$$

(2) 当 $f'(x_0)$ 为无穷大时，曲线 $y = f(x)$ 在点 $M(x_0, y_0)$ 处的切线垂直于 x 轴. 法线平行于 x 轴.

例如，曲线 $y = \sqrt[3]{x}$ 在点 $O(0,0)$ 处的切线方程与法线方程分别为

$$x = 0, \quad y = 0.$$

由于函数 $y=|x|$ 在点 $x=0$ 处不可导,所以曲线 $y=|x|$ 在点 $O(0,0)$ 处没有切线.

(3) 当 $f'(x_0)$ 不存在(不为无穷大)时,曲线 $y=f(x)$ 在点 $M(x_0, y_0)$ 处没有切线.

2.6.3 近似计算

在工程问题中,经常会遇到一些复杂的计算公式.如果直接用这些公式进行计算,那是很费力的.利用微分往往可以把一些复杂的计算公式用简单的近似公式来代替.

前面说过,如果 $y=f(x)$ 在点 x_0 处的导数 $f'(x_0) \neq 0$,且 $|\Delta x|$ 很小时,有

$$\Delta y \approx \mathrm{d}y = f'(x_0)\Delta x.$$

这个式子也可以写为

$$\Delta y = f(x_0 + \Delta x) - f(x_0) \approx f'(x_0)\Delta x \tag{2.6.1}$$

或

$$f(x_0 + \Delta x) \approx f(x_0) + f'(x_0)\Delta x. \tag{2.6.2}$$

若令 $x=x_0+\Delta x, \Delta x=x-x_0$,则式(2.6.2)即为

$$f(x) \approx f(x_0) + f'(x_0)(x - x_0). \tag{2.6.3}$$

式(2.6.1)是求函数增量的近似公式,式(2.6.2),(2.6.3)是求函数值的近似公式.

上面两种近似计算公式,给近似计算带来了很大的方便.

例5 计算 $\sqrt{4.2}$ 的近似值.

解 设 $f(x)=\sqrt{x}$,则 $f'(x)=\dfrac{1}{2\sqrt{x}}$. 取 $x_0=4, \Delta x=0.2$,由式(2.6.2)得

$$\sqrt{4.2} \approx \sqrt{4} + \frac{1}{2\sqrt{x}}\bigg|_{x=4} \times 0.2 = 2 + \frac{1}{4} \times 0.2 = 2.05.$$

例6 有一批半径为 1cm 的球,为了提高球面的光洁度,要镀上一层铜,厚度定为 0.01cm,试估计每个球需用多少铜(铜的密度是 $8.9\mathrm{g/cm^3}$)?

解 已知球体体积为 $V=\dfrac{4}{3}\pi R^3$,$R_0=1\mathrm{cm}, \Delta R=0.01\mathrm{cm}$. 因此镀层的体积

$$\Delta V = V(R_0 + \Delta R) - V(R_0) \approx V'(R_0) \cdot \Delta R = 4\pi R_0^2 \Delta R$$
$$= 4 \times 3.14 \times 1^2 \times 0.01 = 0.13(\mathrm{cm^3}).$$

于是镀每个球需用的铜约为

$$0.13 \times 8.9 = 1.16(\mathrm{g}).$$

由二元函数全微分的定义及关于全微分存在的充分条件可知,当二元函数 $z = f(x, y)$ 在点 $P(x_0, y_0)$ 的两个偏导数 $f_x(x_0, y_0)$, $f_y(x_0, y_0)$ 连续,并且 $|\Delta x|$, $|\Delta y|$ 都较小时,就有近似等式

$$\Delta z \approx \mathrm{d}z = f_x(x, y)\Delta x + f_y(x, y)\Delta y, \tag{2.6.4}$$

式(2.6.4)也可以写成

$$f(x_0 + \Delta x, y_0 + \Delta y) \approx f(x_0, y_0) + f_x(x_0, y_0)\Delta x + f_y(x_0, y_0)\Delta y. \tag{2.6.5}$$

与一元函数的情形相类似,可以利用式(2.6.4)或式(2.6.5)对二元函数作近似计算.

若令 $x = x_0 + \Delta x, y = y_0 + \Delta y$,则式(2.6.5)即为

$$f(x, y) \approx f(x_0, y_0) + f_x(x_0, y_0)(x - x_0) + f_y(x_0, y_0)(y - y_0). \tag{2.6.6}$$

例 7 计算 $(1.04)^{2.02}$ 的近似值.

解 设函数 $f(x, y) = x^y$,要计算的值就是函数在 $x = 1.04, y = 2.02$ 时的函数值 $f(1.04, 2.02)$.

取 $x_0 = 1, y_0 = 2, \Delta x = 0.04, \Delta y = 0.02$,由于

$$f_x(x, y) = yx^{y-1}, \quad f_y(x, y) = x^y \ln x,$$

则

$$f_x(1, 2) = 2, \quad f_y(1, 2) = 0,$$

又 $f(1, 2) = 1$,所以,应用公式(2.6.5)则有

$$(1.04)^{2.02} \approx 1 + 2 \times 0.04 + 0 \times 0.02 = 1.08.$$

例 8 设生产两种产品 A 和 B,当产量分别为 x, y 时的总成本函数为

$$C(x, y) = x^2 + xy + y^2 + 10.$$

当 A,B 两产品产量分别为 50 单位和 40 单位时,产量再各增加 2 个单位,总成本函数的改变量约为多少?

解 根据式(2.6.4),有

$$\Delta C \approx \mathrm{d}C = \frac{\partial C}{\partial x}\mathrm{d}x + \frac{\partial C}{\partial y}\mathrm{d}y = (2x + y)\Big|_{\substack{x=50 \\ y=40}}\mathrm{d}x + (x + 2y)\Big|_{\substack{x=50 \\ y=40}}\mathrm{d}y$$

$$= (100 + 40) \times 2 + (50 + 80) \times 2 = 540,$$

即总成本的改变量约为 540 个单位.

习 题 2.6

A组

1. 求曲线 $y=x^3$ 上点 $(1,1)$ 处的切线方程与法线方程.

2. 求曲线 $y=\sin x$ 上点 $\left(\dfrac{\pi}{6},\dfrac{1}{2}\right)$ 处的切线方程与法线方程.

3. 求曲线 $y=x^{\frac{3}{2}}$ 的通过点 $(0,-4)$ 的切线方程.

4. 求曲线 $y=x^3+x$ 上其切线与直线 $y=4x$ 平行的点.

5. 设有一无盖圆柱形容器,容器的壁与底的厚度均为 0.1cm,内高为 20cm,内半径为 4cm,求容器外壳体积的近似值.

6. 利用微分求近似值(ln2＝0.693)：

(1) $e^{1.01}$；　　　(2) $\sqrt[3]{996}$；　　　(3) $\tan 46°$；

(4) $\ln 1.001$；　　(5) $\sin 29°\tan 46°$；　　(6) $(1.97)^{1.05}$.

B组

1. 证明:双曲线 $xy=a^2$ 上任一点处的切线与两坐标轴构成的三角形的面积都等于 $2a^2$.

2. 求过点 $(2,0)$ 的一条直线,使它与曲线 $y=\dfrac{1}{x}$ 相切.

3. 在抛物线 $y=x^2$ 上取横坐标为 $x_1=1$ 及 $x_2=3$ 的两点,作过这两点的割线,问该抛物线上哪一点的切线平行于这条割线?

4. 设某产品生产 Q 单位的总成本为 $C(Q)=1100+\dfrac{Q^2}{1200}$,求:

(1) 生产 900 个单位时的总成本和平均成本；

(2) 生产 900 个单位到 1000 个单位时总成本的平均变化率；

(3) 生产 900 个单位的边际成本,并解释其经济意义.

5. 设某产品的价格函数为 $p=20-\dfrac{Q}{5}$,其中 p 为价格,Q 为销售量,求销售量为 15 个单位时的总收入、平均收入与边际收入.并求销售量从 15 个单位增加到 20 个单位时收入的平均变化率.

6. 某工厂对其产品的情况进行了大量统计分析后,得出总利润 $L(Q)$ 与每月产量 Q 的关系为 $L(Q)=250Q-5Q^2$,试确定每月生产量为 $20,25,35$ 的边际利润,并作出相应的经济解释.

7. 设某产品的成本函数和收入函数分别为

$$C(x)=100+5x+2x^2,\quad R(x)=200x+x^2,$$

其中 x 表示产品的产量,求:

(1) 边际成本函数、边际收入函数、边际利润函数；

(2) 已生产并销售 25 个单位产品,第 26 个单位产品会有多少利润?

8. 某煤矿每天产煤量为 x,总成本函数为

$$C(x)=2000+450x+0.02x^2,$$

如果煤的销售价为 490,求:

(1) 边际成本函数 $C'(x)$;

(2) 利润函数 $L(x)$ 及边际利润函数 $L'(x)$;

(3) 边际利润为 0 时的产量.

本章内容小结

本章的主要内容有:

(1) 一元函数导数的定义,可导与连续的关系,基本求导法则,初等函数的导数.

(2) 一元函数微分的定义及计算,可微与可导的关系.

(3) 反函数与复合函数的求导法则.

(4) 多元函数偏导数的定义及计算.

(5) 多元函数全微分的定义及计算,全微分与偏导数的关系.

(6) 边际函数的计算,平面曲线的切线方程与法线方程,函数微分在近似计算中的应用.

学习中要注意以下几点:

(1) 导数是微积分的核心内容之一,任何事物的变化率都可以用导数来描述.

(2) 要熟练掌握一元函数的求导方法.

(3) 利用一元函数的求导方法可求出多元函数的各个偏导数.

阅读材料

边际分析法

从湘潭开往武汉的长途车即将出发.无论哪个公司的车,正常票价均为 150 元.一个匆匆赶来的乘客见 A 公司的车上尚有空位,要求以 130 元上车,被拒绝了.他又找到一家也有空位的 B 公司的车,乘务员二话没说,收了 130 元允许他上车了.哪家公司的行为更理性呢? 乍一看,B 公司允许这名乘客用 130 元享受 150 元的运输服务,当然亏了.但如果用边际分析法分析,B 公司的乘务员却比 A 公司的精明.

说起"边际"这个词,普通人多少总觉得有点神秘.其实说透了大家就知道了,而且经常也会自觉或不自觉地用这个概念来分析问题.

在经济学中,研究经济规律也就是研究经济变量相互之间的关系.经济变量是可以取不同数值的量,如通货膨胀率、失业率、产量、收益等.经济变量分为自变量与因变量.自变量是最初变动的量,因变量是由于自变量变动而引起变动的量.例如,如果研究投入的生产要素和产量之间的关系,可以把生产要素作为自变量,把产量作为因变量.自变量(生产要素)变动量与因变量(产量)变动量之间的关系反映了生产中的某些规律.分析自变量变动量与因变量变动量之间的关系就是边际分析法.

"边际"这个词可以理解为"增加的"意思,"边际量"也就是"增量"的意思.说的确切一些,自变量增加一单位,因变量所增加的量就是边际量.比如说,生产要素(自变量)增加一个单位,产量(因变量)增加了两个单位,这因变量增加的两个单位就是边际产量.或者更具体一些,运输公司增加了一辆汽车,每天可以多运200名乘客,这200名乘客是边际量.边际分析法就是分析自变量变动一个单位,因变量会变动多少.

经济学家提出"边际"和"边际分析"的概念不是故弄玄虚,而是为了作出更正确的决策.经济学家常说,理性人要用边际量进行分析就是这个道理.

我们可以用最后一名乘客的票价这个例子来说明边际分析法的用处.当我们考虑是否让这名乘客以130元的票价上车时,实际上我们应该考虑的是边际成本和边际收益这两个概念.边际成本是增加一名乘客(自变量)所增加的投入(因变量).在我们这个例子中,增加这一名乘客,所需磨损的汽车、汽油费、工作人员工资和过路费等都无须增加,对汽车来说多拉一个人少拉一个人都一样,所增加的成本仅仅是发给这个乘客的食物和饮料,假设这些东西值10元,边际成本也就是10元.边际收益是增加一名乘客(自变量)所增加的收入(因变量).在这个例子中,增加这一名乘客增加收入130元,边际收益就是130元.

在根据边际分析法作出决策时就是要对比边际成本与边际收益.如果边际收益大于边际成本,即增加这一名乘客所增加的收入大于所增加的成本,让这名乘客上车就是合适的,这是理性决策.如果边际收益小于边际成本,让这名乘客上车就要亏损,是非理性决策.从理论上说,乘客可以增加到边际收益与边际成本相等时为止.在我们的例子中,B公司乘务员让这名乘客上车是理性的,无论该乘务员是否懂得边际的概念与边际分析法,他实际上是按边际收益大于边际成本这一原则作出决策的.A公司的乘务员不让这名乘客上车,或者是受严格制度的制约(例如,乘务员无权降价),或者是缺"边际"这根弦.

边际分析法在经济学中运用极广.所以,边际这个概念和边际分析法的提出被认为是经济学方法的一次革命.在经济学中,边际分析法的提出不仅为我们作出决策提供了一个有用的方法,而且还使经济学能运用数学工具.边际分析所表示的自变量与因变量之间变动的关系可以用微分来表示.由此数学方法在经济学中得到了广泛应用.数学在经济学中的广泛应用,对推动经济学本身的发展和解决实际经济问题起到了重大作用.有兴趣的话,看一点更高深的经济学著作,你就能体会到这一点.

第3章 一元函数积分学基础

积分学作为微积分的一个重要组成部分,在高等数学中占有极为重要的地位,在许多经济和生活实际问题中都有应用.

本章首先以几何和经济学中的典型问题为背景引入定积分的概念,然后引入原函数与不定积分,进而说明定积分与不定积分之间的密切联系,最后介绍定积分在几何和经济上的应用.

3.1 积分学的基本概念

1. 理解定积分的概念,掌握定积分的几何意义;
2. 理解原函数和不定积分的概念,了解定积分与不定积分的联系.

3.1.1 定积分的概念

在初等数学的学习过程中我们已经掌握如何求三角形、矩形或梯形这样的"直边多边形"的面积. 但是,对于图 3.1 中所示图形,我们如何求出阴影部分的面积? 要解决这个问题,需要定积分这个工具.

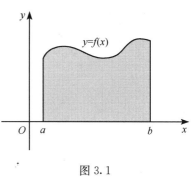

图 3.1

1. 问题的引出

引例 3.1.1(面积问题) 设 $y=f(x)$ 在区间 $[a,b]$ 上非负、连续. 由直线 $x=a,x=b,y=0$ 及曲线 $y=f(x)$ 所围成的图形(图 3.1)称为**曲边梯形**,其中曲线弧称为**曲边**. 现在,我们来求曲边梯形的面积.

在曲边梯形中有一类最特殊的,那就是"直边梯形"——也就是每一条边都是直线的梯形. 先求这类曲边梯形的面积:先假设直线方程为 $y=f(x)$,从图 3.2 可以得出该梯形的面积等于

$$A = \frac{f(a)+f(b)}{2}(b-a).$$

同样,面积 A 也可以表示成

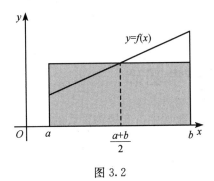

图 3.2

$$A = f\left(\frac{a+b}{2}\right)(b-a),$$

后者表示的是底边长为 $b-a$,高为 $f\left(\frac{a+b}{2}\right)$ 的

矩形的面积.

由此我们可以得出,直边梯形的面积可以表示成矩形的面积. 那么对于一般的曲边梯形是否也有这样的结论呢?

接下来我们用一个例子来进行讨论:求抛物线 $y=x^2$ 与直线 $x=1$ 及 $y=0$ 所围成的曲边梯形的面积 A.

图 3.3(a)表示以[0,1]为底,区间中点的函数值为高的矩形的面积,其值为

$$A_1 = f\left(\frac{1}{2}\right) \times 1 = \frac{1}{4} = 0.25000.$$

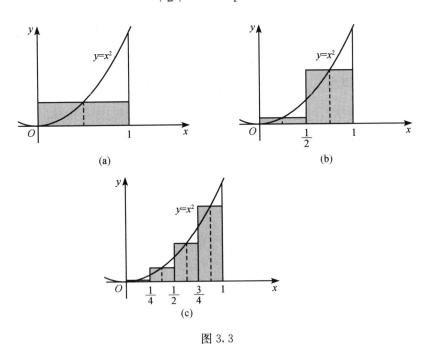

图 3.3

将[0,1]分成 2 等份,如图 3.3(b),分别以 $\left[0,\frac{1}{2}\right]$,$\left[\frac{1}{2},1\right]$ 为底,小区间的中

点 $\frac{1}{4}$,$\frac{3}{4}$ 的函数值为高的两块矩形面积之和为

$$A_2 = f\left(\frac{1}{4}\right) \times \frac{1}{2} + f\left(\frac{3}{4}\right) \times \frac{1}{2} = \frac{5}{16} = 0.31250.$$

类似地,将 $[0,1]$ 分成 4 等份,如图 3.3(c),分别以 $\left[0,\dfrac{1}{4}\right]$,$\left[\dfrac{1}{4},\dfrac{1}{2}\right]$,

$\left[\dfrac{1}{2},\dfrac{3}{4}\right]$,$\left[\dfrac{3}{4},1\right]$ 为底,小区间的中点 $\dfrac{1}{8}$,$\dfrac{3}{8}$,$\dfrac{5}{8}$,$\dfrac{7}{8}$ 的函数值为高的矩形的面积之和

为

$$A_4 = \left[f\left(\frac{1}{8}\right) + f\left(\frac{3}{8}\right) + f\left(\frac{5}{8}\right) + f\left(\frac{7}{8}\right)\right] \times \frac{1}{4} = \frac{21}{64} = 0.32813.$$

当进一步将 $[0,1]$ 分成 8 等份时,得到的小矩形的面积之和为

$$A_8 = \left[f\left(\frac{1}{16}\right) + f\left(\frac{3}{16}\right) + \cdots + f\left(\frac{15}{16}\right)\right] \times \frac{1}{8} = \frac{85}{256} = 0.33203.$$

……

以此类推,我们发现随着区间 $[0,1]$ 越分越细,所得到的小矩形的面积之和越来越接近 $\dfrac{1}{3}$.是不是曲边梯形的面积就是 $\dfrac{1}{3}$ 呢?

由于刚才我们所考虑的是将分割得到的小区间的长为底,小区间中点的函数值为高的所有小矩形的面积和.为了更进一步了解这几个结果的真实性,接下来我们分别采用小区间的两个端点的函数值为高建立新的小矩形面积之和.

现将 $[0,1]$ 分成 n 等份,于是得到如下两个结果:

以左端点函数值为高的矩形面积之和为

$$A_n = \frac{1}{n^3}\left[1^2 + 2^2 + \cdots + (n-1)^2\right] = \frac{n(n-1)(2n-1)}{6n^3};$$

以右端点函数值为高的矩形面积之和为

$$B_n = \frac{1}{n^3}\left(1^2 + 2^2 + \cdots + n^2\right) = \frac{n(n+1)(2n+1)}{6n^3}.$$

表 3.1

区间 $[0,1]$ 的等分数 n	A_n	B_n
2	0.12500000	0.62500000
4	0.21875000	0.46875000
8	0.27343750	0.39843750
16	0.30273438	0.36523438
32	0.31787109	0.35986328
64	0.32556152	0.34118652
128	0.32943726	0.33724976
256	0.33138275	0.33528900
512	0.33235741	0.33431053
1024	0.33284521	0.33382177
⋮	⋮	⋮

由表 3.1 可以看出随着 n 的增大,不论是选左端点还是右端点,结果都会无限的接近 $\frac{1}{3}$,这就是说图形的面积为 $\frac{1}{3}$.

事实上,当我们对区间进行任意的切割取值,只要每个小区间的长度都趋于 0,得到的小矩形面积之和的极限也都是 $\frac{1}{3}$.

引例 3.1.2(经济问题)　设某产品的总产量 Q 是时间 t 的连续函数. 如果生产率(总产量对时间的变化率)为 $q(t)$,求从 $t=T_0$ 到 $t=T_1$ 这段时间的产量 Q.

容易计算,当 $q(t)$ 恒为常数,即 $q(t)\equiv k$ 时,有 $Q=k(T_1-T_0)$.

当 $q(t)$ 为变量时,与求曲边梯形的面积类似,可以仿照前面的做法进行.

(1) 分割:在区间 $[T_0,T_1]$ 上任意插入 $n-1$ 个点 $T_0=t_0<t_1<t_2<\cdots<t_n=T_1$,将它分成 n 个小区间:$[t_0,t_1],[t_1,t_2],\cdots,[t_{n-1},t_n]$.

记第 i 个区间为 $[t_{i-1},t_i](i=1,2,3,\cdots,n)$,其长度为 $\Delta t_i=t_i-t_{i-1}$.

在时间段 $[t_0,t_1],[t_1,t_2],\cdots,[t_{n-1},t_n]$ 的产量分别记为

$$\Delta Q_1,\Delta Q_2,\cdots,\Delta Q_n,$$

从而有

$$Q=\sum_{i=1}^{n}\Delta Q_i.$$

(2) 近似代替:任意取一点 $\tau_i\in[t_{i-1},t_i](i=1,2,3,\cdots,n)$,对应此点的生产率为 $q(\tau_i)$.若将产品在此小区间内的生产率都近似地看成 $q(\iota_i)$,这时有

$$\Delta Q_i\approx q(\tau_i)\Delta t_i,\quad i=1,2,3,\cdots,n.$$

(3) 求和:将 n 个小区间上产量的近似值加起来便得到该产品的总产量的近似值:

$$Q=\sum_{i=1}^{n}\Delta Q_i\approx Q_n=\sum_{i=1}^{n}q(\tau_i)\Delta t_i.$$

(4) 取极限:记 $\lambda=\max_{1\leqslant i\leqslant n}\{\Delta t_i\}$,如果当分点数无限增加,同时每个小区间的长度都趋于零,即 $\lambda\rightarrow0$ 时,上述和式极限存在,并且该极限与区间分法及小区间内点的取法无关,那么,这个极限就是在 $[T_0,T_1]$ 上该产品的总产量 Q,即

$$Q=\lim_{\lambda\rightarrow0}\sum_{i=1}^{n}q(\tau_i)\Delta t_i.$$

事实上,由于 Q_n 的值在几何意义上就等于图 3.4 所示的所有小矩形面积之和,其极限就是由直线 $t=T_0,t=T_1,q=0$ 及 $q=q(t)$ 所围成的曲边梯形的面积. 故产品的总产量为

$$Q = \lim_{n \to \infty} Q_n = \lim_{\lambda \to 0} \sum_{i=1}^{n} q(\tau_i) \Delta t_i,$$

在几何意义上就等于直线 $t = T_0, t = T_1, q = 0$ 及 $q = q(t)$ 所围成的曲边梯形的面积.

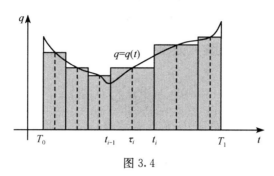

图 3.4

2. 定积分的定义

从求曲边梯形的面积及求总产量的过程中,我们可以发现,虽然以上两个问题实际背景完全不同,前面一个是几何量,后者是经济量,但解决问题的思维方式都是一样的,即都是通过分割、近似代替、求和、取极限得到,且都归结成求"和式极限":

曲边梯形的面积

$$A = \lim_{\lambda \to 0} \sum_{i=1}^{n} f(\xi_i) \Delta x_i;$$

产品的总产量

$$Q = \lim_{\lambda \to 0} \sum_{i=1}^{n} q(\tau_i) \Delta t_i.$$

事实上,许多问题都可以归结为求这种特定和式的极限,如旋转体的体积、变力做功、求曲线的长度、由边际求总量等. 一般地,将这种特殊和式极限的理论抽象化便产生定积分的概念,我们作如下的定义.

定义 3.1.1　设函数 $f(x)$ 在区间 $[a, b]$ 上有界,在 $[a, b]$ 中任意插入 $n - 1$ 个分点

$$a = x_0 < x_1 < x_2 < \cdots < x_n = b,$$

把区间 $[a, b]$ 分成 n 个小区间

$$[x_0, x_1], [x_1, x_2], \cdots, [x_{n-1}, x_n].$$

记小区间长度为 $\Delta x_i = x_i - x_{i-1} (i = 1, 2, \cdots, n)$ 在每个小区间 $[x_{i-1}, x_i]$ 上任意取一点 $\xi_i \in [x_{i-1}, x_i]$,作函数值 $f(\xi_i)$ 与小区间长度 Δx_i 的乘积 $f(\xi_i) \Delta x_i (i = 1, 2,$

$3,\cdots,n)$,并作和

$$S_n = \sum_{i=1}^{n} f(\xi_i)\Delta x_i.$$

记 $\lambda=\max\limits_{1\leqslant i\leqslant n}\{\Delta x_i\}$,如果对区间$[a,b]$任意分割,小区间$[x_{i-1},x_i]$上点 ξ_i 也任意选取,只要当$\lambda\to 0$ 时,和 S_n 总是趋于一个确定的常数I,这时我们称这个常数 I 为函数 $f(x)$ 在区间$[a,b]$上的**定积分**(definite integral),记为$\int_a^b f(x)\mathrm{d}x$,即

$$\int_a^b f(x)\mathrm{d}x = \lim_{\lambda\to 0}\sum_{i=1}^{n} f(\xi_i)\Delta x_i,$$

其中,$f(x)$称为**被积函数**,$f(x)\mathrm{d}x$ 称为**被积表达式**,x 称为**积分变量**,a,b 分别称为**积分下限**和**积分上限**,区间$[a,b]$称为**积分区间**.如果函数 $f(x)$ 在区间$[a,b]$上的定积分存在,我们就称函数 $f(x)$ 在区间$[a,b]$上**可积**.

根据定积分的概念,前面所讨论的两个实际问题都可以用定积分来表示:

曲边梯形的面积

$$A = \int_a^b f(x)\mathrm{d}x;$$

产品的总产量

$$Q = \int_{T_0}^{T_1} q(t)\mathrm{d}t.$$

注　当和 $\sum\limits_{i=1}^{n} f(\xi_i)\Delta x_i$ 的极限存在时,其极限 I 只与被积函数 $f(x)$ 和积分区间$[a,b]$有关,而与积分变量的符号无关,即将 x 改成其他的字母,如 t 或 u,而被积函数 f 和积分区间$[a,b]$不变,那么此时和的极限 I 也不变,即

$$\int_a^b f(x)\mathrm{d}x = \int_a^b f(t)\mathrm{d}t = \int_a^b f(u)\mathrm{d}u.$$

关于定积分的定义,我们作如下的说明:

(1) 由于定积分的定义是在积分限 $a<b$ 的情况下给出,而对于 $a=b,a>b$ 的情形,我们有如下的规定:

当 $a=b$ 时,$\int_a^b f(x)\mathrm{d}x = 0$;

当 $a>b$ 时,$\int_a^b f(x)\mathrm{d}x = -\int_b^a f(x)\mathrm{d}x.$

(2) 定积分的存在条件:当 $f(x)$ 在区间$[a,b]$上连续或只有有限个第一类间断点时,$\int_a^b f(x)\mathrm{d}x$ 存在.

例 1　利用定积分的定义,计算 $\int_0^1 (x^2+1)\mathrm{d}x$.

解　因为函数 $f(x)=x^2+1$ 在积分区间 $[0,1]$ 上连续,可知 $f(x)$ 在区间 $[0,1]$ 可积. 则定积分的值与区间 $[0,1]$ 的分法及点 ξ_i 的取法无关. 因此我们按下列步骤进行求解.

(1) 分割:把区间 $[0,1]$ 等分成 n 个小区间 $\left[\dfrac{i-1}{n},\dfrac{i}{n}\right] (i=1,2,\cdots,n)$,每个小区间的长度为 $\Delta x_i = \dfrac{1}{n}$.

(2) 近似代替并作和:取 $\xi_i = \dfrac{i}{n} (i=1,2,\cdots,n)$,于是

$$\sum_{i=1}^n f(\xi_i)\Delta x_i = \sum_{i=1}^n (\xi_i^2+1)\frac{1}{n} = \sum_{i=1}^n \left(\left(\frac{i}{n}\right)^2+1\right)\frac{1}{n}$$

$$= \frac{1}{n^3}\sum_{i=1}^n i^2 + 1 = \frac{1}{6}\left(1+\frac{1}{n}\right)\left(2+\frac{1}{n}\right)+1.$$

(3) 取极限:由 $\lambda = \max_{1\leqslant i\leqslant n}\{\Delta x_i\} = \dfrac{1}{n}$,故当 $\lambda\to 0$ 时,有 $n\to\infty$,所以

$$\int_0^1 (x^2+1)\mathrm{d}x = \lim_{\lambda\to 0}\sum_{i=1}^n f(\xi_i)\Delta x_i$$

$$= \lim_{n\to\infty}\left[\frac{1}{6}\left(1+\frac{1}{n}\right)\left(2+\frac{1}{n}\right)+1\right] = \frac{4}{3}.$$

3. 定积分的几何意义

从前面的实例中,我们不难发现,若在区间 $[a,b]$ 上 $f(x)\geqslant 0$,则定积分 $\int_a^b f(x)\mathrm{d}x$ 表示直线 $x=a,x=b,y=0$ 及曲线 $y=f(x)$ 所围成的曲边梯形的面积 A.

而从图 3.5 中可以看出,当 $f(x)\leqslant 0$ 时,此时由曲线 $y=f(x)$,直线 $x=a$, $x=b,y=0$ 所围成的曲边梯形位于 x 轴的下方,则定积分 $\int_a^b f(x)\mathrm{d}x$ 在几何上表示上述曲边梯形的面积的相反数,即 $\int_a^b f(x)\mathrm{d}x = -A$.

类似地,当函数 $f(x)$ 既有正又有负时,如图 3.6,则定积分 $\int_a^b f(x)\mathrm{d}x$ 在几何上表示介于曲线 $y=f(x)$,直线 $x=a,x=b,y=0$ 之间各部分曲

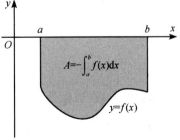

图 3.5

边梯形面积的代数和,且位于 x 轴上方部分面积取正,位于 x 轴下方部分面积取负,即

$$\int_a^b f(x)\mathrm{d}x = A_1 - A_2 + A_3 - A_4 + A_5.$$

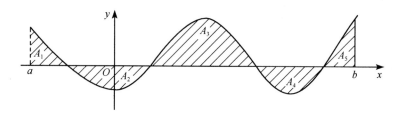

图 3.6

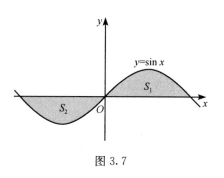

图 3.7

例 2 利用定积分的几何意义计算 $\int_{-\pi}^{\pi} \sin x \mathrm{d}x$.

解 如图 3.7 所示,由于函数 $f(x) = \sin x$ 在 $[-\pi,\pi]$ 上是奇函数,故由函数和 x 轴所围成的左右两块图形的面积相等,且一块在上半平面,一块在下半平面,故

$$\int_{-\pi}^{\pi} \sin x \mathrm{d}x = S_2 - S_1 = 0.$$

3.1.2 原函数与不定积分

由前面引例可知 $\int_0^1 x^2 \mathrm{d}x = \frac{1}{3}$. 因 $\left(\frac{1}{3}x^3\right)' = x^2$,而函数 $F(x) = \frac{1}{3}x^3$ 在 $[0,1]$ 的增量为 $F(1) - F(0) = \frac{1}{3} \times 1^3 - 0 = \frac{1}{3}$,即 $\int_0^1 x^2 \mathrm{d}x = F(1) - F(0)$. 那么,这里的 $F(x)$ 与被积函数 x^2 之间有着一个什么样的关系呢? 是否所有的定积分都能用如此方法计算?

$\left(\frac{1}{3}x^3 + 1\right)' = ?, \left(\frac{1}{3}x^3 + 2\right)' = ?, \cdots$,这些都是对已知函数进行求导数的过程,而且我们很容易得到 $\left(\frac{1}{3}x^3 + 1\right)' = \left(\frac{1}{3}x^3 + 2\right)' = x^2$. 但是,$(?)' = x^2$,这是已知某个函数的导数(或微分),来求出这个函数,显然这个问题与前面的求导刚好相反. 我们称 $\frac{1}{3}x^3, \frac{1}{3}x^3 + 1, \frac{1}{3}x^3 + 2, \cdots$ 为 x^2 的原函数. 而这类已知导数,求原函数的运算就是求不定积分.

1. 原函数的概念

定义 3.1.2　设函数 $F(x)$ 在区间 I 上可导, 且对任意的 $x \in I$ 都有

$$F'(x) = f(x) \quad \text{或} \quad \mathrm{d}F(x) = f(x)\mathrm{d}x,$$

则称函数 $F(x)$ 是 $f(x)$ 在区间 I 上的一个**原函数**(primitive function).

例如, 在区间 $(-1,1)$ 上, 有

$$(\arcsin x)' = \frac{1}{\sqrt{1-x^2}},$$

所以, $\arcsin x$ 是函数 $\dfrac{1}{\sqrt{1-x^2}}$ 在区间 $(-1,1)$ 上的一个原函数. 同样, 在区间 $(-1,1)$ 上 $(-\arccos x)' = \dfrac{1}{\sqrt{1-x^2}}$, 故 $-\arccos x$ 也是 $\dfrac{1}{\sqrt{1-x^2}}$ 在区间 $(-1,1)$ 上的一个原函数. 更为一般地, 对任意常数 C, $\arcsin x + C$ 或 $-\arccos x + C$ 都是 $\dfrac{1}{\sqrt{1-x^2}}$ 在区间 $(-1,1)$ 上的原函数. 这说明: 如果函数 $f(x)$ 在区间 I 上有一个原函数, 则 $f(x)$ 在区间 I 上有无穷多个原函数. 那么我们该如何求出 $f(x)$ 的所有原函数呢? 下面的定理回答了这个问题.

定理 3.1.1　若 $F(x)$ 是 $f(x)$ 在区间 I 上的一个原函数, 则 $F(x) + C$(C 为任意常数)也是 $f(x)$ 在区间 I 上的原函数, 且 $F(x) + C$ 是 $f(x)$ 在区间 I 上的全体原函数 .

证　由于 $F'(x) = f(x)$, 又 $(F(x) + C)' = F'(x) = f(x)$, 所以 $F(x) + C$ 是 $f(x)$ 的原函数.

设 $G(x)$ 为 $f(x)$ 在区间 I 上的任意一个原函数, 故 $G'(x) = f(x)$, 又

$$(G(x) - F(x))' = G'(x) - F'(x) = 0,$$

所以 $G(x) - F(x) = C$, 即 $G(x) = F(x) + C$(其中 C 为任意常数).

定理 3.1.1 表明: 函数 $f(x)$ 在区间 I 上的任何两个原函数之间只相差一个常数, 例如 $\dfrac{1}{\sqrt{1-x^2}}$ 的原函数 $\arcsin x$ 与 $-\arccos x$ 只相差 $\dfrac{\pi}{2}$. 因此只要找到 $f(x)$ 的一个原函数, 就可以找到所有原函数.

既然我们已经知道了如果一个函数有原函数, 那么它一定有无穷多个. 而在什么情况下一个函数才会有原函数呢? 下面我们将给出一个重要的结论.

定理 3.1.2(原函数存在定理)　若函数 $f(x)$ 在区间 I 上连续, 则它在该区间上存在原函数 $F(x)$.

简单说就是: 连续函数一定有原函数.

2. 不定积分的概念

定义 3.1.3　函数 $f(x)$ 在区间 I 上的原函数的全体 $F(x)+C$，称为 $f(x)$ 在区间 I 上的不定积分，记作 $\int f(x)\mathrm{d}x$，即

$$\int f(x)\mathrm{d}x = F(x)+C,$$

其中符号 $\int$ 称为**积分号**，x 称为**积分变量**，$f(x)$ 称为**被积函数**，$f(x)\mathrm{d}x$ 称为**被积表达式**. 这些符号与定义 3.1.1 中对应相同，不同的是这里不出现上、下限，它包含不确定的任意常数 C，这就是积分之前加"不定"的原因. 但是，它们之间有很大的不同：定积分是一个数，而不定积分表示的是一族函数.

由定义 3.1.3 可知，求不定积分与求函数的导数或微分互为逆运算，即有下列关系式：

$$\frac{\mathrm{d}}{\mathrm{d}x}\left[\int f(x)\mathrm{d}x\right]=f(x)\quad 或 \quad \mathrm{d}\left[\int f(x)\mathrm{d}x\right]=f(x)\mathrm{d}x;$$

$$\int F'(x)\mathrm{d}x = F(x)+C\quad 或 \quad \int \mathrm{d}F(x)=F(x)+C.$$

例 3　求 $\int x^2\mathrm{d}x$.

解　由于 $\left(\dfrac{1}{3}x^3\right)'=x^2$，所以 $\dfrac{x^3}{3}$ 是 x^2 的一个原函数. 因此

$$\int x^2\mathrm{d}x = \frac{1}{3}x^3+C.$$

一般地，当 $\alpha\neq-1$ 时，由于 $\left(\dfrac{1}{\alpha+1}x^{\alpha+1}\right)'=x^\alpha$，于是有

$$\int x^\alpha\mathrm{d}x = \frac{1}{\alpha+1}x^{\alpha+1}+C,\quad \alpha\neq-1.$$

例 4　求 $\int\dfrac{1}{x}\mathrm{d}x$.

解　当 $x>0$ 时，因为 $(\ln x)'=\dfrac{1}{x}$，所以

$$\int\frac{1}{x}\mathrm{d}x = \ln x+C;$$

当 $x<0$ 时，因为 $[\ln(-x)]'=\dfrac{1}{-x}(-x)'=\dfrac{1}{x}$，所以

$$\int \frac{1}{x}\mathrm{d}x = \ln(-x) + C.$$

结合 $x > 0$ 与 $x < 0$ 的结果,有

$$\int \frac{1}{x}\mathrm{d}x = \ln |x| + C.$$

例 5　设曲线 $y = f(x)$ 在任意点 $(x, f(x))$ 处的斜率为 $k = x^2$,且通过点 $(0, 1)$,求该曲线方程.

解　由已知条件可知,曲线上任意一点 (x, y) 处的斜率为

$$f'(x) = x^2,$$

即 $f(x)$ 为 x^2 的一个原函数.

因为 $\int x^2 \mathrm{d}x = \dfrac{1}{3}x^3 + C$,即曲线方程为 $y = \dfrac{1}{3}x^3 + C$. 又所求曲线通过点 $(0, 1)$,故

$$0 + C = 1, \quad C = 1.$$

于是所求曲线的方程为 $y = \dfrac{1}{3}x^3 + 1$.

从几何上看,求原函数的问题,就是给定曲线在每一点处的切线斜率 $f(x)$,求该曲线方程. 因此,函数 $f(x)$ 的不定积分 $\int f(x)\mathrm{d}x$ 表示的就是一**族积分曲线**. 这一族曲线可以由其中的任意一条沿着 y 轴平行移动而得到(图 3.8).

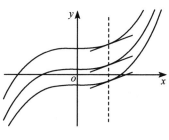

图 3.8

3. 基本积分公式

由积分运算是微分运算的逆运算,自然的可以从微分公式中得到相对应的积分公式. 这里,我们列出一些常用的积分公式,作为基本积分公式.

(1) $\int k\mathrm{d}x = kx + C$ (k 是常数)；　　　　(2) $\int x^\mu \mathrm{d}x = \dfrac{x^{\mu+1}}{1+\mu} + C (\mu \neq -1)$；

(3) $\int \dfrac{1}{x}\mathrm{d}x = \ln |x| + C$；

(4) $\int \dfrac{1}{1+x^2}\mathrm{d}x = \arctan x + C$　或　$\int \dfrac{1}{1+x^2}\mathrm{d}x = -\operatorname{arccot} x + C$；

(5) $\int \dfrac{\mathrm{d}x}{\sqrt{1-x^2}} = \arcsin x + C$　或　$\int \dfrac{\mathrm{d}x}{\sqrt{1-x^2}} = -\arccos x + C$；

(6) $\int \cos x \mathrm{d}x = \sin x + C$；　　　　(7) $\int \sin x \mathrm{d}x = -\cos x + C$；

(8) $\displaystyle\int \sec^2 x \, dx = \int \frac{1}{\cos^2 x} dx = \tan x + C;$

(9) $\displaystyle\int \csc^2 x \, dx = \int \frac{1}{\sin^2 x} dx = -\cot x + C;$

(10) $\displaystyle\int \sec x \tan x \, dx = \sec x + C;$　　　　(11) $\displaystyle\int \csc x \cot x \, dx = -\csc x + C;$

(12) $\displaystyle\int e^x \, dx = e^x + C;$　　　　(13) $\displaystyle\int a^x \, dx = \frac{a^x}{\ln a} + C.$

这些基本积分公式是求不定积分的基础，必须熟记.

例 6 求 $\displaystyle\int \frac{1}{\sqrt{x}} dx.$

解 $\displaystyle\int \frac{1}{\sqrt{x}} dx = \int x^{-\frac{1}{2}} dx = \frac{1}{-\frac{1}{2}+1} x^{-\frac{1}{2}+1} + C = 2\sqrt{x} + C.$

例 7 求 $\displaystyle\int x^2 \sqrt{x} \, dx.$

解 $\displaystyle\int x^2 \sqrt{x} \, dx = \int x^{\frac{5}{2}} dx = \frac{1}{\frac{5}{2}+1} x^{\frac{5}{2}+1} + C = \frac{2}{7} x^{\frac{7}{2}} + C.$

例 8 求 $\displaystyle\int 2^x e^x \, dx.$

解 $\displaystyle\int 2^x e^x \, dx = \int (2e)^x \, dx = \frac{(2e)^x}{\ln(2e)} + C = \frac{2^x e^x}{1 + \ln 2} + C.$

习 题 3.1

A 组

1. 试由定积分的几何意义给出下列定积分的值:

(1) $\displaystyle\int_{-2}^{1} |1+x| \, dx;$　　　　(2) $\displaystyle\int_{0}^{a} \sqrt{a^2 - x^2} \, dx$(其中 $a > 0$).

2. 利用定积分的几何意义证明 $\displaystyle\int_{-\frac{\pi}{2}}^{\frac{\pi}{2}} \cos x \, dx = 2\int_{0}^{\frac{\pi}{2}} \cos x \, dx.$

3. 试用定积分的定义证明 $\displaystyle\int_{a}^{b} dx = b - a$，其中 a,b 为常数，且 $a < b$.

4. 求下列不定积分:

(1) $\displaystyle\int x^2 \sqrt{x} \, dx;$　　　　(2) $\displaystyle\int \sqrt[m]{x^n} \, dx;$

(3) $\displaystyle\int \frac{dx}{x\sqrt{x}};$　　　　(4) $\displaystyle\int \frac{3^x}{e^x} dx.$

5. 设 $f(x)$ 的一个原函数是 $\cos x$，求 $\displaystyle\int f'(x) \, dx.$

6. 已知某曲线 $y = f(x)$ 在任一点 $(x, f(x))$ 处的切线斜率为 e^x，且曲线通过点 $(0,2)$，求此曲线方程.

B 组

1. 下列等式中正确的是(　　).

A. $\dfrac{\mathrm{d}}{\mathrm{d}x}\displaystyle\int_a^b f(x)\mathrm{d}x = f(x)$ 　　　　　　B. $\dfrac{\mathrm{d}}{\mathrm{d}x}\displaystyle\int f(x)\mathrm{d}x = f(x)+C$

C. $\dfrac{\mathrm{d}}{\mathrm{d}x}\displaystyle\int f(x)\mathrm{d}x = f(x)$ 　　　　　　D. $\displaystyle\int f'(x)\mathrm{d}x = f(x)$

2. 根据定积分定义求 $\displaystyle\int_1^2 x\mathrm{d}x$ 的近似值(取 ξ_i 为小区间的左端点):

(1) 将 $[1,2]$ 平均分成 100 等份;

(2) 将 $[1,2]$ 平均分成 1000 等份.

3. 利用定积分表示下列极限,并说明它们的几何意义:

(1) $\displaystyle\lim_{n\to\infty}\left(\dfrac{n}{n^2+1}+\dfrac{n}{n^2+2^2}+\cdots+\dfrac{n}{n^2+n^2}\right)$;

(2) $\displaystyle\lim_{n\to\infty}\dfrac{1}{n}\left(\sin\dfrac{\pi}{n}+\sin\dfrac{2\pi}{n}+\cdots+\sin\dfrac{n\pi}{n}\right)$.

4. 一曲线通过点 $(\mathrm{e}^2,3)$,且在任一点上的切线的斜率等于该点横坐标的倒数,求该曲线方程.

3.2　积分的性质

> 1. 掌握不定积分的基本性质;
> 2. 掌握定积分的性质.

3.2.1　不定积分的基本性质

根据不定积分的定义,容易得到如下两个性质:

性质 3.2.1　设函数 $f(x)$ 和 $g(x)$ 的原函数存在,则

$$\int[f(x)\pm g(x)]\mathrm{d}x = \int f(x)\mathrm{d}x \pm \int g(x)\mathrm{d}x.$$

证　设 $F(x)$ 和 $G(x)$ 分别是 $f(x)$ 和 $g(x)$ 的原函数,则由

$$[F(x)\pm G(x)]' = F'(x)\pm G'(x) = f(x)\pm g(x)$$

可知 $F(x)\pm G(x)$ 是 $f(x)\pm g(x)$ 的原函数,即

$$\int[f(x)\pm g(x)]\mathrm{d}x = F(x)\pm G(x)+C.$$

又 $\displaystyle\int f(x)\mathrm{d}x = F(x)+C_1$ 及 $\displaystyle\int g(x)\mathrm{d}x = G(x)+C_2$,其中 C_1,C_2 为任意常数.

因此有 $\displaystyle\int[f(x)\pm g(x)]\mathrm{d}x = F(x)\pm G(x)+C_1\pm C_2$. 记 $C_1\pm C_2 = C$. 因此

$$\int [f(x) \pm g(x)] \mathrm{d}x = \int f(x) \mathrm{d}x \pm \int g(x) \mathrm{d}x.$$

性质 3.2.1 可以推广到有限多个函数相加减的情形,即

$$\int [f_1(x) \pm f_2(x) \pm \cdots \pm f_n(x)] \mathrm{d}x = \int f_1(x) \mathrm{d}x \pm \int f_2(x) \mathrm{d}x \pm \cdots \pm \int f_n(x) \mathrm{d}x.$$

类似地,可以证明不定积分的第二个性质.

性质 3.2.2 设函数 $f(x)$ 的原函数存在,则对任意非零常数 k,有

$$\int kf(x) \mathrm{d}x = k \int f(x) \mathrm{d}x.$$

性质 3.2.1 和性质 3.2.2 分别称为不定积分的**可加性**和**齐次性**,总称**线性性质**.

例 1 求 $\int (2x^5 - 3x^2 + 1) \mathrm{d}x$.

解 $\int (2x^5 - 3x^2 + 1) \mathrm{d}x = 2 \int x^5 \mathrm{d}x - 3 \int x^2 \mathrm{d}x + \int \mathrm{d}x$

$$= \frac{1}{3} x^6 - x^3 + x + C.$$

例 2 求 $\int \left(2\sin x + \dfrac{1}{\sqrt{1-x^2}} \right) \mathrm{d}x$.

解 $\int \left(2\sin x + \dfrac{1}{\sqrt{1-x^2}} \right) \mathrm{d}x = 2 \int \sin x \mathrm{d}x + \int \dfrac{1}{\sqrt{1-x^2}} \mathrm{d}x$

$$= -2\cos x + \arcsin x + C.$$

例 3 求 $\int \dfrac{x^4}{1+x^2} \mathrm{d}x$.

解 $\int \dfrac{x^4}{1+x^2} \mathrm{d}x = \int \dfrac{x^4 - 1 + 1}{1+x^2} \mathrm{d}x = \int \dfrac{(x^2-1)(x^2+1)}{1+x^2} \mathrm{d}x + \int \dfrac{1}{1+x^2} \mathrm{d}x$

$$= \int x^2 \mathrm{d}x - \int \mathrm{d}x + \int \dfrac{1}{1+x^2} \mathrm{d}x$$

$$= \frac{1}{3} x^3 - x + \arctan x + C.$$

例 4 求 $\int \cos^2 \dfrac{x}{2} \mathrm{d}x$.

解 $\int \cos^2 \dfrac{x}{2} \mathrm{d}x = \int \dfrac{1}{2} (\cos x + 1) \mathrm{d}x$

$$= \frac{1}{2} \left(\int \cos x \mathrm{d}x + \int \mathrm{d}x \right) = \frac{1}{2} (\sin x + x) + C.$$

注 在分项积分时,不必每一个积分后都加 C,只要在最后的结果中加上 C 就可以了.

3.2.2　定积分的性质及积分中值定理

定积分是由极限所确定的一个常数,它又会有哪些性质呢? 接下来,我们进行具体的介绍.

与不定积分相类似,定积分也有**线性性质**:

性质 3.2.3(可加性)　若 $f(x),g(x)$ 在 $[a,b]$ 上可积,则 $f(x) \pm g(x)$ 在 $[a,b]$ 上也可积,且

$$\int_a^b [f(x) \pm g(x)] \mathrm{d}x = \int_a^b f(x) \mathrm{d}x \pm \int_a^b g(x) \mathrm{d}x.$$

证　$\displaystyle \int_a^b [f(x) \pm g(x)] \mathrm{d}x = \lim_{\lambda \to 0} \sum_{i=1}^n [f(\xi_i) \pm g(\xi_i)] \Delta x_i$

$$= \lim_{\lambda \to 0} \sum_{i=1}^n f(\xi_i) \Delta x_i \pm \lim_{\lambda \to 0} \sum_{i=1}^n g(\xi_i) \Delta x_i$$

$$= \int_a^b f(x) \mathrm{d}x \pm \int_a^b g(x) \mathrm{d}x.$$

性质 3.2.3 也可以推广到有限个的情形.

类似地,可以证明:

性质 3.2.4(齐次性)　若 $f(x)$ 在 $[a,b]$ 上可积,则对任意常数 k,有

$$\int_a^b k f(x) \mathrm{d}x = k \int_a^b f(x) \mathrm{d}x.$$

特别地,当 $k=1, f(x) \equiv 1$ 时,$\displaystyle \int_a^b \mathrm{d}x = b-a$.

性质 3.2.5　对任意的点 $c, a < c < b$,有

$$\int_a^b f(x) \mathrm{d}x = \int_a^c f(x) \mathrm{d}x + \int_c^b f(x) \mathrm{d}x.$$

性质 3.2.5 称为定积分具有**对积分区间的可加性**.

按定积分定义的补充规定,不论 a,b,c 的大小如何,都有上式成立.

性质 3.2.6　设 $f(x)$ 为 $[a,b]$ 上的可积函数. 若 $f(x) \geqslant 0, x \in [a,b]$,则 $\displaystyle \int_a^b f(x) \mathrm{d}x \geqslant 0$.

这个性质很容易由定积分的定义证明. 当然,从定积分的几何意义更容易看出. 事实上,由于 $\displaystyle \int_a^b f(x) \mathrm{d}x$ 是由 x 轴,$x=a, x=b$ 及曲线 $y=f(x)$ 所围成的曲边梯形的面积,故

$$\int_a^b f(x) \mathrm{d}x \geqslant 0.$$

由性质 3.2.6,可以得到如下两个推论.

推论 3.2.1　若 $f(x)$ 与 $g(x)$ 为 $[a,b]$ 上的两个可积函数,且 $f(x) \leqslant g(x)$,$x \in [a,b]$,则有

$$\int_a^b f(x)\mathrm{d}x \leqslant \int_a^b g(x)\mathrm{d}x.$$

推论 3.2.2　若 $f(x)$ 在 $[a,b]$ 上可积,则 $|f(x)|$ 在 $[a,b]$ 上也可积,且

$$\left| \int_a^b f(x)\mathrm{d}x \right| \leqslant \int_a^b |f(x)|\,\mathrm{d}x.$$

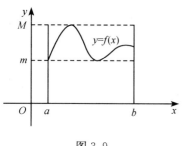

图 3.9

性质 3.2.7　设 M 及 m 分别是函数 $f(x)$ 在区间 $[a,b]$ 上的最大值及最小值,则

$$m(b-a) \leqslant \int_a^b f(x)\mathrm{d}x \leqslant M(b-a).$$

从图 3.9 可以看出性质 3.2.7 的几何意义是:曲线 $y=f(x)$ 在 $[a,b]$ 上的曲边梯形面积介于以区间 $[a,b]$ 的长度为底,分别以 M 及 m 为高的两个矩形面积之间.

例 5　比较下列各对积分的大小:

(1) $\int_0^1 x\mathrm{d}x$ 与 $\int_0^1 x^2\mathrm{d}x$;　　　(2) $\int_1^2 \ln x\mathrm{d}x$ 与 $\int_1^2 (\ln x)^2\mathrm{d}x$.

解　(1) 因为在区间 $[0,1]$ 上有 $x \geqslant x^2$,故

$$\int_0^1 x\mathrm{d}x \geqslant \int_0^1 x^2\mathrm{d}x.$$

(2) 因为在区间 $[1,2]$ 上,有 $0 \leqslant \ln x < 1$,故 $\ln x \geqslant (\ln x)^2$,从而

$$\int_1^2 \ln x\mathrm{d}x \geqslant \int_1^2 (\ln x)^2\mathrm{d}x.$$

例 6　估计下列各积分的值:

(1) $\int_0^{\frac{\pi}{2}} \cos x\mathrm{d}x$;　　　(2) $\int_{-1}^1 \mathrm{e}^{-x^2}\mathrm{d}x$.

解　(1) 因为在区间 $\left[0,\dfrac{\pi}{2}\right]$ 上,函数 $f(x)=\cos x$ 有最大值 $f(0)=1$,最小值 $f\left(\dfrac{\pi}{2}\right)=0$,故由性质 3.2.7,得

$$0 \cdot \left(\frac{\pi}{2}-0\right) \leqslant \int_0^{\frac{\pi}{2}} \cos x\mathrm{d}x \leqslant 1 \cdot \left(\frac{\pi}{2}-0\right),$$

即

$$0 \leqslant \int_0^{\frac{\pi}{2}} \cos x\mathrm{d}x \leqslant \frac{\pi}{2}.$$

(2) 因为在区间 $[-1,1]$ 上,函数 $f(x)=\mathrm{e}^{-x^2}$ 有最大值 $f(0)=1$,最小值 $f(1)=f(-1)=\mathrm{e}^{-1}$,故由性质 3.2.7,得

$$\mathrm{e}^{-1}\cdot[1-(-1)]\leqslant\int_{-1}^{1}\mathrm{e}^{-x^2}\mathrm{d}x\leqslant 1\cdot[1-(-1)],$$

即

$$2\mathrm{e}^{-1}\leqslant\int_{-1}^{1}\mathrm{e}^{-x^2}\mathrm{d}x\leqslant 2.$$

在引入定积分的定义时,我们曾介绍到梯形的面积可以表示成一个矩形的面积,而曲边梯形是否也有同样的结论的问题. 要说明这个结论,需用到下面这个性质——积分中值定理.

性质 3.2.8(积分中值定理)　如果函数 $f(x)$ 在闭区间 $[a,b]$ 上连续,则至少存在一点 $\xi\in[a,b]$,使得

$$\int_a^b f(x)\mathrm{d}x = f(\xi)(b-a). \tag{3.2.1}$$

证　由于函数 $f(x)$ 在闭区间 $[a,b]$ 上连续,根据闭区间上连续函数的性质,$f(x)$ 在闭区间 $[a,b]$ 上有最大值 M 和最小值 m,由性质 3.2.7 可得

$$m\leqslant\frac{1}{b-a}\int_a^b f(x)\mathrm{d}x\leqslant M.$$

再由闭区间上连续函数的介值定理,至少存在一点 $\xi\in[a,b]$,使得

$$f(\xi)=\frac{1}{b-a}\int_a^b f(x)\mathrm{d}x,$$

即

$$\int_a^b f(x)\mathrm{d}x = f(\xi)(b-a).$$

由中值定理可知,曲边为连续函数 $f(x)$ 的曲边梯形的面积等于以 $[a,b]$ 为底,高为 $f(\xi)$ 的矩形的面积(图 3.10). 这里,称

$$f(\xi)=\frac{1}{b-a}\int_a^b f(x)\mathrm{d}x$$

为函数 $f(x)$ 在区间 $[a,b]$ 上的**平均值**.

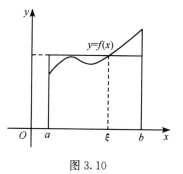

图 3.10

在日常工作生活中经常会遇到积分中值定理的应用. 如:若 $f(t)$ 表示在时间间隔 $[a,b]$ 内 t 时刻产品的生产率,则 $f(\xi)=\frac{1}{b-a}\int_a^b f(x)\mathrm{d}x$ 表示该时间段生产该产品的平均生产

率. 又如 $f(t)$ 表示某天 t 时刻的气温, 则 $f(\xi) = \dfrac{1}{b-a}\displaystyle\int_a^b f(t)\,\mathrm{d}t$ 表示这一天的平均气温.

例 7　试求 $f(x) = x^2$ 在 $[0,1]$ 上的平均值.

解　所求平均值为

$$f(\xi) = \frac{1}{1-0}\int_0^1 x^2\,\mathrm{d}x = \frac{1}{3}.$$

习　题　3.2

A 组

1. 求下列不定积分:

(1) $\displaystyle\int (1 + x\sqrt{x})\,\mathrm{d}x$;

(2) $\displaystyle\int \mathrm{e}^{2+t}\,\mathrm{d}t$;

(3) $\displaystyle\int \frac{1+x}{x^2}\,\mathrm{d}x$;

(4) $\displaystyle\int \frac{x^2-3}{x+\sqrt{3}}\,\mathrm{d}x$;

(5) $\displaystyle\int \frac{2+x^2}{1+x^2}\,\mathrm{d}x$;

(6) $\displaystyle\int \left(1-\frac{1}{x}\right)^2\,\mathrm{d}x$;

(7) $\displaystyle\int \cos^2\frac{x}{2}\,\mathrm{d}x$;

(8) $\displaystyle\int \frac{\mathrm{d}x}{1+\cos 2x}$.

2. 估计下列定积分的值:

(1) $\displaystyle\int_0^1 (x^2+1)\,\mathrm{d}x$;

(2) $\displaystyle\int_1^2 \mathrm{e}^{x-x^2}\,\mathrm{d}x$;

(3) $\displaystyle\int_0^{\frac{\pi}{2}} (1+\sin x)\,\mathrm{d}x$;

(4) $\displaystyle\int_0^2 \ln(x+1)\,\mathrm{d}x$.

3. 设 $\displaystyle\int_{-1}^1 3f(x)\,\mathrm{d}x = 18, \int_{-1}^3 f(x)\,\mathrm{d}x = 4, \int_{-1}^3 g(x)\,\mathrm{d}x = 3$. 求:

(1) $\displaystyle\int_{-1}^1 f(x)\,\mathrm{d}x$;

(2) $\displaystyle\int_1^3 f(x)\,\mathrm{d}x$;

(3) $\displaystyle\int_3^{-1} g(x)\,\mathrm{d}x$;

(4) $\displaystyle\int_{-1}^3 \frac{1}{3}[f(x)-2g(x)]\,\mathrm{d}x$.

4. 计算定积分 $\displaystyle\int_0^1 |1-4x|\,\mathrm{d}x$.

5. 利用积分中值定理求 $\displaystyle\lim_{n\to\infty}\int_0^{\frac{\pi}{n}} \sin^n x\,\mathrm{d}x$.

6. 试证: $\dfrac{1}{2} \leqslant \displaystyle\int_0^1 \frac{\mathrm{d}x}{1+\sqrt{x}} \leqslant 1$.

B 组

1. 设函数 $f(x)$ 的导数是 $\sin x$, 则 $f(x)$ 有一个原函数为 (　　).

　A. $1+\sin x$　　　B. $1-\sin x$　　　C. $1+\cos x$　　　D. $1-\cos x$

2. 求下列积分：

(1) $\displaystyle\int \frac{\cos 2x}{\cos^2 x \sin^2 x}\mathrm{d}x$；　　　　　　　　　(2) $\displaystyle\int \frac{1+2x^2}{x^2(1+x^2)}\mathrm{d}x$.

3. 设 $f(x) = \dfrac{1}{1+x^2} + x^3 \displaystyle\int_0^1 f(x)\mathrm{d}x$，求 $\displaystyle\int_0^1 f(x)\mathrm{d}x$.

4. 求 $\displaystyle\int_{-1}^1 f(x)\mathrm{d}x$，其中

$$f(x) = \begin{cases} 2x-1, & -1 \leqslant x < 0, \\ \mathrm{e}^{-x}, & 0 \leqslant x \leqslant 1. \end{cases}$$

5. 设函数 $f(x), g(x)$ 在 $[a,b]$ 上连续，证明：

$$\left(\int_a^b f(x)g(x)\mathrm{d}x\right)^2 \leqslant \int_a^b f^2(x)\mathrm{d}x \cdot \int_a^b g^2(x)\mathrm{d}x.$$

6. 求证 $\dfrac{3}{7} \leqslant \displaystyle\int_{-1}^2 \frac{\mathrm{d}x}{x^2+x+1} \leqslant 4$.

7. 证明：若 $f(x), g(x)$ 在闭区间 $[a,b]$ 上连续，且 $g(x)$ 在 $[a,b]$ 上不变号，则在 $[a,b]$ 至少存在一点 ξ，使得

$$\int_a^b f(x)g(x)\mathrm{d}x = f(\xi)\int_a^b g(x)\mathrm{d}x, \quad a \leqslant \xi \leqslant b.$$

8. 证明：若 $f(x)$ 在 $[a,b]$ 上连续，且 $f(x) \geqslant 0$，$\displaystyle\int_a^b f(x)\mathrm{d}x = 0$，则 $f(x) \equiv 0, x \in [a,b]$.

9. 设 $f(x)$ 在 $[0,a]$ 上有一阶连续导数，证明：

$$|f(0)| \leqslant \frac{1}{a}\int_0^a [\,|f(x)| + a\,|f'(x)|\,]\mathrm{d}x.$$

10. 证明：若函数 $f(x)$ 可积，则对任意三点 a, b, c，有

$$\int_a^b f(x)\mathrm{d}x = \int_a^c f(x)\mathrm{d}x + \int_c^b f(x)\mathrm{d}x.$$

3.3　微积分基本公式

1. 理解积分上限函数的概念、掌握积分上限函数的求导；
2. 掌握牛顿-莱布尼茨公式.

3.3.1　积分上限函数

　　定积分具有广泛的应用前景，但是用定义直接计算积分值是十分困难的. 而从微分逆运算的角度引入的不定积分，具有计算方便的优点，且同样可以用来求总量的问题，不足之处是应用背景不如定积分清晰. 如何将两者的优点结合起来是我们要进一步讨论的问题.

　　下面我们先从一个简单的问题中寻找解决问题的线索.

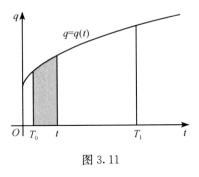

图 3.11

1. 经济学中生产率跟生产总量之间的联系

设某产品的生产率 q 是一个关于时间 t 的连续函数 $q(t)$. 以时间 t 为横轴,生产率 q 为纵轴建立直角坐标系(图 3.11). 设在时刻 t,产品的总产量为 $Q(t)$,生产率为 $q(t)$.

从定积分的定义可知:在时间 $[T_0,T_1]$ 内该产品的总产量 Q 可以用生产率函数 $q(t)$ 在区间 $[T_0,T_1]$ 上的定积分

$$\int_{T_0}^{T_1} q(t)\mathrm{d}t$$

来表示;另一方面,这段时间的产量又可以表示成总产量函数 $Q(t)$ 在时间区间 $[T_0,T_1]$ 上的增量,即

$$Q(T_1) - Q(T_0)$$

来表示. 由此可见,总产量函数 $Q(t)$ 与生产率函数 $q(t)$ 之间有如下关系:

$$\int_{T_0}^{T_1} q(t)\mathrm{d}t = Q(T_1) - Q(T_0). \tag{3.3.1}$$

因为 $Q'(t)=q(t)$,即总产量函数 $Q(t)$ 是生产率函数 $q(t)$ 的原函数,故关系式 (3.3.1) 表示生产率函数 $q(t)$ 在区间 $[T_0,T_1]$ 上的定积分 $\int_{T_0}^{T_1} q(t)\mathrm{d}t$ 等于原函数 $Q(t)$ 在 $[T_0,T_1]$ 上的增量 $Q(T_1)-Q(T_0)$.

特别地,设 t 是 $[T_0,T_1]$ 中的任意一点,则

$$\int_{T_0}^{t} q(s)\mathrm{d}s = Q(t) - Q(T_0),$$

或

$$\int_{t}^{T_1} q(s)\mathrm{d}s = Q(T_1) - Q(t).$$

上述从生产总量这个特殊问题得出来的关系,是否具有一般性? 即:对任意在区间 $[a,b]$ 上的连续函数 $f(x)$,如果 $F(x)$ 是其在 $[a,b]$ 上的原函数,是否有

$$\int_{a}^{b} f(x)\mathrm{d}x = F(b) - F(a)$$

呢? 要回答这个问题,先给出变限积分函数的概念.

2. 积分上限函数的定义

定义 3.3.1　设函数 $f(x)$ 在区间 $[a,b]$ 上连续,则对于任意 $x \in [a,b]$,

$\int_a^x f(t)\mathrm{d}t$ 总确定一个值, 从而定义了一个函数

$$\varPhi(x) = \int_a^x f(t)\mathrm{d}t, \quad a \leqslant x \leqslant b.$$

通常称为**积分上限函数**或**变限积分函数**(uncertain limit integral function).

积分上限函数有如下的性质:

定理 3.3.1　设函数 $f(x)$ 在区间 $[a,b]$ 上连续, 则

(1) $\varPhi(x)$ 关于上限 x 是连续函数;

(2) $\varPhi(x)$ 在每一点 $x \in [a,b]$ 可微分, 且

$$\varPhi'(x) = \frac{\mathrm{d}}{\mathrm{d}x} \int_a^x f(t)\mathrm{d}t = f(x).$$

证　若 $x \in (a,b)$, 设 x 的增量为 Δx, 则相应的函数增量为

$$\Delta\varPhi(x) = \varPhi(x+\Delta x) - \varPhi(x) = \int_a^{x+\Delta x} f(t)\mathrm{d}t - \int_a^x f(t)\mathrm{d}t$$

$$= \int_a^x f(t)\mathrm{d}t + \int_x^{x+\Delta x} f(t)\mathrm{d}t - \int_a^x f(t)\mathrm{d}t$$

$$= \int_x^{x+\Delta x} f(t)\mathrm{d}t = f(\xi)\Delta x, \quad \xi \text{ 在 } x \text{ 与 } x+\Delta x \text{ 之间.}$$

由函数 $f(x)$ 在区间 $[a,b]$ 上连续知, $f(x)$ 为有界变量, 因此当 $\Delta x \to 0$ 时, 有

$$\Delta\varPhi(x) = f(\xi)\Delta x \to 0.$$

即 $\varPhi(x)$ 关于上限 x 是连续函数. 上式两端同除以 Δx, 得增量比

$$\frac{\Delta\varPhi}{\Delta x} = f(\xi),$$

由于 $f(x)$ 在区间 $[a,b]$ 上连续, 则当 $\Delta x \to 0$ 时, $\xi \to x$, 因此

$$\varPhi'(x) = \lim_{\Delta x \to 0} \frac{\Delta\varPhi(x)}{\Delta x} = \lim_{\Delta x \to 0} f(\xi) = f(x).$$

若 $x=a$, 取 $\Delta x > 0$, 则同理可证 $\varPhi'_+(a) = f(a)$; 若 $x=b$, 则取 $\Delta x < 0$, 同理可证 $\varPhi'_-(b) = f(b)$.

由原函数的定义可知, 积分上限函数 $\varPhi(x)$ 是 $f(x)$ 的一个原函数, 因此, 我们引出如下的原函数的存在定理.

定理 3.3.2　如果函数 $f(x)$ 在区间 $[a,b]$ 上连续, 则函数

$$\varPhi(x) = \int_a^x f(t)\mathrm{d}t$$

就是 $f(x)$ 在 $[a,b]$ 上的一个原函数.

例 1　计算下列导数:

(1) $\dfrac{\mathrm{d}}{\mathrm{d}x}\displaystyle\int_{2}^{x}\cos t\mathrm{d}t$;

(2) $\dfrac{\mathrm{d}}{\mathrm{d}x}\displaystyle\int_{x}^{b}\sqrt{1+t^2}\mathrm{d}t$;

(3) $\dfrac{\mathrm{d}}{\mathrm{d}x}\displaystyle\int_{a}^{x^2}f(t)\mathrm{d}t$;

(4) $\dfrac{\mathrm{d}}{\mathrm{d}x}\displaystyle\int_{\ln x}^{b}x^2f(t)\mathrm{d}t$.

解　(1) $\dfrac{\mathrm{d}}{\mathrm{d}x}\displaystyle\int_{2}^{x}\cos t\mathrm{d}t=\cos x$.

(2) 由 $\displaystyle\int_{x}^{b}\sqrt{1+t^2}\mathrm{d}t=-\int_{b}^{x}\sqrt{1+t^2}\mathrm{d}t$, 故

$$\frac{\mathrm{d}}{\mathrm{d}x}\int_{x}^{b}\sqrt{1+t^2}\mathrm{d}t=-\frac{\mathrm{d}}{\mathrm{d}x}\int_{b}^{x}\sqrt{1+t^2}\mathrm{d}t=-\sqrt{1+x^2}\,.$$

(3) 设 $F(x)=\displaystyle\int_{a}^{x^2}f(t)\mathrm{d}t$, 注意到上限 x^2 是 x 的函数, 若设 $u=x^2$, 则所给函数 $F(x)$ 可看成由函数

$$\int_{a}^{u}f(t)\mathrm{d}t\quad 和 \quad u=x^2$$

复合而成. 根据复合函数求导法则, 得

$$\frac{\mathrm{d}}{\mathrm{d}x}\int_{a}^{x^2}f(t)\mathrm{d}t=\frac{\mathrm{d}}{\mathrm{d}u}\int_{a}^{u}f(t)\mathrm{d}t\cdot\frac{\mathrm{d}u}{\mathrm{d}x}=f(u)\cdot 2x=2xf(x^2).$$

(4) 由于积分内含有自变量, 先作整理, 得

$$F(x)=\int_{\ln x}^{b}x^2f(t)\mathrm{d}t=-x^2\int_{b}^{\ln x}f(t)\mathrm{d}t,$$

从而

$$\begin{aligned}\frac{\mathrm{d}}{\mathrm{d}x}\int_{\ln x}^{b}x^2f(t)\mathrm{d}t&=-\left[(x^2)'\int_{b}^{\ln x}f(t)\mathrm{d}t+x^2\left(\int_{b}^{\ln x}f(t)\mathrm{d}t\right)'\right]\\&=2x\int_{\ln x}^{b}f(t)\mathrm{d}t-x^2f(\ln x)\cdot(\ln x)'\\&=2x\int_{\ln x}^{b}f(t)\mathrm{d}t-xf(\ln x).\end{aligned}$$

一般地, 我们有如下的结论: 若函数 $u(x)$, $v(x)$ 可微, 函数 $f(x)$ 连续, 则

$$\frac{\mathrm{d}}{\mathrm{d}x}\left[\int_{a}^{u(x)}f(t)\mathrm{d}t\right]=f(u(x))u'(x);$$

$$\frac{\mathrm{d}}{\mathrm{d}x}\left[\int_{v(x)}^{b}f(t)\mathrm{d}t\right]=-f(v(x))v'(x);$$

$$\frac{\mathrm{d}}{\mathrm{d}x}\left[\int_{v(x)}^{u(x)}f(t)\mathrm{d}t\right]=f(u(x))u'(x)-f(v(x))v'(x).$$

3.3.2　微积分基本公式

在定理 3.3.2 中我们已经了解到:如果函数 $f(x)$ 在区间 $[a,b]$ 上连续,则函数 $\Phi(x)=\int_a^x f(t)\mathrm{d}t$ 就是 $f(x)$ 在 $[a,b]$ 上的一个原函数,或者说我们可以得出这样一个结论: $\int f(x)\mathrm{d}x=\int_a^x f(t)\mathrm{d}t+C$. 那么当 x 取值为常数时,结果会如何呢? 下面我们来讨论这个问题.

定理 3.3.3　若 $f(x)$ 在区间 $[a,b]$ 上连续,则

$$\int_a^b f(x)\mathrm{d}x=F(b)-F(a)=F(x)\Big|_a^b, \tag{3.3.2}$$

其中 $F(x)$ 为 $f(x)$ 在区间 $[a,b]$ 上的任意一个原函数.

证　因为 $f(x)$ 在区间 $[a,b]$ 上连续,所以 $\Phi(x)=\int_a^x f(t)\mathrm{d}t$ 是 $f(x)$ 在区间 $[a,b]$ 上的一个原函数,又 $F(x)$ 是 $f(x)$ 在区间 $[a,b]$ 上的一个原函数,故

$$\Phi(x)=F(x)+C.$$

令 $x=a$,得 $F(a)+C=0$,即 $C=-F(a)$,从而

$$\int_a^x f(t)\mathrm{d}t=F(x)-F(a).$$

令 $x=b$,得

$$\int_a^b f(x)\mathrm{d}x=F(b)-F(a).$$

此定理是微积分中的一个非常重要的定理,它将原来看似无关的定积分与原函数(不定积分)联系起来,称为**微积分基本定理**,公式(3.3.2)称为**微积分基本公式**,又称为**牛顿-莱布尼茨(Newton-Leibniz)公式**.

公式(3.3.2)体现了定积分是增量的概念,例如,

已知 t 时刻人口增加速度为 $v(t)=\dfrac{\mathrm{d}x}{\mathrm{d}t}$,则

$$\int_{t_1}^{t_2} v(t)\mathrm{d}t=x(t_2)-x(t_1)$$

表示从时刻 t_1 到 t_2 这段时间内人口的净增量.

同样,已知生产某种商品的边际成本为 $C'(x)$,则

$$\int_{x_1}^{x_2} C'(t)\mathrm{d}t=C(x_2)-C(x_1)$$

表示从产量 x_1 增加到 x_2 的过程中增加的成本.

公式(3.3.2)为我们提供了计算定积分的简便方法:欲求连续函数 $f(x)$ 在$[a,b]$ 上的定积分,只要先求出 $f(x)$ 的一个原函数 $F(x)$,再计算 $F(b)-F(a)$ 的值就行了.但必须注意"连续"这个条件.

例 2　求 $\displaystyle\int_0^\pi \sin x \mathrm{d}x$.

解　由于 $-\cos x$ 是 $\sin x$ 的一个原函数,所以根据牛顿-莱布尼茨公式,有

$$\int_0^\pi \sin x \mathrm{d}x = -\cos x \Big|_0^\pi = -\cos\pi + \cos 0 = 1 + 1 = 2.$$

例 3　求 $\displaystyle\int_0^1 \frac{1}{1+x^2}\mathrm{d}x$.

解　由于 $\arctan x$ 是 $\dfrac{1}{1+x^2}$ 的一个原函数,所以

$$\int_0^1 \frac{1}{1+x^2}\mathrm{d}x = \arctan x \Big|_0^1 = \arctan 1 - \arctan 0 = \frac{\pi}{4}.$$

例 4　设 $f(x)=\begin{cases} 2x+1, & x\leqslant 1, \\ 3x^2, & x>1, \end{cases}$ 求 $\displaystyle\int_0^2 f(x)\mathrm{d}x$.

解　因 $f(x)$ 在$(-\infty,+\infty)$上连续,故 $f(x)$ 在$[0,2]$可积,所以

$$\int_0^2 f(x)\mathrm{d}x = \int_0^1 f(x)\mathrm{d}x + \int_1^2 f(x)\mathrm{d}x$$

$$= \int_0^1 (2x+1)\mathrm{d}x + \int_1^2 3x^2\mathrm{d}x$$

$$= (x^2+x)\Big|_0^1 + x^3\Big|_1^2 = 2+7 = 9.$$

例 5　求 $\displaystyle\int_0^{\frac{\pi}{2}} \sqrt{1-\sin 2x}\,\mathrm{d}x$.

解　由

$$\sqrt{1-\sin 2x} = \sqrt{\sin^2 x + \cos^2 x - 2\sin x\cos x} = |\sin x - \cos x|,$$

当 $x\in\left[0,\dfrac{\pi}{4}\right]$时, $|\sin x - \cos x| = \cos x - \sin x$;当 $x\in\left[\dfrac{\pi}{4},\dfrac{\pi}{2}\right]$时, $|\sin x - \cos x| = \sin x - \cos x$. 故

$$\int_0^{\frac{\pi}{2}} \sqrt{1-\sin 2x}\,\mathrm{d}x = \int_0^{\frac{\pi}{4}} (\cos x - \sin x)\mathrm{d}x + \int_{\frac{\pi}{4}}^{\frac{\pi}{2}} (\sin x - \cos x)\mathrm{d}x$$

$$= (\sin x + \cos x)\Big|_0^{\frac{\pi}{4}} + (-\cos x - \sin x)\Big|_{\frac{\pi}{4}}^{\frac{\pi}{2}}$$

$$= 2\sqrt{2} - 2.$$

例 6　某产品总产量的变化率是时间 t 的函数 $f(t)=30+5t-0.3t^2$ (吨/月), 试确定总产量函数,并计算出第一季度的总产量.

解　因为总产量 $F(t)$ 是它的变化率 $f(t)$ 的原函数,所以总产量函数

$$F(t) = \int_0^t f(x)\mathrm{d}x = \int_0^t (30 + 5x - 0.3x^2)\mathrm{d}x = 30t + \frac{5}{2}t^2 - 0.1t^3.$$

第一季度的总产量为 $F(3) = 109.8$(吨).

习　题　3.3

A 组

1. 设 $\Phi(x) = \int_0^x \mathrm{e}^{t^2}\,\mathrm{d}t$, 求 $\Phi'(x)$ 和 $\Phi'(1)$.

2. 用牛顿-莱布尼茨公式求下列定积分:

(1) $\displaystyle\int_0^1 (x^2+1)^2\mathrm{d}x$;

(2) $\displaystyle\int_1^2 \frac{1+x^2}{x}\mathrm{d}x$;

(3) $\displaystyle\int_0^{\frac{\pi}{4}} \tan^2 x\mathrm{d}x$;

(4) $\displaystyle\int_0^2 (\mathrm{e}^x - x)\mathrm{d}x$;

(5) $\displaystyle\int_0^1 (2^x + x^4 + \sec^2 x)\mathrm{d}x$;

(6) $\displaystyle\int_0^1 \frac{x^2-1}{x^2+1}\mathrm{d}x$.

3. 求下列导数:

(1) $\displaystyle\frac{\mathrm{d}}{\mathrm{d}x}\int_1^x t\ln t\mathrm{d}t$;

(2) $\displaystyle\frac{\mathrm{d}}{\mathrm{d}x}\int_x^2 \mathrm{e}^{t^2}\mathrm{d}t$;

(3) $\displaystyle\frac{\mathrm{d}}{\mathrm{d}x}\int_a^{b+1} x^2\mathrm{d}x\,(a,b$ 为常数$)$;

(4) $\displaystyle\frac{\mathrm{d}}{\mathrm{d}x}\int_x^{\sin x} \cos t\mathrm{d}t$.

B 组

1. 设 $k \in \mathbf{N}$,试证下列各式:

(1) $\displaystyle\int_{-\pi}^{\pi} \cos kx\,\mathrm{d}x = 0$;

(2) $\displaystyle\int_{-\pi}^{\pi} \sin kx\,\mathrm{d}x = 0$;

(3) $\displaystyle\int_{-\pi}^{\pi} \cos^2 kx\,\mathrm{d}x = \pi$;

(4) $\displaystyle\int_{-\pi}^{\pi} \sin^2 kx\,\mathrm{d}x = \pi$.

2. 求 $\displaystyle I = \lim_{n\to\infty}\left[\frac{1}{\sqrt{4n^2-1}} + \frac{1}{\sqrt{4n^2-2^2}} + \cdots + \frac{1}{\sqrt{4n^2-n^2}}\right]$.

3. 求极限

$$\lim_{x\to 0}\frac{\displaystyle\int_0^x \cos t^2\,\mathrm{d}t}{x}.$$

4. 设 $f(x)$ 在 $[a,b]$ 上连续,在 (a,b) 内可导且 $f'(x) \leqslant 0$,

$$F(x) = \frac{1}{x-a}\int_a^x f(t)\mathrm{d}t,$$

证明在 (a,b) 内有 $F'(x) \leqslant 0$.

3.4　积 分 方 法

1. 熟练掌握不定积分和定积分换元积分法及分部积分法；

2. 会使用积分表求积分.

在前面的不定积分公式中给出了一些常见的积分公式,然而即使对形如 $\ln x$, $\tan x, \cot x$ 这样的基本初等函数,也无法直接利用基本公式给出它们的积分. 因此我们需要掌握一些基本的积分方法. 下面我们首先讨论换元积分法.

3.4.1　换元积分法

1. 不定积分的换元积分法

1) 第一类换元积分法

引例 3.4.1　由 $\int (1+x)\mathrm{d}x = x + \dfrac{1}{2}x^2 + C$,当 $n \neq -1$ 时,求 $\int (1+x)^n \mathrm{d}x$.

当 n 为正整数时,可以采用二项式定理先将 $(1+x)^n$ 展开,再利用不定积分的线性性质进行计算. 比如 $n=3$ 时,

$$\int (1+x)^3 \mathrm{d}x = \int (1+3x+3x^2+x^3)\mathrm{d}x = x + \frac{3}{2}x^2 + x^3 + \frac{1}{4}x^4 + C.$$

但是,当 n 很大时,求解的过程会变得很麻烦,而且当 n 不是正整数时, $(1+x)^n$ 没有二项式展开,因而不能利用基本积分公式进行计算. 这时,我们又该怎样求解呢?

在微分学中,我们已经有这样的结论:对于复合函数 $F(\varphi(x))$,如果 $y=F(u)$, $u=\varphi(x)$ 都可微,则 $F(\varphi(x))=F(u)$,且 $[F(u)]' = F'(u)\varphi'(x)$,即 $F(\varphi(x))$ 是 $F'(u)\varphi'(x) = F'(\varphi(x))\varphi'(x)$ 的 原 函 数,于 是 可 得: $\int F'(\varphi(x))\varphi'(x)\mathrm{d}x = F(\varphi(x)) + C.$

由此可得下述定理:

定理 3.4.1　设 $f(u)$ 具有原函数 $F(u)$, $u=\varphi(x)$ 可导,则 $F(\varphi(x))$ 是函数 $f(\varphi(x))\varphi'(x)$ 的原函数,即有换元公式

$$\int f(\varphi(x))\varphi'(x)\mathrm{d}x = \int f(\varphi(x))\mathrm{d}\varphi(x) = \int f(u)\mathrm{d}u = F(\varphi(x)) + C.$$

$$(3.4.1)$$

公式(3.4.1)称为不定积分的**第一换元公式**. 定理 3.4.1 表明,第一类换元法的关键在于选择适当的变换 $u=\varphi(x)$. 实质上,是将被积函数化为 $f(\varphi(x))\varphi'(x)$ 的形

式,或者是将被积表达式 $f(\varphi(x))\varphi'(x)\mathrm{d}x$ 转化为 $f(u)\mathrm{d}u$,从而将积分转化为 $\int f(u)\mathrm{d}u$,而这个积分可以利用基本积分公式求出原函数. 我们把这种先凑出微分再代换的方法称为**凑微分法**.

现在我们来解决引例 3.4.1 中的问题.

令 $1+x=u$,则 $\mathrm{d}u=\mathrm{d}x$,从而

$$\int(1+x)^n\mathrm{d}x=\int u^n\mathrm{d}u=\frac{1}{n+1}u^{n+1}+C=\frac{1}{n+1}(1+x)^{n+1}+C.$$

例 1　求 $\int\dfrac{1}{1+3x}\mathrm{d}x$.

解

$$\int\frac{1}{1+3x}\mathrm{d}x=\frac{1}{3}\int\frac{1}{1+3x}\mathrm{d}(1+3x).$$

设 $u=1+3x$,则

$$\int\frac{1}{1+3x}\mathrm{d}x=\frac{1}{3}\int\frac{1}{u}\mathrm{d}u=\frac{1}{3}\ln\mid u\mid+C,$$

将 $u=1+3x$ 代入,即得

$$\int\frac{1}{1+3x}\mathrm{d}x=\frac{1}{3}\ln\mid 1+3x\mid+C.$$

例 2　求 $\int 2x\mathrm{e}^{x^2}\mathrm{d}x$.

解

$$\int 2x\mathrm{e}^{x^2}\mathrm{d}x=\int\mathrm{e}^{x^2}\mathrm{d}x^2.$$

设 $u=x^2$,则

$$\int 2x\mathrm{e}^{x^2}\mathrm{d}x=\int\mathrm{e}^u\mathrm{d}u=\mathrm{e}^u+C,$$

将 $u=x^2$ 代入,即得

$$\int 2x\mathrm{e}^{x^2}\mathrm{d}x=\mathrm{e}^{x^2}+C.$$

例 3　求 $\int\dfrac{\ln x}{x}\mathrm{d}x$.

解

$$\int\frac{\ln x}{x}\mathrm{d}x=\int\ln x\mathrm{d}\ln x.$$

设 $u=\ln x$,则

$$\int \frac{\ln x}{x}\mathrm{d}x = \int u\mathrm{d}u = \frac{1}{2}u^2 + C,$$

将 $u=\ln x$ 代入,即得

$$\int \frac{\ln x}{x}\mathrm{d}x = \frac{1}{2}(\ln x)^2 + C.$$

例 4 求 $\int x\sqrt{1+x^2}\mathrm{d}x$.

解

$$\int x\sqrt{1+x^2}\mathrm{d}x = \frac{1}{2}\int \sqrt{1+x^2}\mathrm{d}x^2 = \frac{1}{2}\int \sqrt{1+x^2}\mathrm{d}(x^2+1).$$

设 $u=1+x^2$,则

$$\int x\sqrt{1+x^2}\mathrm{d}x = \frac{1}{2}\int \sqrt{u}\mathrm{d}u = \frac{1}{3}u^{\frac{3}{2}} + C,$$

将 $u=1+x^2$ 代入,即得

$$\int x\sqrt{1+x^2}\mathrm{d}x = \frac{1}{3}(1+x^2)^{\frac{3}{2}} + C.$$

一般地,在对变量代换比较熟练后,就不一定写出中间变量,而直接求出不定积分.

例 5 求 $\int \frac{\mathrm{d}x}{x^2+a^2}(a\neq 0)$.

解 $\int \frac{\mathrm{d}x}{x^2+a^2} = \frac{1}{a}\int \frac{1}{1+\left(\frac{x}{a}\right)^2}\mathrm{d}\left(\frac{x}{a}\right) = \frac{1}{a}\arctan\left(\frac{x}{a}\right) + C.$

例 6 求 $\int \frac{1}{x^2-a^2}\mathrm{d}x(a>0)$.

解 因为

$$\frac{1}{x^2-a^2} = \frac{1}{2a}\left(\frac{1}{x-a} - \frac{1}{x+a}\right),$$

从而有

$$\int \frac{1}{x^2-a^2}\mathrm{d}x = \frac{1}{2a}\int \left(\frac{1}{x-a} - \frac{1}{x+a}\right)\mathrm{d}x$$

$$= \frac{1}{2a}\left[\int \frac{1}{x-a}\mathrm{d}(x-a) - \int \frac{1}{x+a}\mathrm{d}(x+a)\right]$$

$$= \frac{1}{2a}(\ln|x-a| - \ln|x+a|) + C$$

$$= \frac{1}{2a}\ln\left|\frac{x-a}{x+a}\right|+C.$$

例 7　求 $\int \frac{1}{\sqrt{a^2-x^2}}\mathrm{d}x\,(a>0)$.

解

$$\int \frac{1}{\sqrt{a^2-x^2}}\mathrm{d}x = \int \frac{1}{a\sqrt{1-\left(\frac{x}{a}\right)^2}}\mathrm{d}x = \int \frac{1}{\sqrt{1-\left(\frac{x}{a}\right)^2}}\mathrm{d}\left(\frac{x}{a}\right) = \arcsin\frac{x}{a}+C.$$

例 8　求 $\int \tan x\mathrm{d}x$.

解

$$\int \tan x\mathrm{d}x = \int \frac{\sin x}{\cos x}\mathrm{d}x = -\int \frac{\mathrm{d}\cos x}{\cos x} = -\ln|\cos x|+C.$$

例 9　求 $\int \sec x\mathrm{d}x$.

解

$$\int \sec x\mathrm{d}x = \int \frac{1}{\cos x}\mathrm{d}x = \int \frac{\cos x}{\cos^2 x}\mathrm{d}x = \int \frac{\mathrm{d}\sin x}{1-\sin^2 x}$$

$$= \frac{1}{2}\ln\left|\frac{1+\sin x}{1-\sin x}\right|+C.$$

另解

$$\int \sec x\mathrm{d}x = \int \sec x\,\frac{\sec x+\tan x}{\sec x+\tan x}\mathrm{d}x = \int \frac{\sec^2 x+\sec x\tan x}{\sec x+\tan x}\mathrm{d}x$$

$$= \int \frac{\mathrm{d}(\sec x+\tan x)}{\sec x+\tan x} = \ln|\sec x+\tan x|+C.$$

类似地,可得

$$\int \csc x\mathrm{d}x = \ln|\csc x-\cot x|+C \quad 或 \quad -\ln|\csc x+\cot x|+C.$$

例 10　求 $\int \sin^2 x\mathrm{d}x$.

解

$$\int \sin^2 x\mathrm{d}x = \int \frac{1-\cos 2x}{2}\mathrm{d}x = \frac{1}{2}\int \mathrm{d}x - \frac{1}{2}\int \cos 2x\mathrm{d}x$$

$$= \frac{x}{2} - \frac{1}{4}\int \cos 2x\mathrm{d}2x = \frac{x}{2} - \frac{1}{4}\sin 2x+C.$$

类似地,可得 $\int \cos^2 x \mathrm{d}x = \dfrac{x}{2} + \dfrac{1}{4}\sin 2x + C.$

例 11 求 $\int \cos^3 x \mathrm{d}x.$

解

$$\int \cos^3 x \mathrm{d}x = \int \cos^2 x \mathrm{d}\sin x = \int (1 - \sin^2 x)\mathrm{d}\sin x = \sin x - \frac{1}{3}\sin^3 x + C.$$

通过上面的例子,我们可以看到凑微分法在求不定积分中所起的作用. 下面我们给出一些常见的凑微分形式:

(1) $\displaystyle\int f(ax + b)\mathrm{d}x = \frac{1}{a}\int f(ax + b)\mathrm{d}(ax + b)\,(a \neq 0);$

(2) $\displaystyle\int f(x^\mu)x^{\mu-1}\mathrm{d}x = \frac{1}{\mu}\int f(x^\mu)\mathrm{d}x^\mu\,(\mu \neq 0);$

(3) $\displaystyle\int f(a^x)a^x\mathrm{d}x = \frac{1}{\ln a}\int f(a^x)\mathrm{d}a^x\,(a \neq 1, a > 0);$

(4) $\displaystyle\int f(\ln x)\frac{\mathrm{d}x}{x} = \int f(\ln x)\mathrm{d}\ln x;$

(5) $\displaystyle\int f(\sin x)\cos x\mathrm{d}x = \int f(\sin x)\mathrm{d}\sin x;$

(6) $\displaystyle\int f(\cos x)\sin x\mathrm{d}x = -\int f(\cos x)\mathrm{d}\cos x;$

(7) $\displaystyle\int f(\tan x)\sec^2 x\mathrm{d}x = \int f(\tan x)\mathrm{d}\tan x;$

(8) $\displaystyle\int f(\cot x)\csc^2 x\mathrm{d}x = -\int f(\cot x)\mathrm{d}\cot x;$

(9) $\displaystyle\int f(\arcsin x)\frac{\mathrm{d}x}{\sqrt{1 - x^2}} = \int f(\arcsin x)\mathrm{d}\arcsin x;$

(10) $\displaystyle\int f(\arctan x)\frac{\mathrm{d}x}{1 + x^2} = \int f(\arctan x)\mathrm{d}\arctan x.$

2) 第二类换元积分法

前面介绍的第一换元积分法是通过变量代换 $u = \varphi(x)$,将积分

$$\int f(x)\mathrm{d}x = \int g(\varphi(x))\varphi'(x)\mathrm{d}x \quad \text{化成} \quad \int g(u)\mathrm{d}u.$$

通过积分 $\int g(u)\mathrm{d}u$ 计算 $\int f(x)\mathrm{d}x.$ 有时,与这种情形相反,积分 $\int g(u)\mathrm{d}u$ 不易计算,而通过变换 $u = \varphi(x)$,将积分

$$\int g(u)\mathrm{d}u \quad \text{化成} \quad \int g(\varphi(x))\varphi'(x)\mathrm{d}x = \int f(x)\mathrm{d}x$$

来计算. 这种求不定积分的方法刚好与第一类换元积分法相反, 我们称之为**第二类换元积分法**.

定理 3.4.2　设函数 $x=\varphi(t)$ 单调可导, 且 $\varphi'(t)\neq 0$, 又 $f(\varphi(t))\varphi'(t)$ 有原函数 $F(t)$, 则

$$\int f(x)\mathrm{d}x = \int f(\varphi(t))\varphi'(t)\mathrm{d}t = F(t)+C = F(\varphi^{-1}(x))+C,$$

其中 $t=\varphi^{-1}(x)$ 是 $x=\varphi(t)$ 的反函数.

证　令 $\Phi(x)=F(\varphi^{-1}(x))$, 由复合函数与反函数求导法则, 有

$$\Phi'(x) = \frac{\mathrm{d}\Phi(t)}{\mathrm{d}t}\frac{\mathrm{d}t}{\mathrm{d}x} = f(\varphi(t))\varphi'(t)\cdot\frac{1}{\varphi'(t)} = f(\varphi(t)) = f(x),$$

即 $\Phi(x)$ 是函数 $f(x)$ 的原函数. 因此

$$\int f(x)\mathrm{d}x = F(\varphi^{-1}(x))+C.$$

现在举例说明第二类换元积分法的应用.

例 12　求 $\displaystyle\int \frac{\sqrt{1+x}}{x}\mathrm{d}x$.

解　设 $\sqrt{1+x}=t$, 则 $x=t^2-1$, $\mathrm{d}x=2t\mathrm{d}t$, 从而

$$\int \frac{\sqrt{1+x}}{x}\mathrm{d}x = \int \frac{t}{t^2-1}\cdot 2t\mathrm{d}t = 2\int \frac{t^2-1+1}{t^2-1}\mathrm{d}t$$

$$= 2\int \mathrm{d}t + \int\left(\frac{1}{t-1}-\frac{1}{t+1}\right)\mathrm{d}t$$

$$= 2t + \ln\left|\frac{t-1}{t+1}\right| + C$$

$$= 2\sqrt{1+x} + \ln\left|\frac{\sqrt{1+x}-1}{\sqrt{1+x}+1}\right| + C.$$

例 13　求 $\displaystyle\int \sqrt{a^2-x^2}\mathrm{d}x(a>0)$.

解　设 $x=a\sin t\left(-\frac{\pi}{2}<t<\frac{\pi}{2}\right)$, 则 $\sqrt{a^2-x^2}=a\cos t$, $\mathrm{d}x=a\cos t\mathrm{d}t$, 所以

$$\int \sqrt{a^2-x^2}\mathrm{d}x = a^2\int \cos^2 t\mathrm{d}t = a^2\int \frac{1+\cos 2t}{2}\mathrm{d}t$$

$$= \frac{a^2}{2}\int \mathrm{d}t + \frac{a^2}{4}\int \cos 2t\mathrm{d}2t$$

$$= \frac{1}{2}a^2 t + \frac{1}{4}a^2\sin 2t + C$$

$$= \frac{1}{2} a^2 \arcsin \frac{x}{a} + \frac{1}{2} x \sqrt{a^2 - x^2} + C.$$

例 14 求 $\displaystyle\int \frac{\mathrm{d}x}{\sqrt{x^2 - a^2}}$ $(a > 0)$.

解 由于被积函数的定义域为 $(-\infty, -a) \bigcup (a, +\infty)$,所以只能在两个区间内分别求不定积分.

当 $x > a$ 时,设 $x = a\sec t \left(0 < t < \dfrac{\pi}{2} \right)$,则 $\sqrt{x^2 - a^2} = \sqrt{a^2 \sec^2 t - a^2} = a \tan t$,$\mathrm{d}x = a \sec t \tan t \mathrm{d}t$,从而

$$\int \frac{\mathrm{d}x}{\sqrt{x^2 - a^2}} = \int \frac{a \sec t \tan t}{a \tan t} \mathrm{d}t = \int \sec t \mathrm{d}t$$
$$= \ln(\sec t + \tan t) + C.$$

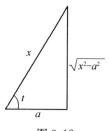

图 3.12

为将 $\sec t$ 与 $\tan t$ 换成 x 的函数,可以根据 $\sec t = \dfrac{x}{a}$ 作辅助三角形(图 3.12),得到 $\tan t = \dfrac{\sqrt{x^2 - a^2}}{a}$,因此

$$\int \frac{\mathrm{d}x}{\sqrt{x^2 - a^2}} = \ln(x + \sqrt{x^2 - a^2}) + C.$$

当 $x < -a$ 时,令 $x = -u$,则 $u > a$. 从而

$$\int \frac{\mathrm{d}x}{\sqrt{x^2 - a^2}} = -\int \frac{\mathrm{d}u}{\sqrt{u^2 - a^2}} = -\ln(u + \sqrt{u^2 - a^2}) + C$$
$$= -\ln(-x + \sqrt{x^2 - a^2}) + C$$
$$= \ln\left(\frac{-x - \sqrt{x^2 - a^2}}{a^2} \right) + C$$
$$= \ln(-x - \sqrt{x^2 - a^2}) + C_1,$$

其中 $C_1 = C - 2\ln a$.

综上所述,

$$\int \frac{\mathrm{d}x}{\sqrt{x^2 - a^2}} = \ln | x + \sqrt{x^2 - a^2} | + C.$$

一般地,第二换元积分法主要解决被积函数中带有根式的某些积分,归纳起来,有以下几种常见情形.

(1)当被积函数为 $f(\sqrt{ax + b})$ 时,令 $t = \sqrt{ax + b}$;

(2)当被积函数为 $f(\sqrt[n]{ax + b})$ 时,令 $t = \sqrt[n]{ax + b}$;

（3）当被积函数为 $f(\sqrt{a^2-x^2})$ 时,令 $x=a\sin t$(或 $x=a\cos t$);

（4）当被积函数为 $f(\sqrt{a^2+x^2})$ 时,令 $x=a\tan t$(或 $x=a\cot t$);

（5）当被积函数为 $f(\sqrt{x^2-a^2})$ 时,令 $x=a\sec t$(或 $x=a\csc t$).

在使用第二类换元积分法的时候,应根据被积函数的情况,尽可能选取简捷的代换,并随时与被积函数的恒等变形、不定积分性质、第一类换元积分法等结合起来.

例 15　求 $\int 2e^x\sqrt{1-e^{2x}}\,dx$.

解　令 $u=e^x$,则 $du=e^x\,dx$,从而

$$\int 2e^x\sqrt{1-e^{2x}}\,dx = \int 2\sqrt{1-u^2}\,du,$$

由例 13 的结果可知

$$\int \sqrt{1-u^2}\,du = \frac{1}{2}\arcsin u + \frac{1}{2}u\sqrt{1-u^2}+C_1,$$

从而

$$\int 2e^x\sqrt{1-e^{2x}}\,dx = \arcsin e^x + e^x\sqrt{1-e^{2x}}+C.$$

例 16　求 $\int \dfrac{\sin x}{\sin x+\cos x}\,dx$.

解　令 $t=\tan x$,则 $x=\arctan t$,$dx=\dfrac{1}{1+t^2}\,dt$,有

$$\int \frac{\sin x}{\sin x+\cos x}\,dx = \int \frac{\tan x}{\tan x+1}\,dx = \int \frac{t}{(1+t)(1+t^2)}\,dt = \frac{1}{2}\int\left(\frac{-1}{1+t}+\frac{1+t}{1+t^2}\right)dt$$

$$= -\frac{1}{2}\ln|1+t| + \frac{1}{4}\int \frac{d(1+t^2)}{1+t^2} + \frac{1}{2}\int \frac{dt}{1+t^2}$$

$$= -\frac{1}{2}\ln|1+t| + \frac{1}{4}\ln(1+t^2) + \frac{1}{2}\arctan t + C$$

$$= \frac{1}{4}\ln \frac{1+t^2}{(1+t)^2} + \frac{1}{2}\arctan t + C$$

$$= \frac{1}{4}\ln \frac{1+(\tan x)^2}{(1+\tan x)^2} + \frac{x}{2} + C.$$

下面我们通过例子来介绍一种也很有用的积分方法——倒代换,特别当分母的阶较高时,利用倒代换常常会更加简便.

例 17　求 $\int \dfrac{1}{x(x^7+2)}\,dx$.

解 令 $x = \dfrac{1}{t}$，则 $x = \dfrac{1}{t}$，$\mathrm{d}x = -\dfrac{1}{t^2}\mathrm{d}t$，因此

$$\int \frac{1}{x(x^7+2)}\mathrm{d}x = \int \frac{t}{\left(\dfrac{1}{t}\right)^7+2} \cdot \left(-\frac{1}{t^2}\right)\mathrm{d}t = -\int \frac{t^6}{1+2t^7}\mathrm{d}t$$

$$= -\frac{1}{14}\ln|1+2t^7|+C = -\frac{1}{14}\ln|2+x^7|+\frac{1}{2}\ln|x|+C.$$

2. 定积分的换元积分法

由牛顿-莱布尼茨公式可知，当 $f(x)$ 在区间 $[a,b]$ 连续时，求定积分 $\displaystyle\int_a^b f(x)\mathrm{d}x$ 的问题最后可以转化为求 $f(x)$ 的原函数的增量. 因此，可以把不定积分的积分方法搬到定积分中来.

引例 3.4.2 求 $\displaystyle\int_0^a \sqrt{a^2-x^2}\,\mathrm{d}x\,(a>0).$

由例 13 可知 $\dfrac{1}{2}a^2\arcsin\dfrac{x}{a}+\dfrac{1}{2}x\sqrt{a^2-x^2}$ 是 $\sqrt{a^2-x^2}$ 的一个原函数，因此

$$\int_0^a \sqrt{a^2-x^2}\,\mathrm{d}x = \left(\frac{1}{2}a^2\arcsin\frac{x}{a}+\frac{1}{2}x\sqrt{a^2-x^2}\right)\Bigg|_0^a = \frac{\pi a^2}{4}.$$

在计算 $\displaystyle\int \sqrt{a^2-x^2}\,\mathrm{d}x$ 的过程中，令 $x=a\sin t\left(-\dfrac{\pi}{2}<t<\dfrac{\pi}{2}\right)$，将积分

$$\int \sqrt{a^2-x^2}\,\mathrm{d}x \quad 化为 \quad a^2\int\cos^2 t\,\mathrm{d}t,$$

而

$$a^2\int\cos^2 t\,\mathrm{d}t = a^2\left(\frac{t}{2}+\frac{\sin 2t}{4}\right)+C,$$

即

$$\int \sqrt{a^2-x^2}\,\mathrm{d}x = \frac{a^2}{2}t + \frac{a^2}{4}\sin 2t + C.$$

再将 $t=\arcsin\dfrac{x}{a}$ 代入而得.

作变换 $x=a\sin t$ 后，我们求出新变量对应的区间，当 $x=a$ 时，有 $t=\dfrac{\pi}{2}$；当 $x=0$ 时，有 $t=0$. 而 $\dfrac{1}{2}a^2 t+\dfrac{1}{4}a^2\sin 2t$ 是 $a^2\cos^2 t$ 的一个原函数，且有

$$\int_0^{\frac{\pi}{2}} a^2\cos^2 t\,\mathrm{d}t = \left(\frac{1}{2}a^2 t+\frac{1}{4}a^2\sin 2t\right)\Bigg|_0^{\frac{\pi}{2}} = \frac{\pi a^2}{4}.$$

由引例 3.4.2 可以看出,用 $x=\varphi(t)$ 把原来变量 x 换成新变量 t,若将 x 的积分限也换成相应于新变量 t 的积分限,则不必像计算不定积分那样再将 t 换成 x 的函数了. 即有如下结果:

定理 3.4.3 设函数 $f(x)$ 在闭区间 $[a,b]$ 上连续,函数 $x=\varphi(t)$ 在闭区间 $[\alpha,\beta]$ 上有连续导数,且 $\varphi(\alpha)=a,\varphi(\beta)=b$ 及 $a\leqslant\varphi(t)\leqslant b(t\in[\alpha,\beta])$,则

$$\int_a^b f(x)\mathrm{d}x = \int_\alpha^\beta f(\varphi(t))\varphi'(t)\mathrm{d}t.$$

证 设 $F(x)$ 是 $f(x)$ 的一个原函数,则 $\int_a^b f(x)\mathrm{d}x = F(b)-F(a)$. 设 $\Phi(t)=F(\varphi(t))$,则

$$\Phi'(t) = F'(\varphi(t))\varphi'(t) = f(\varphi(t))\varphi'(t)$$

从而 $\Phi(t)$ 是 $f(\varphi(t))\varphi'(t)$ 的一个原函数. 因此有

$$\int_\alpha^\beta f(\varphi(t))\varphi'(t)\mathrm{d}t = \Phi(\beta)-\Phi(\alpha).$$

又 $\Phi(t)=F(\varphi(t))$ 以及 $\varphi(\alpha)=a,\varphi(\beta)=b$,故

$$\Phi(\beta)-\Phi(\alpha) = F(\varphi(\beta))-F(\varphi(\alpha)) = F(b)-F(a),$$

所以

$$\int_a^b f(x)\mathrm{d}x = F(b)-F(a) = \Phi(\beta)-\Phi(\alpha) = \int_\alpha^\beta f(\varphi(t))\varphi'(t)\mathrm{d}t.$$

注 (1) 积分限是积分变量的变化范围,如果积分变量改变了,则积分限必须同时改变,如果积分变量不变(如用凑微分法时)则积分限不变.

(2) 定理 3.4.2 中,$a<b$ 对应于 $\alpha<\beta$,一般情形为:新积分变量的上限对应于旧积分变量的上限,新积分变量的下限对应于旧积分变量的下限.

例 18 求 $\displaystyle\int_{-2}^0 \frac{\mathrm{d}x}{x^2+2x+2}$.

解 由于

$$\frac{1}{x^2+2x+2} = \frac{1}{(x^2+2x+1)+1} = \frac{1}{(x+1)^2+1}.$$

令 $x+1=t$,则 $\mathrm{d}x=\mathrm{d}t$,当 $x=-2$ 时 $t=-1,x=0$ 时 $t=1$,于是

$$\int_{-2}^0 \frac{\mathrm{d}x}{x^2+2x+2} = \int_{-2}^0 \frac{\mathrm{d}(x+1)}{(x+1)^2+1} = \int_{-1}^1 \frac{\mathrm{d}t}{1+t^2} = \arctan t\Big|_{-1}^1 = \frac{\pi}{2}.$$

例 19 求 $\displaystyle\int_4^9 \frac{\sqrt{x}}{\sqrt{x}-1}\mathrm{d}x$.

解 令 $\sqrt{x}=t$,则 $x=t^2,\mathrm{d}x=2t\mathrm{d}t$,当 $x=4$ 时 $t=2,x=9$ 时 $t=3$. 于是

$$\int_4^9 \frac{\sqrt{x}}{\sqrt{x}-1}\mathrm{d}x = \int_2^3 \frac{t \cdot 2t}{t-1}\mathrm{d}t = \int_2^3 \frac{2t^2}{t-1}\mathrm{d}t$$

$$= 2\int_2^3 \frac{(t^2-1)+1}{t-1}\mathrm{d}t$$

$$= 2\int_2^3 \left(t+1+\frac{1}{t-1}\right)\mathrm{d}t$$

$$= 2\int_2^3 (t+1)\mathrm{d}t + 2\int_2^3 \frac{1}{t-1}\mathrm{d}t$$

$$= (t+1)^2 \Big|_2^3 + 2\ln(t-1)\Big|_2^3$$

$$= 16-9+2\ln 2 - 2\ln 1 = 7 + 2\ln 2.$$

例 20 求 $\int_0^1 x^2 \sqrt{1-x^2}\mathrm{d}x$.

解 令 $x=\sin t$,则 $\mathrm{d}x=\cos t\mathrm{d}t$. 当 $x=0$ 时,$t=0$;$x=1$ 时,$t=\frac{\pi}{2}$. 于是

$$\int_0^1 x^2 \sqrt{1-x^2}\mathrm{d}x = \int_0^{\frac{\pi}{2}} \sin^2 t\cos^2 t\mathrm{d}t = \frac{1}{4}\int_0^{\frac{\pi}{2}} \sin^2 2t\mathrm{d}t$$

$$= \frac{1}{8}\int_0^{\frac{\pi}{2}} (1-\cos 4t)\mathrm{d}t$$

$$= \frac{1}{8}\left(t-\frac{1}{4}\sin 4t\right)\Big|_0^{\frac{\pi}{2}} = \frac{\pi}{16}.$$

例 21 设 $f(x)$ 在 $[-a,a]$ 上连续,证明:

(1) 当 $f(x)$ 为偶函数时,$\int_{-a}^a f(x)\mathrm{d}x = 2\int_0^a f(x)\mathrm{d}x$;

(2) 当 $f(x)$ 为奇函数时,$\int_{-a}^a f(x)\mathrm{d}x = 0$.

证 因为

$$\int_{-a}^a f(x)\mathrm{d}x = \int_{-a}^0 f(x)\mathrm{d}x + \int_0^a f(x)\mathrm{d}x.$$

在 $\int_{-a}^0 f(x)\mathrm{d}x$ 中令 $x=-t$,则

$$\int_{-a}^0 f(x)\mathrm{d}x = -\int_a^0 f(-t)\mathrm{d}t = \int_0^a f(-t)\mathrm{d}t = \int_0^a f(-x)\mathrm{d}x,$$

因此

$$\int_{-a}^a f(x)\mathrm{d}x = \int_{-a}^0 f(x)\mathrm{d}x + \int_0^a f(x)\mathrm{d}x = \int_0^a [f(x)+f(-x)]\mathrm{d}x.$$

(1) 若 $f(x)$ 为偶函数,则

$$f(x) + f(-x) = 2f(x),$$

从而

$$\int_{-a}^{a} f(x)\mathrm{d}x = 2\int_{0}^{a} f(x)\mathrm{d}x.$$

(2) 若 $f(x)$ 为奇函数,则

$$f(x) + f(-x) = 0,$$

从而

$$\int_{-a}^{a} f(x)\mathrm{d}x = 0.$$

例 22　设 $f(x)$ 是以 T 为周期的周期函数,且 $f(x)$ 在任意有限区间上连续,试证:对任意的 a,等式

$$\int_{0}^{T} f(x)\mathrm{d}x = \int_{a}^{a+T} f(x)\mathrm{d}x$$

成立.

证　由定积分的区间可加性质可得

$$\int_{a}^{a+T} f(x)\mathrm{d}x = \int_{a}^{0} f(x)\mathrm{d}x + \int_{0}^{T} f(x)\mathrm{d}x + \int_{T}^{T+a} f(x)\mathrm{d}x.$$

对于定积分

$$\int_{T}^{T+a} f(x)\mathrm{d}x,$$

令 $x = t + T$,则 $\mathrm{d}x = \mathrm{d}t$,因此

$$\int_{T}^{T+a} f(x)\mathrm{d}x = \int_{0}^{a} f(t+T)\mathrm{d}t = \int_{0}^{a} f(t)\mathrm{d}t = -\int_{a}^{0} f(x)\mathrm{d}x.$$

从而

$$\int_{0}^{T} f(x)\mathrm{d}x = \int_{a}^{a+T} f(x)\mathrm{d}x.$$

例 23　设 $f(x)$ 在 $[0,1]$ 上连续,试证:

$$\int_{0}^{\frac{\pi}{2}} f(\sin x)\mathrm{d}x = \int_{0}^{\frac{\pi}{2}} f(\cos x)\mathrm{d}x.$$

证　令 $x = \frac{\pi}{2} - t$,则 $\mathrm{d}x = -\mathrm{d}t$,当 $x=0$ 时,$t=\frac{\pi}{2}$;$x=\frac{\pi}{2}$ 时,$t=0$. 于是

$$\int_0^{\frac{\pi}{2}} f(\sin x)\mathrm{d}x = \int_{\frac{\pi}{2}}^0 f\left[\sin\left(\frac{\pi}{2}-t\right)\right](-1)\mathrm{d}t$$

$$= -\int_{\frac{\pi}{2}}^0 f(\cos t)\mathrm{d}t = \int_0^{\frac{\pi}{2}} f(\cos t)\mathrm{d}t = \int_0^{\frac{\pi}{2}} f(\cos x)\mathrm{d}x,$$

即

$$\int_0^{\frac{\pi}{2}} f(\sin x)\mathrm{d}x = \int_0^{\frac{\pi}{2}} f(\cos x)\mathrm{d}x.$$

3.4.2　分部积分法

1. 不定积分的分部积分法

通过换元积分法可以处理许多类型函数的积分,但却很难求被积函数为不同类型函数乘积的积分,如 $\int \ln x\,\mathrm{d}x, \int x\sin x\,\mathrm{d}x, \int \mathrm{e}^x\cos x\,\mathrm{d}x$ 等. 利用两个函数乘积的导数法则,我们得到求积分的另一个基本方法:**分部积分法**.

设 $u=u(x), v=v(x)$ 有连续的导数. 由于

$$(uv)' = u'v + uv',$$

移项得

$$uv' = (uv)' - u'v,$$

左右两边同时积分,得

$$\int uv'\mathrm{d}x = \int [(uv)' - u'v]\mathrm{d}x,$$

从而有

$$\int uv'\mathrm{d}x = uv - \int u'v\,\mathrm{d}x, \tag{3.4.2}$$

即

$$\int u\,\mathrm{d}v = uv - \int v\,\mathrm{d}u. \tag{3.4.3}$$

我们把这种利用两个函数乘积的求导法则推导出的积分方法称为**不定积分的分部积分法**,公式(3.4.2)和(3.4.3)称为**分部积分公式**. 下面我们用一个定理来给出这个结论.

定理 3.4.4　若函数 $u=u(x), v=v(x)$ 具有连续导数,则

$$\int uv'\mathrm{d}x = \int u\,\mathrm{d}v = uv - \int u'v\,\mathrm{d}x = uv - \int v\,\mathrm{d}u.$$

下面通过例子,我们来对这个定理进行具体的应用.

例 24　求 $\int x\sin x\,\mathrm{d}x$.

解　设 $u=x,\mathrm{d}v=\sin x\,\mathrm{d}x$ 则 $v=-\cos x,\mathrm{d}u=\mathrm{d}x$. 于是

$$\int x\sin x\,\mathrm{d}x =- x\cos x + \int \cos x\,\mathrm{d}x =- x\cos x + \sin x + C.$$

求这个积分时,如果设 $u=\sin x,\mathrm{d}v=x\mathrm{d}x$,则

$$v = \frac{1}{2}x^2, \quad \mathrm{d}u = \cos x\,\mathrm{d}x.$$

于是

$$\int x\sin x\,\mathrm{d}x = \frac{1}{2}x^2\sin x + \int \frac{x^2}{2}\cos x\,\mathrm{d}x.$$

上式右端的积分比原积分更难求出.

由此可见,选取 u 和 v'(或 $\mathrm{d}v$)不当时,不仅不能将问题化简,反而有可能将问题变得更加复杂.因此,在利用分部积分法时,恰当地选取 u 和 v'(或 $\mathrm{d}v$)是十分关键的.

> 一般地,如何选择 u 和 v'(或 $\mathrm{d}v$),通常要考虑下面两个原则:
>
> (1) v 要容易求得;
>
> (2) $\int v\mathrm{d}u$ 要比 $\int u\mathrm{d}v$ 容易求出.

例 25　求 $\int x\mathrm{e}^x\,\mathrm{d}x$.

解　设 $u=x,\mathrm{d}v=\mathrm{e}^x\mathrm{d}x$,则 $v=\mathrm{e}^x,\mathrm{d}u=\mathrm{d}x$. 于是

$$\int x\mathrm{e}^x\,\mathrm{d}x = x\mathrm{e}^x - \int \mathrm{e}^x\,\mathrm{d}x = x\mathrm{e}^x - \mathrm{e}^x + C.$$

例 26　求 $\int x^2\cos x\,\mathrm{d}x$.

解　设 $u=x^2,\mathrm{d}v=\cos x\,\mathrm{d}x$,则 $v=\sin x,\mathrm{d}u=2x\mathrm{d}x$. 于是

$$\int x^2\cos x\,\mathrm{d}x = x^2\sin x - \int \sin x\,\mathrm{d}(x^2)$$

$$= x^2\sin x - 2\int x\sin x\,\mathrm{d}x.$$

利用例 24 的结果,

$$\int x\sin x\,\mathrm{d}x =- x\cos x + \sin x + C,$$

于是

$$\int x^2 \cos x \, dx = x^2 \sin x + 2x\cos x - 2\sin x + C.$$

由上面三个例子可以看出,如果被积函数是幂函数与三角函数(或指数函数)的乘积时,可以考虑用分部积分法,而且幂函数设为 u. 这样每作一次分部积分,则幂函数的次数就会降低一次,从而化简积分. 这里幂函数的次数为正整数.

同时,在熟悉了分部积分法之后,就没有必要引入符号 u 和 v',而是先凑微分再分部积分.

例 27　求 $\int x\ln x \, dx$.

解　$\displaystyle \int x\ln x \, dx = \frac{1}{2}\int \ln x \, d(x^2) = \frac{1}{2}x^2\ln x - \frac{1}{2}\int x^2 \, d\ln x$

$$= \frac{1}{2}x^2\ln x - \frac{1}{2}\int x \, dx$$

$$= \frac{1}{2}x^2\ln x - \frac{1}{4}x^2 + C.$$

例 28　求 $\int x\arctan x \, dx$.

解　$\displaystyle \int x\arctan x \, dx = \frac{1}{2}\int \arctan x \, d(x^2) = \frac{1}{2}x^2\arctan x - \frac{1}{2}\int x^2 \, d\arctan x$

$$= \frac{1}{2}x^2\arctan x - \frac{1}{2}\int \frac{x^2}{1+x^2} \, dx$$

$$= \frac{1}{2}x^2\arctan x - \frac{1}{2}\int \frac{1+x^2-1}{1+x^2} \, dx$$

$$= \frac{1}{2}x^2\arctan x - \frac{1}{2}\left(\int dx - \int \frac{1}{1+x^2} \, dx\right)$$

$$= \frac{1}{2}x^2\arctan x - \frac{1}{2}x + \frac{1}{2}\arctan x + C.$$

例 29　求 $\int \arcsin x \, dx$.

解　$\displaystyle \int \arcsin x \, dx = x\arcsin x - \int x \, d\arcsin x$

$$= x\arcsin x - \int \frac{x}{\sqrt{1-x^2}} \, dx$$

$$= x\arcsin x + \frac{1}{2}\int \frac{d(1-x^2)}{\sqrt{1-x^2}}$$

$$= x\arcsin x + \sqrt{1-x^2} + C.$$

由上面三个例子可以看出,当被积函数为幂函数(例 29 中幂函数为 1)与反三角函数(或对数函数)的乘积时,可以考虑用分部积分法,而且反三角函数(或对数函数)设为 u.

例 30 求 $\int e^x \sin x dx$.

解 $\int e^x \sin x dx = \int \sin x de^x = e^x \sin x - \int e^x d\sin x$

$$= e^x \sin x - \int e^x \cos x dx$$

$$= e^x \sin x - \int \cos x de^x$$

$$= e^x \sin x - \left(e^x \cos x - \int e^x d\cos x \right)$$

$$= e^x (\sin x - \cos x) - \int e^x \sin x dx,$$

因此

$$2\int e^x \sin x dx = e^x (\sin x - \cos x) + C_1,$$

即

$$\int e^x \sin x dx = \frac{1}{2} e^x (\sin x - \cos x) + C, \quad \text{其中 } C = \frac{C_1}{2}.$$

由例 30 可以看出,当被积函数是指数函数与正(余)弦函数的乘积时,要积分两次,最后像解方程一样求出结果,而且每次分部积分时的顺序是一致的,即 $v' = e^x$,那么例 30 中能否令 $v' = \sin x$ 呢? 答案是肯定的,有兴趣的同学可以自己去计算.

在计算不定积分时,常常将分部积分法跟换元法结合起来.

例 31 求 $\int e^{\sqrt{x}} dx$.

解 令 $t = \sqrt{x}$,则 $x = t^2$,$dx = 2t dt$,因此

$$\int e^{\sqrt{x}} dx = 2\int t e^t dt = 2\int t de^t = 2t e^t - 2\int e^t dt$$

$$= 2t e^t - 2e^t + C$$

$$= 2(\sqrt{x} - 1) e^{\sqrt{x}} + C.$$

例 32 求 $\int \sin(\ln x) dx$.

解 设 $t = \ln x$,则 $x = e^t$,$dx = e^t dt$,因此

$$\int \sin(\ln x) dx = \int \sin t \cdot e^t dt,$$

由例 30 的结果,得

$$\int \sin(\ln x)\mathrm{d}x = \frac{1}{2}\mathrm{e}^t(\sin t - \cos t) + C$$

$$= \frac{1}{2}\mathrm{e}^{\ln x}[\sin(\ln x) - \cos(\ln x)] + C$$

$$= \frac{1}{2}x[\sin(\ln x) - \cos(\ln x)] + C.$$

2. 定积分的分部积分法

根据不定积分的分部积分法,有

$$\int_a^b u(x)v'(x)\mathrm{d}x = \int_a^b u(x)\mathrm{d}v(x) = [u(x)v(x)]_a^b - \int_a^b v(x)u'(x)\mathrm{d}x,$$

(3.4.4)

简记为

$$\int_a^b u\mathrm{d}v = (uv)\Big|_a^b - \int_a^b v\mathrm{d}u.$$
(3.4.5)

式(3.4.4)和式(3.4.5)就是**定积分的分部积分公式**. 此公式表明,原函数已经积出的部分可以先用上、下限代入计算其结果.

例 33 求 $\displaystyle\int_0^1 x\mathrm{e}^{-x}\mathrm{d}x$.

解 $\displaystyle\int_0^1 x\mathrm{e}^{-x}\mathrm{d}x = -\int_0^1 x\mathrm{d}\mathrm{e}^{-x} = -\left[(x\mathrm{e}^{-x})\Big|_0^1 - \int_0^1 \mathrm{e}^{-x}\mathrm{d}x\right] = -\frac{1}{\mathrm{e}} - \int_0^1 \mathrm{e}^{-x}\mathrm{d}(-x).$

$$= -\mathrm{e}^{-1} - \mathrm{e}^{-x}\Big|_0^1 = 1 - \frac{2}{\mathrm{e}}.$$

例 34 求 $\displaystyle\int_0^{\frac{1}{2}} \arcsin x\mathrm{d}x$.

解 $\displaystyle\int_0^{\frac{1}{2}} \arcsin x\mathrm{d}x = x\arcsin x\Big|_0^{\frac{1}{2}} - \int_0^{\frac{1}{2}} x\mathrm{d}\arcsin x$

$$= \frac{\pi}{12} - \int_0^{\frac{1}{2}} \frac{x\mathrm{d}x}{\sqrt{1-x^2}} = \frac{\pi}{12} + \frac{1}{2}\int_0^{\frac{1}{2}} \frac{\mathrm{d}(1-x^2)}{\sqrt{1-x^2}}$$

$$= \frac{\pi}{12} + \sqrt{1-x^2}\Big|_0^{\frac{1}{2}} = \frac{\pi}{12} + \frac{\sqrt{3}}{2} - 1.$$

例 35 求 $\displaystyle\int_0^1 \sin\sqrt{x}\mathrm{d}x$.

解 设 $t = \sqrt{x}$,则 $x = t^2$,$\mathrm{d}x = 2t\mathrm{d}t$,且当 $x=0$ 时,$t=0$;$x=1$ 时,$t=1$. 所以

$$\int_0^1 \sin\sqrt{x}\mathrm{d}x = \int_0^1 \sin t \cdot 2t\mathrm{d}t = -2\int_0^1 t\mathrm{d}\cos t = -2t\cos t\Big|_0^1 + 2\int_0^1 \cos t\mathrm{d}t$$

$$=-2\cos1+2\sin t\Big|_0^1 = 2(\sin1-\cos1).$$

例 36　某油田的一口新井原油生产速度为 $V(t)=1-0.02t\sin(2\pi t)$（单位：万吨/年），求该井投产后 5 年内生产的石油总量 Q.

解　$Q = \displaystyle\int_0^5 [1-0.02t\sin(2\pi t)]\mathrm{d}t = \int_0^5 \mathrm{d}t - 0.02\int_0^5 t\sin(2\pi t)\mathrm{d}t$

$$= t\Big|_0^5 + \frac{0.02}{2\pi}\int_0^5 t\mathrm{d}\cos(2\pi t)$$

$$= 5 + \frac{0.01}{\pi}\left(\big[t\cos(2\pi t)\big]_0^5 - \int_0^5 \cos(2\pi t)\mathrm{d}t\right)$$

$$= 5 + \frac{0.01}{\pi}\left(5 - \frac{1}{2\pi}[\sin(2\pi t)]_0^5\right) = 5 + \frac{0.05}{\pi} \approx 5.016(\text{万吨}).$$

例 37　证明：$I_n = \displaystyle\int_0^{\frac{\pi}{2}} \sin^n x\,\mathrm{d}x = \int_0^{\frac{\pi}{2}} \cos^n x\,\mathrm{d}x$

$$= \begin{cases} \dfrac{n-1}{n}\cdot\dfrac{n-3}{n-2}\cdots\dfrac{1}{2}\cdot\dfrac{\pi}{2}, & n\text{ 为正偶数,} \\[3mm] \dfrac{n-1}{n}\cdot\dfrac{n-3}{n-2}\cdots\dfrac{2}{3}, & n\text{ 为大于 1 的正奇数.} \end{cases}$$

证　令 $x=\dfrac{\pi}{2}-t$，则 $\mathrm{d}x=-\mathrm{d}t$，且当 $x=0$ 时，$t=\dfrac{\pi}{2}$；$x=\dfrac{\pi}{2}$ 时，$t=0$，所以

$$I_n = \int_0^{\frac{\pi}{2}} \sin^n x\,\mathrm{d}x = -\int_{\frac{\pi}{2}}^0 \sin^n\left(\frac{\pi}{2}-t\right)\mathrm{d}t = \int_0^{\frac{\pi}{2}} \cos^n t\,\mathrm{d}t = \int_0^{\frac{\pi}{2}} \cos^n x\,\mathrm{d}x.$$

又

$$I_n = -\int_0^{\frac{\pi}{2}} \sin^{n-1}x\,\mathrm{d}\cos x = \big[-\cos x\sin^{n-1}x\big]_0^{\frac{\pi}{2}} + (n-1)\int_0^{\frac{\pi}{2}} \sin^{n-2}x\cos^2 x\,\mathrm{d}x$$

$$= 0 + (n-1)\int_0^{\frac{\pi}{2}} \sin^{n-2}x(1-\sin^2 x)\mathrm{d}x$$

$$= (n-1)\left[\int_0^{\frac{\pi}{2}} \sin^{n-2}x\,\mathrm{d}x - \int_0^{\frac{\pi}{2}} \sin^n x\,\mathrm{d}x\right]$$

$$= (n-1)I_{n-2} - (n-1)I_n.$$

因此

$$I_n = \frac{n-1}{n}I_{n-2}, \quad n\geqslant 2.$$

由于

$$I_0 = \int_0^{\frac{\pi}{2}} \mathrm{d}x = \frac{\pi}{2}, \quad I_1 = \int_0^{\frac{\pi}{2}} \sin x\,\mathrm{d}x = 1,$$

所以

$$I_n = \int_0^{\frac{\pi}{2}} \sin^n x \, \mathrm{d}x = \int_0^{\frac{\pi}{2}} \cos^n x \, \mathrm{d}x$$

$$= \begin{cases} \dfrac{n-1}{n} \cdot \dfrac{n-3}{n-2} \cdots \dfrac{1}{2} \cdot \dfrac{\pi}{2}, & n \text{ 为正偶数}, \\[2mm] \dfrac{n-1}{n} \cdot \dfrac{n-3}{n-2} \cdots \dfrac{2}{3}, & n \text{ 为大于 1 的正奇数}. \end{cases}$$

3.4.3　简单有理函数的积分及积分表的使用

1. 简单有理函数的积分

有理函数是指由两个多项式函数的商所表示的函数,其一般形式为

$$R(x) = \frac{P(x)}{Q(x)} = \frac{\alpha_0 x^n + \alpha_1 x^{n-1} + \cdots + \alpha_n}{\beta_0 x^m + \beta_1 x^{m-1} + \cdots + \beta_m}, \quad \alpha_0 \neq 0, \beta_0 \neq 0, \quad (3.4.6)$$

其中 n, m 为非负整数. $\alpha_0, \alpha_1, \cdots, \alpha_n$ 及 $\beta_0, \beta_1, \cdots, \beta_m$ 都是实数. 总假定多项式 $P(x)$ 与多项式 $Q(x)$ 之间没有公因式. 若 $m > n$,则称它为**真分式**;若 $m \leqslant n$,则称它为**假分式**.

由多项式的除法可知,假分式总能化为一个多项式与一个真分式之和. 例如,

$$\frac{x^2 + 2x - 3}{x + 1} = x + 1 - \frac{4}{x+1}.$$

由于多项式的不定积分是容易求得的,因此只需研究真分式的不定积分,故设式(3.4.6)为一有理真分式.

根据代数知识,有理真分式必定可以表示成若干个部分分式之和(称为**部分分式分解**). 因而问题归结为求那些部分分式的不定积分.

下面我们通过例子来了解有理函数的不定积分.

例 38　求 $\displaystyle\int \frac{x^2 + 2x - 3}{x + 1} \mathrm{d}x$.

解　由于

$$\frac{x^2 + 2x - 3}{x + 1} = x + 1 - \frac{4}{x+1},$$

故

$$\int \frac{x^2 + 2x - 3}{x + 1} \mathrm{d}x = \int \left(x + 1 - \frac{4}{x+1} \right) \mathrm{d}x$$

$$= \int x \, \mathrm{d}x + \int \mathrm{d}x - 4 \int \frac{\mathrm{d}x}{x+1}$$

$$= \frac{1}{2} x^2 + x - 4 \ln |x+1| + C.$$

例 39　求 $\displaystyle\int \frac{2x-1}{x^2+3x+2}\mathrm{d}x$.

解　被积函数的分母分解成 $(x+2)(x+1)$,可设

$$\frac{2x-1}{x^2+3x+2}=\frac{A}{x+2}+\frac{B}{x+1},$$

则

$$2x-1=A(x+1)+B(x+2),$$

即

$$2x-1=(A+B)x+(A+2B),$$

从而

$$\begin{cases} A+B=2, \\ A+2B=-1, \end{cases} \quad 解得\ A=5,B=-3.$$

因此

$$\int \frac{2x-1}{x^2+3x+2}\mathrm{d}x=\int \left(\frac{5}{x+2}+\frac{-3}{x+1}\right)\mathrm{d}x$$
$$=5\ln|x+2|-3\ln|x+1|+C.$$

例 40　求 $\displaystyle\int \frac{3x+2}{(x-1)(x^2+4x+5)}\mathrm{d}x$.

解　设

$$\frac{3x+2}{(x-1)(x^2+4x+5)}=\frac{A}{x-1}+\frac{Bx+C}{x^2+4x+5},$$

则

$$3x+2=A(x^2+4x+5)+(Bx+C)(x-1),$$

即

$$3x+2=(A+B)x^2+(4A-B+C)x+(5A-C),$$

从而

$$\begin{cases} A+B=0, \\ 4A-B+C=3, \\ 5A-C=2, \end{cases} \quad 解得 \quad \begin{cases} A=\dfrac{1}{2}, \\ B=-\dfrac{1}{2}, \\ C=\dfrac{1}{2}. \end{cases}$$

因此

$$\int \frac{3x+2}{(x-1)(x^2+4x+5)}\mathrm{d}x=\frac{1}{2}\int \left(\frac{1}{x-1}+\frac{-x+1}{x^2+4x+5}\right)\mathrm{d}x$$

$$= \frac{1}{2}\ln|x-1| - \frac{1}{4}\int \frac{(2x+4)-6}{x^2+4x+5}dx$$

$$= \frac{1}{2}\ln|x-1| - \frac{1}{4}\int \frac{d(x^2+4x+5)}{x^2+4x+5} + \frac{3}{2}\int \frac{dx}{(x+2)^2+1}$$

$$= \frac{1}{2}\ln|x-1| - \frac{1}{4}\ln(x^2+4x+5) + \frac{3}{2}\arctan(x+2) + C.$$

例 41 求 $\int \dfrac{x+3}{(x+1)(x^2-1)}dx$.

解 被积函数分母的两个因式 $x+1$ 与 x^2-1 有公因式,故需分解成 $(x-1)(x+1)^2$. 设

$$\frac{x+3}{(x+1)^2(x-1)} = \frac{A}{x-1} + \frac{Bx+C}{(x+1)^2},$$

则

$$x+3 = A(x+1)^2 + (Bx+C)(x-1),$$

即

$$x+3 = (A+B)x^2 + (2A-B+C)x + (A-C),$$

从而

$$\begin{cases} A+B=0, \\ 2A-B+C=1, \\ A-C=3, \end{cases} \quad \text{解得} \begin{cases} A=1, \\ B=-1, \\ C=-2. \end{cases}$$

因此

$$\int \frac{x+3}{(x+1)(x^2-1)}dx = \int \left(\frac{1}{x-1} + \frac{-x-2}{(x+1)^2}\right)dx$$

$$= \ln|x-1| - \int \frac{x+1+1}{(x+1)^2}dx$$

$$= \ln|x-1| - \int \frac{1}{x+1}dx - \int \frac{d(x+1)}{(x+1)^2}$$

$$= \ln\left|\frac{x-1}{x+1}\right| + \frac{1}{x+1} + C.$$

2. 可化为有理函数的积分举例

例 42 求 $\int \dfrac{dx}{a^2\sin^2 x + b^2\cos^2 x}$ $(ab \neq 0)$.

解 由于

$$\int \frac{dx}{a^2\sin^2 x + b^2\cos^2 x} = \int \frac{\sec^2 x}{a^2\tan^2 x + b^2}dx = \int \frac{d(\tan x)}{a^2\tan^2 x + b^2},$$

故令 $t=\tan x$,就有

$$\int\frac{\mathrm{d}x}{a^2\sin^2 x+b^2\cos^2 x}=\int\frac{\mathrm{d}t}{a^2 t^2+b^2}=\frac{1}{a}\int\frac{\mathrm{d}(at)}{(at)^2+b^2}$$
$$=\frac{1}{ab}\arctan\frac{at}{b}+C=\frac{1}{ab}\arctan\left(\frac{a}{b}\tan x\right)+C.$$

通常当被积函数是 $\sin^2 x,\cos^2 x$ 及 $\sin x\cos x$ 的有理式时,采用变换 $t=\tan x$ 往往较为简便. 其他特殊情形可因题而异,选择合适的变换.

例 43　求 $\displaystyle\int\frac{1}{x}\sqrt{\frac{x+2}{x-2}}\mathrm{d}x$.

解　令 $t=\sqrt{\dfrac{x+2}{x-2}}$,则有 $x=\dfrac{2(t^2+1)}{t^2-1},\mathrm{d}x=\dfrac{-8t}{(t^2-1)^2}\mathrm{d}t$,

$$\int\frac{1}{x}\sqrt{\frac{x+2}{x-2}}\mathrm{d}x=\int\frac{4t^2}{(1-t^2)(1+t^2)}\mathrm{d}t=\int\left(\frac{2}{1-t^2}-\frac{2}{1+t^2}\right)\mathrm{d}t$$
$$=\ln\left|\frac{1+t}{1-t}\right|-2\arctan t+C$$
$$=\ln\left|\frac{1+\sqrt{(x+2)/(x-2)}}{1-\sqrt{(x+2)/(x-2)}}\right|-2\arctan\sqrt{\frac{x+2}{x-2}}+C.$$

例 44　求 $\displaystyle\int\frac{\mathrm{d}x}{(1+x)\sqrt{2+x-x^2}}$.

解　由于

$$\frac{1}{(1+x)\sqrt{2+x-x^2}}=\frac{1}{(1+x)^2}\sqrt{\frac{1+x}{2-x}},$$

故令 $t=\sqrt{\dfrac{1+x}{2-x}}$,则有 $x=\dfrac{2t^2-1}{1+t^2},\mathrm{d}x=\dfrac{6t}{(1+t^2)^2}\mathrm{d}t$,

$$\int\frac{\mathrm{d}x}{(1+x)\sqrt{2+x-x^2}}=\int\frac{1}{(1+x)^2}\sqrt{\frac{1+x}{2-x}}\mathrm{d}x$$
$$=\int\frac{(1+t^2)^2}{9t^4}\cdot t\cdot\frac{6t}{(1+t^2)^2}\mathrm{d}t=\int\frac{2}{3t^2}\mathrm{d}t$$
$$=-\frac{2}{3t}+C=-\frac{2}{3}\sqrt{\frac{2-x}{1+x}}+C.$$

当积分为 $\displaystyle\int R\left(x,\sqrt[n]{\frac{ax+b}{cx+d}}\right)\mathrm{d}x$ 型不定积分时 $(ad-bc\neq 0)$. 对此只需令 $t=\sqrt[n]{\dfrac{ax+b}{cx+d}}$,就可化为有理函数的不定积分.

3. 积分表的使用

通过前面的讨论,我们可以看出积分的计算比导数的计算更加灵活、复杂. 为了更方便地计算积分,我们将一些常用的积分公式汇集成表,这种表叫做**积分表**(见附录 2).

我们举几个可以从积分表中查得结果的积分例子.

例 45 求 $\int \dfrac{\mathrm{d}x}{x(3x+2)^2}$.

解 在表中查到公式 9

$$\int \frac{\mathrm{d}x}{x(ax+b)^2} = \frac{1}{b(ax+b)} - \frac{1}{b^2}\ln\left|\frac{ax+b}{x}\right| + C.$$

现在 $a=3, b=2$,故

$$\int \frac{\mathrm{d}x}{x(3x+2)^2} = \frac{1}{2(3x+2)} - \frac{1}{4}\ln\left|\frac{3x+2}{x}\right| + C.$$

例 46 求 $\int \dfrac{x^2\,\mathrm{d}x}{\sqrt{4x^2-1}}$.

解 这个积分不能在表中查到,但我们可以先变量代换.

令 $2x=t$,则 $\sqrt{4x^2-1}=\sqrt{t^2-1}$,$\mathrm{d}x=\dfrac{1}{2}\mathrm{d}t$,于是

$$\int \frac{x^2\,\mathrm{d}x}{\sqrt{4x^2-1}} = \frac{1}{8}\int \frac{t^2}{\sqrt{t^2-1}}\mathrm{d}t.$$

查表有公式 49

$$\int \frac{x^2\,\mathrm{d}x}{\sqrt{x^2-a^2}} = \frac{x}{2}\sqrt{x^2-a^2} + \frac{a^2}{2}\ln\left|x+\sqrt{x^2-a^2}\right| + C,$$

因此

$$\int \frac{x^2\,\mathrm{d}x}{\sqrt{4x^2-1}} = \frac{1}{8}\int \frac{t^2}{\sqrt{t^2-1}}\mathrm{d}t = \frac{1}{16}(t\sqrt{t^2-1} + \ln|t+\sqrt{t^2-1}|) + C$$

$$= \frac{1}{16}(2x\sqrt{4x^2-1} + \ln|2x+\sqrt{4x^2-1}|) + C.$$

习 题 3.4

A 组

1. 在下列各式的横线上填入适当的系数,使等式成立:

(1) $\mathrm{d}x = $ _____ $\mathrm{d}(3x+2)$;　　　　　(2) $x\mathrm{d}x = $ _____ $\mathrm{d}(1-3x^2)$;

(3) $\dfrac{1}{x}\mathrm{d}x = $ _____ $\mathrm{d}(2\ln|x|+3)$；

(4) $\dfrac{1}{1+x^2}\mathrm{d}x = $ _____ $\mathrm{d}(\operatorname{arccot}x-1)$；

(5) $\mathrm{e}^{-x}\mathrm{d}x = $ _____ $\mathrm{d}(\mathrm{e}^{-x}+3)$；

(6) $\dfrac{1}{x^2}\mathrm{d}x = $ _____ $\mathrm{d}\left(\dfrac{2}{x}+1\right)$；

(7) $\cos 3x\,\mathrm{d}x = $ _____ $\mathrm{d}(\sin 3x+1)$；

(8) $\dfrac{\mathrm{d}x}{\sqrt{1-2x^2}} = $ _____ $\mathrm{darcsin}(\sqrt{2}x)$；

(9) $x\mathrm{e}^{x^2}\mathrm{d}x = $ _____ $\mathrm{d}(2\mathrm{e}^{x^2}+1)$；

(10) $\sec x\tan x\,\mathrm{d}x = $ _____ $\mathrm{d}(3\sec x+2)$.

2. 用换元法求下列不定积分：

(1) $\displaystyle\int \sqrt[3]{2+3x}\,\mathrm{d}x$；

(2) $\displaystyle\int \dfrac{\ln x+1}{x}\mathrm{d}x$；

(3) $\displaystyle\int \dfrac{\arctan x}{1+x^2}\mathrm{d}x$；

(4) $\displaystyle\int x(4x^2+3)^3\,\mathrm{d}x$；

(5) $\displaystyle\int \dfrac{\sin\sqrt{x}}{\sqrt{x}}\mathrm{d}x$；

(6) $\displaystyle\int \dfrac{\mathrm{e}^{\frac{1}{x}}}{x^2}\mathrm{d}x$；

(7) $\displaystyle\int \sqrt[3]{\cos x}\sin x\,\mathrm{d}x$；

(8) $\displaystyle\int \sec^2 x\tan^3 x\,\mathrm{d}x$；

(9) $\displaystyle\int \dfrac{(\arcsin x)^2}{\sqrt{1-x^2}}\mathrm{d}x$；

(10) $\displaystyle\int \dfrac{\mathrm{d}x}{x^2+2x+2}$；

(11) $\displaystyle\int \dfrac{\mathrm{d}x}{x(1+x^4)}$；

(12) $\displaystyle\int \dfrac{\mathrm{d}x}{1+\sqrt{2x}}$；

(13) $\displaystyle\int \dfrac{\mathrm{d}x}{(a^2-x^2)^{\frac{3}{2}}}\,(a>0)$；

(14) $\displaystyle\int \dfrac{\sqrt{x^2+1}}{x^4}\mathrm{d}x$；

(15) $\displaystyle\int \dfrac{\sqrt{x-1}}{x}\mathrm{d}x$；

(16) $\displaystyle\int \dfrac{x}{\sqrt{x^2-1}}\mathrm{d}x$.

3. 设 $f(x)=\mathrm{e}^{-x}$，求 $\displaystyle\int \dfrac{f'(\ln x)}{x}\mathrm{d}x$.

4. 用换元法求下列定积分：

(1) $\displaystyle\int_0^{\frac{\pi}{2}} \sin\left(x-\dfrac{\pi}{3}\right)\mathrm{d}x$；

(2) $\displaystyle\int_0^{\frac{\pi}{3}} \sin x\cos^3 x\,\mathrm{d}x$；

(3) $\displaystyle\int_0^1 \dfrac{x\,\mathrm{d}x}{\sqrt{5-4x^2}}$；

(4) $\displaystyle\int_1^{\mathrm{e}} \dfrac{\mathrm{d}x}{x\sqrt{1+\ln x}}$；

(5) $\displaystyle\int_0^{\pi} \cos x\sin 2x\,\mathrm{d}x$；

(6) $\displaystyle\int_0^1 x\mathrm{e}^{-x^2}\mathrm{d}x$；

(7) $\displaystyle\int_0^{\sqrt{2}} \sqrt{2-x^2}\,\mathrm{d}x$；

(8) $\displaystyle\int_2^4 \dfrac{\sqrt{x^2-4}}{x^2}\mathrm{d}x$；

(9) $\displaystyle\int_0^2 x^2\sqrt{4-x^2}\,\mathrm{d}x$；

(10) $\displaystyle\int_1^{\sqrt{3}} \dfrac{\mathrm{d}x}{x^2\sqrt{1+x^2}}$；

(11) $\displaystyle\int_{\frac{3}{4}}^1 \dfrac{\mathrm{d}x}{\sqrt{1-x}-1}$；

(12) $\displaystyle\int_0^{\ln 2} \sqrt{\mathrm{e}^x-1}\,\mathrm{d}x$.

5. 用分部积分法求下列不定积分：

(1) $\displaystyle\int (x+1)\mathrm{e}^x\,\mathrm{d}x$；

(2) $\displaystyle\int x^2\ln x\,\mathrm{d}x$；

(3) $\int (x^2-1)\sin 2x \mathrm{d}x$;

(4) $\int \ln^2 x \mathrm{d}x$;

(5) $\int \mathrm{e}^{-x}\sin 2x \mathrm{d}x$;

(6) $\int x \arctan x \mathrm{d}x$.

6. 用分部积分法求下列定积分:

(1) $\int_0^1 x\mathrm{e}^{-x}\mathrm{d}x$;

(2) $\int_1^2 x\ln x \mathrm{d}x$;

(3) $\int_0^\pi x^2 \sin \dfrac{x}{2} \mathrm{d}x$;

(4) $\int_0^1 x\arctan x \mathrm{d}x$;

(5) $\int_0^{\frac{\pi}{2}} \mathrm{e}^{2x}\cos x \mathrm{d}x$;

(6) $\int_{\frac{1}{\mathrm{e}}}^{\mathrm{e}} |\ln x| \mathrm{d}x$.

7. 求下列不定积分:

(1) $\int \dfrac{x^3}{1+x} \mathrm{d}x$;

(2) $\int \dfrac{x+1}{x^2-2x+2} \mathrm{d}x$;

(3) $\int \dfrac{3}{1+x^3} \mathrm{d}x$;

(4) $\int \dfrac{\cot x \mathrm{d}x}{1+\sin x}$;

(5) $\int \dfrac{x^2+1}{(x+1)^2(x-1)} \mathrm{d}x$;

(6) $\int \dfrac{\mathrm{d}x}{\sqrt{x}+\sqrt[4]{x}}$.

B 组

1. 求下列积分(下面题中在没有特别指明的情况下,取 $n \in \mathbf{N}^+$):

(1) $\int \dfrac{x\mathrm{d}x}{1+x^4}$;

(2) $\int \mathrm{e}^{\mathrm{e}^x+x} \mathrm{d}x$;

(3) $\int \dfrac{x\mathrm{e}^x}{(\mathrm{e}^x+1)^2} \mathrm{d}x$;

(4) $\int \sqrt{1-x^2}\arcsin x \mathrm{d}x$;

(5) $\int (\arcsin x)^2 \mathrm{d}x$;

(6) $\int \mathrm{e}^{\sqrt{3x+4}} \mathrm{d}x$;

(7) $\int \dfrac{-x^2-2}{(x^2+x+1)^2} \mathrm{d}x$;

(8) $\int \sqrt{\dfrac{1-x}{1+x}} \dfrac{\mathrm{d}x}{x}$;

(9) $\int_{-2}^0 \dfrac{(x+2)\mathrm{d}x}{x^2+2x+2}$;

(10) $\int_0^{2\pi} |\sin(x+1)| \mathrm{d}x$;

(11) $\int_{-\frac{1}{2}}^{\frac{1}{2}} \dfrac{(\arcsin x)^2}{\sqrt{1-x^2}} \mathrm{d}x$;

(12) $\int_{-1}^1 (|x|+x)\mathrm{e}^{-|x|} \mathrm{d}x$;

(13) $\int_0^\pi \dfrac{x\sin x}{1+\cos^2 x} \mathrm{d}x$;

(14) $\int_0^\pi x^2 |\cos x| \mathrm{d}x$;

(15) $\int_0^\pi x\sin^n x \mathrm{d}x$;

(16) $\int_0^1 (1-x^2)^{\frac{n}{2}} \mathrm{d}x$.

2. 已知 $f(x)$ 的一个原函数为 $x\mathrm{e}^{-x}$,求:

(1) $\int xf'(x)\mathrm{d}x$;

(2) $\int xf(x)\mathrm{d}x$.

3. 设 $f(x) = \begin{cases} x\mathrm{e}^{x^2}, & -\dfrac{1}{2} \leqslant x < \dfrac{1}{2}, \\ -1, & x \geqslant \dfrac{1}{2}, \end{cases}$ 求 $\int_{\frac{1}{2}}^2 f(x-1)\mathrm{d}x$.

4. 设 $f(\sin^2 x) = \dfrac{x}{\sin x}$,求 $\displaystyle\int \dfrac{\sqrt{x}}{\sqrt{1-x}} f(x) \mathrm{d}x$.

5. 设 $f(x)$ 为连续函数,试证:

$$\int_0^a x^3 f(x^2) \mathrm{d}x = \frac{1}{2}\int_0^{a^2} x f(x) \mathrm{d}x, \quad a > 0.$$

6. 设 $f(x)$ 为连续函数,试证:

$$\int_0^x \left[\int_0^t f(x) \mathrm{d}x \right] \mathrm{d}t = \int_0^x f(t)(x-t) \mathrm{d}t.$$

7. 设 $f(x), g(x)$ 在 $[0,1]$ 上的导数连续,且 $f(0) = 0, f'(x) \geqslant 0, g'(x) \geqslant 0$. 证明:对任意 $a \in [0,1]$,有

$$\int_0^a g(x) f'(x) \mathrm{d}x + \int_0^1 f(x) g'(x) \mathrm{d}x \geqslant f(a) g(1).$$

8. 设 $f(x), g(x)$ 在 $[a,b]$ 上连续,且满足

$$\int_a^x f(t) \mathrm{d}t \geqslant \int_a^x g(t) \mathrm{d}t, \ x \in [a,b], \quad \int_a^b f(t) \mathrm{d}t = \int_a^b g(t) \mathrm{d}t.$$

证明:$\displaystyle\int_a^b x f(x) \mathrm{d}x \leqslant \int_a^b x g(x) \mathrm{d}x$.

3.5　定积分在几何和经济中的应用

1. 了解微元法的概念;
2. 会用定积分计算平面图形的面积、旋转体的体积;
3. 理解定积分在经济中的应用.

3.5.1　定积分的微元法

引例 3.5.1　设某游泳池预存水量为 0,水流入游泳池的速度为 $v(t) = 20\mathrm{e}^{0.04t}$ $(\mathrm{m}^3/\mathrm{h})$. 问从 $t=0(\mathrm{h})$ 到 $t=2(\mathrm{h})$ 这段时间内,向游泳池注入的水量 W 是多少 m^3?

分析　类似问题已在前面各节中遇到多次,我们常用的方法是通过分割、近似代替、求和、取极限得到,且都归结为求"和式极限".

也就是先把所求整体量进行分割,然后在局部范围内"以不变代变",求出整体量在局部范围内的近似值;再把所有这些近似值加起来,得到整体量的近似值;最后当分割无限加密时取极限(即求定积分)即得整体量. 基于这一思想,我们可以按下面步骤来计算注入的水量.

第一步,取时间段 $0 \leqslant t \leqslant 2$ 的任意小时间段 $[t, t+\mathrm{d}t]$,在此小时间段上,将水的流速近似地取为常值 $r(t)$(区间左端点的函数值),得到在这段时间上流入的水量 $\Delta W \approx \mathrm{d}W = r(t) \mathrm{d}t$.

第二步,以 $dW = r(t)dt$ 为被积表达式,在区间 $[a,b]$ 上积分,就可计算出从 $t=0$ 到 $t=2$ 这段时间内注入的水量:

$$W = \int_0^2 dW = \int_0^2 20e^{0.04t}dt = \frac{20}{0.04}\int_0^2 e^{0.04t}d(0.04t) = \frac{20}{0.04}e^{0.04t}\Big|_0^2 \approx 41.64(\text{m}^3).$$

一般地,计算在区间 $[a,b]$ 上的某个量 I(在引例中即为水量)时,我们可以有类似的步骤:

(1) 根据问题的具体情况,先选取一个变量,如 x,把区间 $[a,b]$ 分成任意多个小区间,取其中任意一个小区间并记为 $[x,x+dx]$,求出相应于这个小区间的部分量 ΔI 的近似值 dI,并表示成

$$dI = f(x)dx.$$

这个近似值称作整体量 I 的**微元**,其中 $f(x)$ 是 $[a,b]$ 上的连续函数.

(2) 以 $dI = f(x)dx$ 为被积表达式,在区间 $[a,b]$ 上积分,就得所求量,即

$$I = \int_a^b f(x)dx.$$

这个方法通常称为定积分的**微元法**或**元素法**.下面就这一方法分别讨论其在几何和经济中的应用.

3.5.2 定积分在几何上的应用

1. 平面图形的面积

1) 直角坐标系下平面图形的面积

设函数 $f(x)$ 在区间 $[a,b]$ 上连续,并且 $f(x) \geq 0$.根据定积分的几何意义可知,由曲线 $y = f(x)$ 和三条直线 $x = a, x = b, y = 0$ 所围曲边梯形的面积为

$$A = \int_a^b f(x)dx.$$

现在考虑更一般的情形,将围成曲边梯形的 x 轴改为另一条曲线 $y = g(x)$(图 3.13),并假设 $f(x) \geq g(x)$.现在求由曲线 $y = f(x), y = g(x), x = a, x = b$ 所围图形的面积 A.

对于所讨论的平面图形,x 的变化区间为 $[a,b]$,取其任一小区间 $[x,x+dx]$,相应的窄条面积近似于底为 dx,高为 $f(x) - g(x)$ 的矩形面积,从而得到面积微元

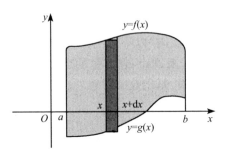

图 3.13

$$dA = [f(x) - g(x)]dx.$$

以此为被积表达式,在$[a,b]$上积分便得图形的面积为

$$A = \int_a^b [f(x) - g(x)]\mathrm{d}x \tag{3.5.1}$$

事实上,公式(3.5.1)具有求平面图形面积的一般性.在$[a,b]$区间上,两条连续曲线 $y=f(x)$,$y=g(x)$无论在 x 轴上方、下方,还是上下方兼有,只要满足 $f(x) \geqslant g(x)$,就可以用公式(3.5.1)来计算其面积.

例 1　求由 $xy=1$,$y=x$ 及 $x=2$ 所围区域的面积.

解　联立方程

$$\begin{cases} xy = 1, \\ y = x, \end{cases}$$

得交点 $A(1,1)$.类似地,可求出交点 $B(2,2)$,$C\left(2,\dfrac{1}{2}\right)$(图 3.14).由公式(3.5.1)可得所求图形面积为

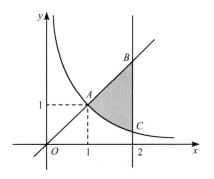

图 3.14

$$\begin{aligned} A &= \int_1^2 \left(x - \frac{1}{x}\right)\mathrm{d}x = \left(\frac{1}{2}x^2 - \ln x\right)\Big|_1^2 \\ &= \frac{3}{2} - \ln 2. \end{aligned}$$

若平面图形由 $x=\varphi(y)$,$x=\psi(y)$,$y=c$,$y=d(\varphi(y)\geqslant\psi(y),c<d)$所围成,则面积为

$$A = \int_c^d [\varphi(y) - \psi(y)]\mathrm{d}y. \tag{3.5.2}$$

例 2　计算抛物线 $y^2=2x$ 和直线 $y=2-2x$,所围图形的面积.

解　联立曲线方程

$$\begin{cases} y^2 = 2x, \\ y = 2 - 2x \end{cases}$$

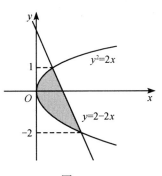

图 3.15

可得交点为 $\left(\dfrac{1}{2},1\right)$ 和 $(2,-2)$(图 3.15).而所围平面图形在 y 轴上的投影区间为$[-2,1]$,函数 $x = 1 - \dfrac{y}{2}$ 和 $x = \dfrac{1}{2}y^2$ 满足 $1 - \dfrac{y}{2} > \dfrac{1}{2}y^2$,所以

$$\begin{aligned} A &= \int_{-2}^1 \left[\left(1 - \frac{y}{2}\right) - \frac{1}{2}y^2\right]\mathrm{d}y \\ &= \left(y - \frac{1}{4}y^2 - \frac{1}{6}y^3\right)\Big|_{-2}^1 = \frac{9}{4}. \end{aligned}$$

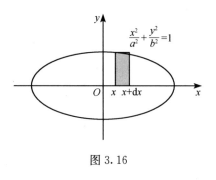

图 3.16

例 3　求椭圆 $\dfrac{x^2}{a^2}+\dfrac{y^2}{b^2}=1$ 的面积.

解　由对称性可知 $A=4A_1$,其中 A_1 是椭圆在第一象限部分的面积(图 3.16),在这一部分 $x\in[0,a]$ 上边界为 $y=b\sqrt{1-\dfrac{x^2}{a^2}}$,下边界为 $y=0$,因此图形面积为

$$A = 4\int_0^a b\sqrt{1-\frac{x^2}{a^2}}\,\mathrm{d}x.$$

令 $x=a\sin t$ 则 $\sqrt{1-\dfrac{x^2}{a^2}}=\cos t$,$\mathrm{d}x=a\cos t\,\mathrm{d}t$,有

$$A = 4\int_0^{\frac{\pi}{2}} b\cos t \cdot a\cos t\,\mathrm{d}t = 4ab\left[\frac{t}{2}+\frac{1}{4}\sin 2t\right]_0^{\frac{\pi}{2}} = \pi ab.$$

思考　如何用定积分表示直线 $x=a$,$x=b$,曲线 $y=f(x)$,$y=g(x)$ 所围图形的面积?

2)极坐标下平面图形的面积

在求平面图形的面积时,有时候用极坐标会更加方便:

由曲线 $r=r(\theta)$,射线 $\theta=\alpha$,$\theta=\beta$ 围成的图形,称为**曲边扇形**.我们求曲边扇形的面积(图 3.17).设 $r(\theta)$ 在$[\alpha,\beta]$上连续,且 $r(\theta)\geqslant 0$.

与平面直角坐标类似,这里我们也采用微分法求图形的面积,只是现在所研究的区间为 $\theta\in[\alpha,\beta]$.我们按如下过程进行:

(1)取小区间$[\theta,\theta+\mathrm{d}\theta]\subset[\alpha,\beta]$,则面积微元等于以 $r=r(\theta)$ 为半径,$\mathrm{d}\theta$ 为中心角的圆扇形的面积,即

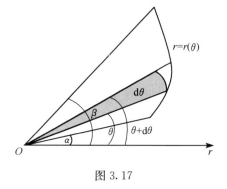

图 3.17

$$\mathrm{d}A = \frac{1}{2}[r(\theta)]^2\mathrm{d}\theta.$$

(2)以 $\mathrm{d}A=\dfrac{1}{2}[r(\theta)]^2\mathrm{d}\theta$ 为被积表达式,在区间$[\alpha,\beta]$上积分,就得所求面积,即

$$A = \int_\alpha^\beta \frac{1}{2}[r(\theta)]^2\mathrm{d}\theta.$$

例 4　求心形线 $r=a(1+\cos\theta)$ $(a>0)$ 所围图形面积.

解　如图 3.18，心形线分为上下两部分，且关于 x 轴对称，因此所求图形的面积 A 是极轴以上部分图形面积 A_1 的两倍. 易知，极轴以上部分图形，θ 的变化区间为 $[0,\pi]$，则

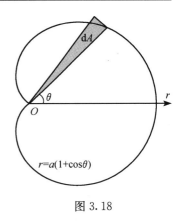

$$A = 2A_1 = 2 \cdot \frac{1}{2} \int_0^\pi \left[a(1+\cos\theta) \right]^2 \mathrm{d}\theta$$

$$= a^2 \int_0^\pi (1 + 2\cos\theta + \cos^2\theta) \mathrm{d}\theta$$

$$= \frac{3\pi}{2} a^2.$$

图 3.18

例 5　求双纽线 $r^2 = 2a^2 \cos 2\theta$ 所围图形面积.

解　如图 3.19，令 $r=0$，即 $\cos 2\theta = 0$，得 $\theta = \dfrac{\pi}{4}$，由于图形分成四部分，且面积都相等，故所求图形的面积 A 等于极轴上部的右半部分的面积 A_1 的 4 倍. 此时 $0 \leqslant \theta \leqslant \dfrac{\pi}{4}$，且

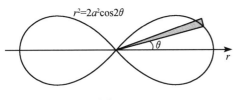

图 3.19

$$\mathrm{d}A = a^2 \cos 2\theta \mathrm{d}\theta,$$

因此所求图形的面积为

$$A = 4A_1 = 4 \cdot \int_0^{\frac{\pi}{4}} a^2 \cos 2\theta \mathrm{d}\theta = 2a^2 \sin 2\theta \Big|_0^{\frac{\pi}{4}} = 2a^2.$$

例 6　求由 $r = \sqrt{2}\sin\theta, r^2 = \cos 2\theta$ 所围公共部分图形面积.

解　如图 3.20，这个图形的左右两边面积相同，因此我们只需计算极轴的右半部分. 联立曲线方程

$$\begin{cases} r = \sqrt{2}\sin\theta, \\ r^2 = \cos 2\theta \end{cases}$$

得 $\sin\theta = \dfrac{1}{2}$，即 $\theta = \dfrac{\pi}{6}$. 此时 $\theta = \dfrac{\pi}{6}$ 将图形一分为二，分别记为 A_1, A_2.

对 $A_1, 0 \leqslant \theta \leqslant \dfrac{\pi}{6}$，面积微元为

$$\mathrm{d}A = \frac{1}{2}(\sqrt{2}\sin\theta)^2 \mathrm{d}\theta,$$

积分可得，其面积为

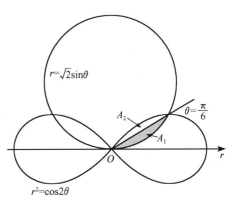

图 3.20

$$S_1 = \frac{1}{2}\int_0^{\frac{\pi}{6}} (\sqrt{2}\sin\theta)^2 \,\mathrm{d}\theta = \left(\frac{\theta}{2} - \frac{\sin2\theta}{4}\right)\Big|_0^{\frac{\pi}{6}} = \frac{\pi}{12} - \frac{\sqrt{3}}{8}.$$

对 A_2，因为 $\cos2\theta\geq0$，故 $\theta\leq\frac{\pi}{4}$，因此 $\frac{\pi}{6}\leq\theta\leq\frac{\pi}{4}$，面积微元为

$$\mathrm{d}A = \frac{1}{2}(\cos2\theta)\mathrm{d}\theta,$$

积分可得，其面积为

$$S_2 = \frac{1}{2}\int_{\frac{\pi}{6}}^{\frac{\pi}{4}} \cos2\theta\mathrm{d}\theta = \frac{1}{4}\sin2\theta\Big|_{\frac{\pi}{6}}^{\frac{\pi}{4}} = \frac{1}{4} - \frac{\sqrt{3}}{8},$$

故

$$S = 2(S_1 + S_2) = \frac{\pi}{6} + \frac{1-\sqrt{3}}{2}.$$

2. 旋转体的体积

平面图形绕平面上某一条直线(旋转轴)旋转一周而成的立体，称为**旋转体**. 对于旋转体，我们身边有很多的实例，如圆柱、圆锥、圆台、球体等都是旋转体. 圆柱、圆锥、球的体积公式我们在中学已经掌握，但一般的旋转体的体积如何计算呢?

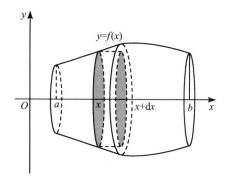

图 3.21

先求出连续曲线 $y=f(x)$，直线 $x=a$，$x=b(a<b)$ 及 x 轴所围曲边梯形绕 x 轴旋转而成的旋转体的体积，这里记它的体积为 V_x.

跟前面的方法类似，先在 $[a,b]$ 内任取一点 x，则在 $[x,x+\mathrm{d}x]$ 上对应的小窄曲边梯形绕 x 轴旋转而成的图形的体积近似地可以看成以 $f(x)$ 为底半径，$\mathrm{d}x$ 为高的圆柱体的体积. 故对应的体积微元为

$$\mathrm{d}V = \pi f^2(x)\mathrm{d}x,$$

以 $\pi f^2(x)\mathrm{d}x$ 为被积表达式，在区间 $[a,b]$ 上积分，便得所求旋转体体积

$$V_x = \int_a^b \pi[f(x)]^2\mathrm{d}x.$$

类似地，如果图形由连续曲线 $x=\varphi(y)$，直线 $y=c,y=d(c<d)$ 及 y 轴所围的曲边梯形绕 y 轴旋转而成的旋转体，则它的体积 V_y 为

$$V_y = \int_c^d \pi [\varphi(y)]^2 \, dy.$$

例 7 计算椭圆 $\dfrac{x^2}{a^2} + \dfrac{y^2}{b^2} = 1$ 绕 x 轴和 y 轴旋转而成的旋转椭球体的体积.

解 旋转椭球体可以看作是由半椭圆 $y = \dfrac{b}{a}\sqrt{a^2 - x^2}$ 绕 x 轴旋转而成,则

$$V_x = \int_{-a}^a \pi \frac{b^2}{a^2}(a^2 - x^2)\,dx = 2\pi \frac{b^2}{a^2}\int_0^a (a^2 - x^2)\,dx = \frac{4}{3}\pi a b^2.$$

若将该椭圆绕 y 轴旋转,则旋转椭球体为半椭圆 $x^2 = a^2\left(1 - \dfrac{y^2}{b^2}\right)$ 绕 y 轴旋转而成,体积为

$$V_y = \int_{-b}^b \pi a^2 \left(1 - \frac{y^2}{b^2}\right)dy = \frac{4}{3}\pi a^2 b.$$

特别地,当 $a = b$ 时得到球体体积 $V = \dfrac{4}{3}\pi a^3$.

例 8 求由 $y = x$ 和 $y = x^2$ 所围图形绕 x 轴旋转而成的旋转体的体积.

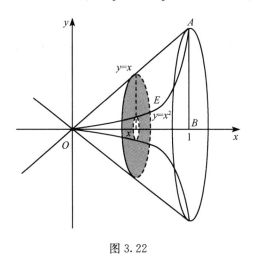

图 3.22

解 此为一空心立体,其体积是由三角形 OAB 绕 x 轴旋转所成的立体与曲边梯形 $OEABO$ 绕 x 轴旋转所成的立体的体积之差,如图 3.22 所示.

联立两曲线方程

$$\begin{cases} y = x, \\ y = x^2 \end{cases}$$

可得交点 $(0,0),(1,1)$. 因此该图形 x 的变化区间为 $[0,1]$,所求旋转体的体积为

$$V_x = \int_0^1 \pi x^2 \, dx - \int_0^1 \pi (x^2)^2 \, dx$$
$$= \pi \left[\frac{1}{3}x^3 - \frac{1}{5}x^5\right]_0^1 = \frac{2\pi}{15}.$$

3.5.3 定积分在经济中的应用举例

在经济学中经常会遇到已知变化率或边际函数,求在某个范围内的总量的问题,这些问题常可通过定积分来解决.

例 9 某公司每个月生产 42 英寸液晶电视机 x 台,边际利润函数为

$$L'(x) = 465 - 0.1x, \quad 0 \leqslant x \leqslant 4000.$$

目前公司每月生产 1500 台电视机,并计划提高产量,试求出与每月生产 1600 台电视机时,利润增加了多少?

解

$$L(1600) - L(1500) = \int_{1500}^{1600} L'(x)\mathrm{d}x = \int_{1500}^{1600} (465 - 0.1x)\mathrm{d}x$$

$$= (465x - 0.05x^2) \Big|_{1500}^{1600}$$

$$= 616000 - 585000 = 31000.$$

例 10 某企业生产某产品 x 单位时的边际收益为 $R'(x) = 100 - 0.2x$(元/单位).

(1) 求生产 x 单位时的总收益 $R(x)$ 及平均收益 $\overline{R}(x)$;

(2) 求生产 100 个单位该产品的总收益及平均收益,并求再生产 100 个单位时该产品所增加的总收益.

解 (1) 因为 $R(0) = 0$,所以总收益为

$$R(x) = \int_0^x R'(t)\mathrm{d}t = \int_0^x (100 - 0.2t)\mathrm{d}t = 100x - 0.1x^2.$$

平均收益为

$$\overline{R}(x) = \frac{R(x)}{x} = 100 - 0.1x.$$

(2) 生产 100 个单位该产品的总收益为

$$R(100) - 100 \times 100 - 0.1 \times 100^2 = 9000(元).$$

平均收益为

$$\overline{R}(100) = \frac{R(100)}{100} = 90(元).$$

再生产 100 个单位该产品所增加的总收益为

$$\Delta R = R(200) - R(100) = \int_{100}^{200} R'(x)\mathrm{d}x = (100x - 0.1x^2) \Big|_{100}^{200} = 7000(元).$$

习 题 3.5

A 组

1. 求 $y = \dfrac{x^2}{2}$,$y = \dfrac{1}{1+x^2}$ 与 $x = -\sqrt{3}$,$x = \sqrt{3}$ 所围图形面积.

2. 求 $y^2 = ax$ 与 $x = a(a>0)$ 所围图形面积.

3. 求 $x = 5y^2$ 与 $x = 1 + y^2$ 所围图形面积.

4. 求圆 $x^2 + (y-b)^2 = R^2 (b>R>0)$,分别绕 x 轴和 y 轴旋转所成的立体的体积.

5. 求摆线 $x = a(t - \sin t)$,$y = a(1 - \cos t)$ 相应于 $0 \leqslant t \leqslant 2\pi$ 的一拱与 $y = 0$ 所围成的图形分

别绕 x 轴、y 轴旋转构成旋转体的体积.

6. 求 $y = \sin x$ 和它在 $x = \dfrac{\pi}{2}$ 处的切线及 $x = \pi$ 所围图形绕 x 轴旋转而成的旋转体体积.

7. 一年中某商品的销售速度为 $v(t) = 100 + 100 \sin \left(2\pi t - \dfrac{\pi}{2} \right)$（单位：件/月），求此商品在第一季度的销售总量.

8. 已知生产某种产品时，边际成本函数为 $C'(q) = q^2 - 4q + 4$（万元/吨），固定成本 $C(0) = 6$ 万元，边际收入 $R'(q) = 15 - 2q$（万元/吨），试求总成本函数和总收益函数.

9. 某工厂每天生产某产品 q 单位，固定成本为 20 元，边际成本为 $C'(q) = 0.4q + 2$（元/单位）.

（1）求成本函数 $C(q)$；

（2）如果这种产品销售价为 18 元/单位，且产品可以全部售出，求利润函数.

B 组

1. 求由曲线 $r = a\sin\theta, r = a(\cos\theta + \sin\theta)(a > 0)$ 所围图形公共部分的面积.

2. 若曲线 $y = \cos x \left(0 \leqslant x \leqslant \dfrac{\pi}{2} \right)$ 与 x 轴，y 轴所围成的图形面积被曲线 $y = a\sin x$ 和 $y = b\sin x (a > b > 0)$ 三等分，试确定 a, b 的值.

3. 设平面图形 A 由 $x^2 + y^2 \leqslant 2x$ 与 $y \geqslant x$ 所确定，求图形 A 绕直线 $x = 2$ 旋转一周所得的旋转体体积.

4. 求由曲线 $xy = a(a > 0)$，直线 $x = a, x = 2a$ 及 x 轴所围成的图形绕 y 轴旋转一周所成的旋转体体积.

5. 过曲线 $y = x^2 (x \geqslant 0)$ 上某点 $P(x, y)$ 作一切线，使之与曲线及 x 轴所围图形的面积为 $\dfrac{1}{12}$，求：(1)切点 P 的坐标；(2)过切点 P 的切线方程；(3)由上述图形绕 x 轴旋转而成旋转体体积 V.

6. 设某商品从时刻 0 到时刻 t 这段时间的销售量为 $q(t) = kt$（件），$t \in [0, T]$，$(k > 0)$. 欲在 T 时将数量为 A 的该商品销售完，试求：

（1）t 时的商品剩余量，并确定 k 的值；

（2）在时间段 $[0, T]$ 上的平均剩余量.

7. 某公司每月的销售额为 100 万元，公司的平均利润是销售额的 10%. 根据预测，公司为在一年内做广告，则月销售额为 $100\mathrm{e}^{0.02t}$（时间单位为月），广告总费用为 11 万元，试确定公司的广告利润.

本章内容小结

本章主要内容：

（1）积分的概念

设函数 $f(x)$ 在区间 (a, b) 内有意义，若存在一个函数 $F(x)$，使得该区间内每一点 x，都有 $F'(x) = f(x)$ 或 $\mathrm{d}F(x) = f(x)\mathrm{d}x$ 成立，则称 $F(x)$ 为 $f(x)$ 在区间

(a,b)内的一个原函数,而函数 $f(x)$ 的全体原函数称为 $f(x)$ 的不定积分,即

$$\int f(x)\mathrm{d}x = F(x) + C.$$

函数 $f(x)$ 在区间 $[a,b]$ 上的定积分是通过积分和的极限来定义的:

$$\int_a^b f(x)\mathrm{d}x = \lim_{\lambda \to 0} \sum_{i=1}^n f(\xi_i)\Delta x_i.$$

定积分表示的是一个具体的数值,这与不定积分的概念完全不同.

(2) 原函数存在定理

若函数 $f(x)$ 在区间 I 上连续,则它在该区间上存在原函数 $F(x)$.

(3) 两种积分之间的联系——牛顿-莱布尼茨公式

如果函数 $F(x)$ 是连续函数 $f(x)$ 在区间 $[a,b]$ 上的一个原函数,则

$$\int_a^b f(x)\mathrm{d}x = F(b) - F(a) = F(x)\Big|_a^b.$$

(4) 积分的性质

① 定积分与不定积分都具有线性性质.

② 定积分还有如下的性质.

a. 定积分的值仅依赖于被积函数和积分区间,而与积分变量无关

$$\int_a^b f(x)\mathrm{d}x = \int_a^b f(t)\mathrm{d}t = \int_a^b f(u)\mathrm{d}u.$$

b. 交换积分上、下限,定积分变号

$$\int_a^b f(x)\mathrm{d}x = -\int_b^a f(x)\mathrm{d}x.$$

c. (积分区间的可加性)若函数 $f(x)$ 可积,则对任意三点 a,b,c,有

$$\int_a^b f(x)\mathrm{d}x = \int_a^c f(x)\mathrm{d}x + \int_c^b f(x)\mathrm{d}x.$$

d. (积分中值定理)如果函数 $f(x)$ 在闭区间 $[a,b]$ 上连续,则至少存在一点 $\xi \in [a,b]$,使得

$$\int_a^b f(x)\mathrm{d}x = f(\xi)(b-a).$$

(5) 积分的计算——换元法及分部积分法

学习中应注意的几点:

① 定积分与不定积分可以通过牛顿-莱布尼茨公式进行联系,但定积分是一个数,而不定积分是函数族.

② 在用换元法求定积分时,换元必换限,而不定积分没有这样的要求.

③ 多次分部积分的规律:

$$\int uv^{(n+1)}\,\mathrm{d}x = uv^{(n)} - \int u'v^{(n)}\,\mathrm{d}x$$

$$= uv^{(n)} - u'v^{(n-1)} + \int u''v^{(n-1)}\,\mathrm{d}x$$

$$= uv^{(n)} - u'v^{(n-1)} + u''v^{(n-2)} - \int u'''v^{(n-2)}\,\mathrm{d}x$$

$$= \cdots$$

$$= uv^{(n)} - u'v^{(n-1)} + u''v^{(n-2)} - \cdots + (-1)^{n+1}\int u^{(n+1)}v\,\mathrm{d}x.$$

④ 初等函数的原函数不一定是初等函数,因此不一定都能积出.

阅读材料

莱布尼茨与微积分

莱布尼茨(Gottfriend Wilhelm Leibniz,1646～1716)是一位举世罕见的科学天才,著名的数学家、物理学家和哲学家.1646 年出生于德国东部莱比锡的一个书香之家,15 岁进入莱比锡大学攻读法律,勤奋地学习各门科学,不到 20 岁就熟练地掌握了一般课本上的数学、哲学、神学和法学知识.终其一生,他博览群书,涉猎百科,如哲学、历史、语言、数学、生物、地质、物理、机械、神学、法学、外交等领域.并在每个领域中都有杰出的成就,为丰富人类的科学知识宝库作出了不可磨灭的贡献.他独立创建了微积分,并精心设计了非常巧妙而简洁的微积分符号,因此他以伟大数学家的称号闻名于世.

在牛顿和莱布尼茨创建微积分之前,微分和积分作为两种数学运算、两类数学问题,是分别加以研究的.其中卡瓦列里、巴罗、沃利斯等得到了一系列求面积(积分)、求切线斜率(导数)的重要结果,但这些结果都是孤立、不连贯的.只有莱布尼茨和牛顿将积分和微分真正沟通起来,明确地找到了两者内在的直接联系:微分和积分是一对互逆的运算.并建立了沟通微分与积分内在联系的微积分基本定理:牛顿-莱布尼茨定理.从而使原本各处独立的微分学和积分学成为统一的微积分学的整体.

不同于牛顿是在力学研究的基础上,运用几何方法来研究微积分.莱布尼茨是从几何问题出发,运用分析学方法引进微积分概念、得出运算法则,表现了数学的严密性与系统性.在对微积分具体内容的研究上,牛顿先有导数概念,后有积分概念;莱布尼茨则先有求积概念,后有导数概念.此外,莱布尼茨比别人更早更明确地认识到,好的符号能大大节省思维劳动,运用符号的技巧是数学成功的关键之一.

莱布尼茨在从事数学研究的过程中,既对数学有超人的直觉,同时也深受自己的哲学思想影响. 因此他对于符号设计极为关注. 在微积分发展初期,他对各种符号进行了长期的研究,试用过一些符号,并征求了同一时代人的意见,然后他选择自己认为最好的符号——微分符号. 例如,引入 $\mathrm{d}x$ 表示 x 的微分, $\int$ 表示积分, $\mathrm{d}^n x$ 表示 n 阶微分等. 他认为 $\mathrm{d}x$ 和 x 相比,如同点和地球,或地球半径与宇宙半径相比. 在其积分法论文中,他从求曲线所围面积引出积分概念,把积分看成是无穷小的和,并引入积分符号 $\int$,它是把拉丁文 Summa 的字头 S 拉长. 1684 年莱布尼茨明确陈述了函数和、差、积、商、乘幂与方根的微分公式,使微积分方法普遍化,发展成用符号表示的微积分运算法则,从而推动微积分形式化发展,进而使得微积分更加简洁和准确. 历史的事实证明牛顿当年采用的微分和积分符号现在都不用了,而莱布尼茨所采用的符号现今的教材中仍在使用.

　　作为数学史上最伟大的符号学者之一,莱布尼茨曾说:"要发明,就要挑选恰当的符号,要做到这一点,就要用含义简明的少量符号来表达和比较忠实地描绘事物的内在本质,从而最大限度地减少人的思维劳动." 诚如印度的阿拉伯数字促进算术和代数发展一样,莱布尼茨所创造的这些数学符号对微积分的发展起了很大的促进作用.

第4章 微分方程初步

微积分学的主要研究对象是函数.在某些情况下,往往很难直接得到所研究的变量之间的函数关系,却比较容易建立起这些变量与它们的导数(或微分)之间的关系,从而得到一个联系着自变量、未知函数以及它的导数(或微分)的方程,即微分方程.通过求解这种方程,同样可以找到未知量之间的函数关系.

本章主要讨论微分方程的一些基本概念以及几种常用的、基本的微分方程的解法.

4.1 微分方程的基本概念

1. 理解微分方程的定义;
2. 熟知微分方程的阶、解、初始条件的含义;
3. 明辨微分方程的通解、特解之间的异同.

4.1.1 问题的引入

为了说明微分方程的基本概念,我们先来看两个具体实例.

引例 4.1.1(几何问题) 一条曲线过点$(2,5)$,且在该曲线上任一点(x,y)处的切线斜率等于$2x$,求此曲线的方程.

解 设所求曲线方程为$y=y(x)$,根据导数的几何意义,可知未知函数$y=y(x)$应满足下面的关系式:

$$
\begin{cases}
\dfrac{\mathrm{d}y}{\mathrm{d}x}=2x, & (4.1.1a) \\[2mm]
y(2)=5, & (4.1.1b)
\end{cases}
$$

其中$y(2)$表示$x=2$时y的值.要求满足式(4.1.1a)的函数,只需把式(4.1.1b)两边积分,得

$$
y=\int 2x\mathrm{d}x,
$$

即

$$
y=x^2+C,
$$

其中C是任意常数.如果将已知条件$y(2)=5$代入上式,得$5=2^2+C$,解得$C=1$,

即

$$y = x^2 + 1$$

就是所求的曲线方程.

引例 4.1.2(经济问题)　已知某产品产量的变化率是时间 t 的函数 $f(t) = 3t^2 + 1$,设此产品的产量函数为 $p(t)$,已知 $p(0) = 0$,求 $p(t)$.

解　由于产品产量的变化率是产量对时间 t 的导数,因此 $p(t)$ 满足以下关系式:

$$\begin{cases} \dfrac{\mathrm{d}p(t)}{\mathrm{d}t} = 3t^2 + 1, & (4.1.2a) \\[2mm] p(0) = 0, & (4.1.2b) \end{cases}$$

同样,对式(4.1.2a)两边积分得

$$p(t) = \int (3t^2 + 1)\mathrm{d}t = t^3 + t + C,$$

再将条件 $p(0) = 0$ 代入上式,得 $0 = 0^3 + 0 + C$,解得 $C = 0$,即

$$p(t) = t^3 + t,$$

即为所求.

4.1.2　微分方程的一般概念

上述两个例题中,关系式(4.1.1a),(4.1.2a)都含有未知函数的导数,它们都是微分方程.

定义 4.1.1　表示未知函数、未知函数的导数与自变量之间的关系的方程,称为**微分方程**.

如果在微分方程中未知函数是一元函数,称为**常微分方程**;未知函数是多元函数,称为**偏微分方程**.上述方程中,式(4.1.1a),(4.1.2a)都是常微分方程.本书只讨论常微分方程.

思考　以下方程为常微分方程吗?

(1) $(x+y)\mathrm{d}x + (x-y)\mathrm{d}y = 0$,

(2) $y'' + ay' + by = \cos x$.　　　　　　　　　　　　　　　　　　　(4.1.3)

答案　它们都是常微分方程.

定义 4.1.2　微分方程中所出现的未知函数的最高阶导数的阶数,叫做**微分方程的阶**.

例如,微分方程(4.1.1a),(4.1.2a)是一阶的,微分方程(4.1.3)是二阶的.

设 x 是自变量,y 是未知函数,则 n 阶微分方程的一般形式为

$$F(x,y,y',y'',\cdots,y^{(n)}) = 0, \tag{4.1.4}$$

其中 F 是 $n+2$ 个变量的连续函数(特别指出:在式(4.1.4)中 n 阶导数 $y^{(n)}$ 必须出现).

4.1.3　微分方程的解

若存在函数

$$y = f(x),$$

当以 $f(x), f'(x), f''(x), \cdots, f^{(n)}(x)$ 等分别代替(4.1.4)中的 $y, y', y'', \cdots, y^{(n)}$ 时,使方程成为恒等式

$$F(x, f(x), f'(x), f''(x), \cdots, f^{(n)}(x)) \equiv 0,$$

则称 $y=f(x)$ 为微分方程(4.1.4)的解. 例如, $y=x^2+C$ 和 $y=x^2+1$ 是方程(4.1.1a)的解, $p(t)=t^3+t+C$ 和 $p(t)=t^3+t$ 是方程(4.1.2a)的解.

定义 4.1.3　满足微分方程的函数即把函数代入微分方程可使该方程成为恒等式,则称这个函数为微分方程的**解**.

从引例 4.1.1 和引例 4.1.2 中可以看出,微分方程的解有两种不同的形式. 一种是解中含有任意的常数,且独立的任意常数的个数恰好与方程的阶数相同,这样的解称为微分方程的**通解**. 例如, $y=x^2+C$ 是(4.1.1a)的通解. 另一种解中不含有任意的常数,这样的解称为微分方程的**特解**. 例如, $y=x^2+1$ 是(4.1.1a)的特解. 通常可以按照问题所给的条件,从通解中确定任意常数的特定值,从而得到满足条件的特解. 用来确定特解的条件,称为**定解条件**,也称为**初始条件**. 在引例 4.1.1 中,特解 $y=x^2+1$ 就是通过初始条件 $y(2)=5$ 从通解 $y=x^2+C$ 中求解出来的.

定义 4.1.4　若微分方程的解中含有任意的常数,且独立的任意常数的个数与方程的阶数相同,则称这样的解为微分方程的**通解**. 满足初始条件的微分方程的解称为微分方程的**特解**.

注　这里所说的相互独立的任意常数,是指它们不能通过合并而使通解中的任意常数个数减少.

由微分方程寻找它的解的过程称为**解微分方程**. 求微分方程满足相应初始条件的特解这一问题称为微分方程的**初值问题**.

例如,一阶微分方程的初值问题为

$$\begin{cases} y' = f(x,y), \\ y(x_0) = y_0. \end{cases}$$

二阶微分方程的初值问题为

$$\begin{cases} y'' = f(x, y, y'), \\ y'(x_0) = y_1, \\ y(x_0) = y_0. \end{cases}$$

定义 4.1.5　微分方程的一个解在平面上对应一条曲线,称为该微分方程的**积分曲线**.

微分方程的通解的图形表示一族曲线,称为该微分方程的**积分曲线族**;特解的图形则是依据初始条件确定的积分曲线族中的某一条特定曲线. 例如,在引例 4.1.1 中通解和特解的图形如图 4.1 所示.

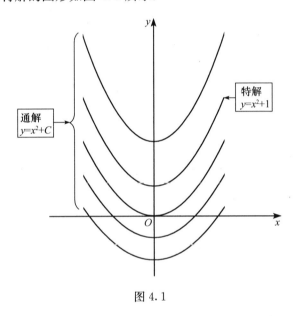

图 4.1

例 1　设微分方程为 $y' + y = 0$,

(1) 验证 $y = Ce^{-x}$(C 为任意常数)是该方程的通解;

(2) 由 $y = Ce^{-x}$ 求出方程满足初始条件 $y(0) = 1$ 的特解.

解　(1) 因为 $y = Ce^{-x}$,所以 $y' = -Ce^{-x}$,将它们代入方程 $y' + y = 0$,方程两边恒等,根据微分方程解的定义,可知 $y = Ce^{-x}$ 是微分方程 $y' + y = 0$ 的解. 又因为 $y = Ce^{-x}$ 中仅含一个任意的常数 C,所以它是一阶微分方程 $y' + y = 0$ 的通解.

(2) 将初始条件 $y(0) = 1$ 代入通解 $y = Ce^{-x}$ 中,有 $1 = Ce^0 = C$,所以 $y = e^{-x}$ 是一阶微分方程 $y' + y = 0$ 满足初始条件 $y(0) = 1$ 的特解.

习　题　4.1

A 组

1. 试指出下列方程哪些是微分方程? 并指出微分方程的阶数(其中 y 是未知函数):

(1) $(x+y)\mathrm{d}x+x\mathrm{d}y=0$；

(2) $x^4y'''+5y''+xy=0$；

(3) $(y')^2+xy=\cos x$；

(4) $xy''+3y'+x^2y=0$.

2. 验证下列函数是否是所给微分方程的解：

(1) $y=Cx^{-3}$，$xy'+3y=0$；

(2) $y=5x^2$，$xy'=2y$；

(3) $y=(x+C)\mathrm{e}^{-x}$，$\dfrac{\mathrm{d}y}{\mathrm{d}x}+y=\mathrm{e}^{-x}$；

(4) $y=C_1\mathrm{e}^x+C_2\mathrm{e}^{-x}$，$y''-y=0$.

3. $y=Cx+\dfrac{1}{C}$（C 是任意常数）是方程 $x(y')^2-yy'+1=0$ 的解，求满足初始条件 $y(0)=2$ 的特解.

4. 设曲线在点 (x,y) 处的切线的斜率等于该点横坐标的倒数，试建立曲线所满足的微分方程.

B 组

1. 下列等式中为微分方程的是（　　）.

A. $u'v+uv'=(uv)'$　　　B. $\dfrac{\mathrm{d}y}{\mathrm{d}x}+\mathrm{e}^x=\dfrac{\mathrm{d}(y+\mathrm{e}^x)}{\mathrm{d}x}$

C. $(u+v)'=u'+v'$　　　D. $y'=\mathrm{e}^x+\sin x$

2. 在下列各题中，确定函数关系式中所含的参数，使函数满足所给的初始条件：

(1) $y=(C_1+C_2x)\mathrm{e}^{2x}$，$y(0)=0$，$y'(0)=1$；

(2) $y=C_1\sin(x-C_2)$，$y(\pi)=1$，$y'(\pi)=0$.

3. 验证函数 $y=\mathrm{e}^{\frac{x^2}{2}}\left(\int\mathrm{e}^{-\frac{x^2}{2}}\mathrm{d}x+C\right)$ 是方程 $y'-xy=1$ 的通解.

4.2　一阶微分方程

1. 掌握变量可分离的微分方程及其解法；
2. 会求解齐次微分方程，会用简单的变量代换解某些微分方程；
3. 会求解一阶线性微分方程.

在 4.1 节引例 4.1.1、引例 4.1.2 中已经看到，有些微分方程可以用直接求积分的方法来求解，但是在实际问题中遇到的微分方程往往是多种多样的，它们的解法也各不相同. 在众多微分方程中，一阶微分方程是最基本的一种，因此，我们主要介绍几种常见的一阶微分方程的求解方法. 这些内容虽然都是古典而且简单的，但是它们却是微分方程求解方法的基础.

一阶微分方程的一般形式是

$$F(x, y, y') = 0, \tag{4.2.1}$$

也可化为

$$y' = f(x, y), \tag{4.2.2}$$

进一步,方程(4.2.2)还可转化为

$$P(x, y)\mathrm{d}x + Q(x, y)\mathrm{d}y = 0. \tag{4.2.3}$$

一阶微分方程的通解含有一个任意常数,为了确定这个任意常数,必须给出一个初始条件,记作

$$y(x_0) = y_0 \text{ 或 } y\,|_{x=x_0} = y_0. \tag{4.2.4}$$

下面介绍三种较为简单的一阶微分方程.

4.2.1 可分离变量的微分方程

设有一阶微分方程

$$\frac{\mathrm{d}y}{\mathrm{d}x} = F(x, y),$$

如果其右端函数 $F(x, y)$ 能分解成 $f(x)g(y)$,即有

$$\frac{\mathrm{d}y}{\mathrm{d}x} = f(x)g(y), \tag{4.2.5}$$

则称方程(4.2.5)为**可分离变量的微分方程**,其中 $f(x), g(y)$ 均为已知连续函数.

方程(4.2.5)的求解步骤如下:

(1) 将方程(4.2.5)分离变量得

$$\frac{\mathrm{d}y}{g(y)} = f(x)\mathrm{d}x, \quad g(y) \neq 0;$$

(2) 对上式两端分别积分

$$\int \frac{\mathrm{d}y}{g(y)} = \int f(x)\mathrm{d}x,$$

得通解

$$G(y) = F(x) + C,$$

其中 $G(y), F(x)$ 分别是 $\dfrac{1}{g(y)}$ 和 $f(x)$ 的一个原函数,C 为任意常数.

可分离变量的微分方程有时也可写为

$$M_1(x)M_2(y)\mathrm{d}y = N_1(x)N_2(y)\mathrm{d}x, \tag{4.2.6}$$

其中 $M_1(x), M_2(y), N_1(x), N_2(y)$ 均为已知连续函数.

例 1　求微分方程 $\dfrac{\mathrm{d}y}{\mathrm{d}x}=2xy$ 的通解.

解　将方程分离变量得

$$\frac{\mathrm{d}y}{y}=2x\mathrm{d}x,$$

两边积分,即

$$\int\frac{\mathrm{d}y}{y}=\int 2x\mathrm{d}x,$$

求不定积分,得

$$\ln\mid y\mid=x^2+C_1,$$

从而

$$y=\pm\,\mathrm{e}^{x^2+C_1}=\pm\,\mathrm{e}^{C_1}\cdot\mathrm{e}^{x^2}.$$

又 $y\equiv 0$ 也是方程的解,而 $\pm\mathrm{e}^{C_1}$ 是任意的非零常数,于是得到所求通解为

$$y=C\mathrm{e}^{x^2},$$

其中 C 为任意常数.

例 2　求微分方程 $(1+y^2)\mathrm{d}x-(1+x^2)\mathrm{d}y=0$ 的通解.

解　将方程变形为

$$(1+y^2)\mathrm{d}x=(1+x^2)\mathrm{d}y,$$

分离变量得

$$\frac{\mathrm{d}y}{1+y^2}=\frac{\mathrm{d}x}{1+x^2},$$

两边取积分,即

$$\int\frac{\mathrm{d}y}{1+y^2}=\int\frac{\mathrm{d}x}{1+x^2},$$

分别求不定积分,得

$$\mathrm{arctan}y=\mathrm{arctan}x+C,$$

于是所求通解为

$$y=\tan(\mathrm{arctan}x+C).$$

例 3　根据经验知道,某产品的净利润 y 与广告支出 x 之间有如下关系:

$$\frac{\mathrm{d}y}{\mathrm{d}x}=k(N-y),$$

其中 k, N 都是大于零的常数；且广告支出为零时，净利润为 $y_0, 0 < y_0 < N$，求净利润函数 $y = y(x)$.

解 将方程分离变量得

$$\frac{\mathrm{d}y}{N - y} = k\mathrm{d}x.$$

两边积分得 $-\ln|N - y| = kx + C_1$，C_1 为任意常数.

由于 $N - y > 0$，所以有

$$\ln|N - y| = \ln(N - y).$$

因此，上式整理得

$$y = N - C\mathrm{e}^{-kx}, \quad C = \mathrm{e}^{-C_1} > 0.$$

将 $x = 0, y = y_0$ 代入上式，得 $C = N - y_0$，于是，所求净利润函数为

$$y = N - (N - y_0)\mathrm{e}^{-kx}.$$

由题设可知 $\frac{\mathrm{d}y}{\mathrm{d}x} > 0$，表明 $y(x)$ 是关于 x 的单调递增函数；另一方面，又有 $\lim\limits_{x \to +\infty} y(x) = N$，表明随着广告支出的增加，净利润相应地增加，并逐渐趋向水平渐近线 $y = N$，因此，参数 N 的经济意义是净利润的最大值.

4.2.2 齐次微分方程

有些微分方程不像(4.2.5),(4.2.6)那样明显的可分离变量，但是它们可以通过适当的变量代换，转化为可分离变量的方程. 下面介绍的齐次微分方程就是一种可化为分离变量的微分方程.

如果一阶微分方程 $y' = f(x, y)$ 中的函数 $f(x, y)$ 可以化为 $\frac{y}{x}$ 的函数，即微分方程可以写为

$$\frac{\mathrm{d}y}{\mathrm{d}x} = \varphi\left(\frac{y}{x}\right), \tag{4.2.7}$$

则称这种类型的微分方程为**齐次微分方程**. "齐次"是指函数 $\varphi\left(\frac{y}{x}\right)$ 的特点.

例如，$\dfrac{\mathrm{d}y}{\mathrm{d}x} = \dfrac{xy}{x^2 + y^2}, \dfrac{\mathrm{d}y}{\mathrm{d}x} = \dfrac{y}{x} + \tan\dfrac{y}{x}$ 都是齐次方程；而 $\dfrac{\mathrm{d}y}{\mathrm{d}x} = x + y^2$ 不是齐次方程，因为其右端不能写成 $\dfrac{y}{x}$ 的函数.

求解齐次微分方程(4.2.7)的步骤如下：

（1）引进新的变量 $u=\dfrac{y}{x}$，即 $y=ux$，得 $\dfrac{\mathrm{d}y}{\mathrm{d}x}=x\,\dfrac{\mathrm{d}u}{\mathrm{d}x}+u$，代入齐次微分方程 (4.2.7)，将其化为以下可分离变量的微分方程：

$$u+x\,\frac{\mathrm{d}u}{\mathrm{d}x}=\varphi(u);$$

（2）将上式分离变量得

$$\frac{\mathrm{d}u}{\varphi(u)-u}=\frac{\mathrm{d}x}{x},\quad x[\varphi(u)-u]\neq 0;$$

（3）两边取积分得

$$\int\frac{\mathrm{d}u}{\varphi(u)-u}=\int\frac{\mathrm{d}x}{x},$$

从而可以得到关于函数 u 的通解；

（4）再将 $u=\dfrac{y}{x}$ 代回，即可得到关于函数 y 的通解.

注　作变量替换改变微分方程的形状再去求解，是解微分方程的一种常用方法，称为**变量替换法**，今后将多次运用，希望读者细心体会.

例 4　求微分方程 $\dfrac{\mathrm{d}y}{\mathrm{d}x}=2\sqrt{\dfrac{y}{x}}+\dfrac{y}{x}$ 的通解.

解　引进新的变量 $u=\dfrac{y}{x}$，即 $y=ux$，有 $\dfrac{\mathrm{d}y}{\mathrm{d}x}=x\,\dfrac{\mathrm{d}u}{\mathrm{d}x}+u$，代入原方程，得

$$u+x\,\frac{\mathrm{d}u}{\mathrm{d}x}=2\sqrt{u}+u,$$

这就化成了变量分离的微分方程.

分离变量，得

$$\frac{\mathrm{d}u}{2\sqrt{u}}=\frac{\mathrm{d}x}{x},$$

两边积分，得

$$\sqrt{u}=\ln|x|+C,$$

从而关于函数 u 的通解为

$$u=(\ln|x|+C)^{2}.$$

再将 $u=\dfrac{y}{x}$ 代入上式，还原变量 y，于是得到原方程的通解为

$$y=x(\ln|x|+C)^{2}.$$

例 5 求微分方程 $\dfrac{\mathrm{d}y}{\mathrm{d}x} = \dfrac{y}{x} + \tan\dfrac{y}{x}$ 满足初始条件 $y(1) = \dfrac{\pi}{6}$ 的特解.

解 所求方程为齐次微分方程,因此引进新的变量 $u = \dfrac{y}{x}$,即 $y = ux$,有 $\dfrac{\mathrm{d}y}{\mathrm{d}x} = x\dfrac{\mathrm{d}u}{\mathrm{d}x} + u$,代入原方程,得

$$u + x\frac{\mathrm{d}u}{\mathrm{d}x} - u = \tan u,$$

分离变量,得

$$\frac{\mathrm{d}u}{\tan u} = \frac{\mathrm{d}x}{x},$$

两边积分,得

$$\ln|\sin u| = \ln|x| + \ln|C|,$$

即

$$\sin u = Cx,$$

再将 $u = \dfrac{y}{x}$ 代回,则原方程的通解为

$$\sin\frac{y}{x} = Cx.$$

将初始条件 $y(1) = \dfrac{\pi}{6}$ 代入上式,得 $C = \dfrac{1}{2}$. 因此,所求微分方程的特解为

$$\sin\frac{y}{x} = \frac{1}{2}x.$$

例 6 某工厂生产某种产品 Q 件时的总成本为 $C = C(Q)$ 单位,它与边际成本的关系是

$$\frac{\mathrm{d}C}{\mathrm{d}Q} = \frac{C - 2Q}{2C - Q}.$$

已知该厂的固定成本是 100 单位,求总成本函数.

解 原方程可化为

$$\frac{\mathrm{d}C}{\mathrm{d}Q} = \frac{\dfrac{C}{Q} - 2}{2\dfrac{C}{Q} - 1},$$

这是一个齐次微分方程,令 $u = \dfrac{C}{Q}$,得

$$C = u \cdot Q, \quad \frac{\mathrm{d}C}{\mathrm{d}Q} = u + Q\frac{\mathrm{d}u}{\mathrm{d}Q},$$

代入上式,得

$$u + Q\frac{\mathrm{d}u}{\mathrm{d}Q} = \frac{u-2}{2u-1},$$

分离变量,得

$$\frac{2u-1}{2u^2-2u+2}\mathrm{d}u = -\frac{1}{Q}\mathrm{d}Q,$$

两边积分,得

$$\frac{1}{2}\ln(u^2-u+1) = -\ln Q + \ln C_1,$$

即

$$u^2 - u + 1 = \left(\frac{C_1}{Q}\right)^2.$$

再将 $u = \dfrac{C}{Q}$ 代入上式,整理后可以得到

$$C^2 - CQ + Q^2 = C_1^2.$$

又因为固定成本是 100,即 $C(0) = 100$,将其代入上式得 $100^2 - 100 \cdot 0 + 0^2 = C_1^2$,从而可得 $C_1 = 100$,因此,该工厂的总成本函数为

$$C^2 - CQ + Q^2 = 10000.$$

注 这个结果表明总成本 C 是产量 Q 的隐函数.

4.2.3 一阶线性微分方程

形如

$$\frac{\mathrm{d}y}{\mathrm{d}x} + P(x)y = Q(x) \tag{4.2.8}$$

的微分方程称为**一阶线性微分方程**,其中函数 $P(x), Q(x)$ 是某一区间 I 上的连续函数.一阶线性微分方程的一个重要特点是它对于未知函数 y 及其导数都是一次的.如果右端 $Q(x) \equiv 0$,则称方程(4.2.8)为**一阶齐次线性微分方程**;否则称方程(4.2.8)为**一阶非齐次线性微分方程**.下面分别讨论它们的解法.

1. 一阶齐次线性微分方程

显然,一阶齐次线性微分方程

$$\frac{\mathrm{d}y}{\mathrm{d}x} + P(x)y = 0 \qquad (4.2.9)$$

是可分离变量的微分方程,因此求解一阶齐次线性微分方程的解法为

(1) 分离变量,得

$$\frac{\mathrm{d}y}{y} = -P(x)\mathrm{d}x;$$

(2) 两边积分,得

$$\ln|y| = -\int P(x)\mathrm{d}x + \ln|C|,$$

因此得其通解为

$$y = C\mathrm{e}^{-\int P(x)\mathrm{d}x}, \qquad (4.2.10)$$

其中 C 是任意常数,记号 $\int P(x)\mathrm{d}x$ 只表示 $P(x)$ 某个确定的原函数.

例 7　求微分方程 $y' + 3x^2 y = 0$ 的通解.

解　所给方程为一阶齐次线性微分方程,且 $P(x) = 3x^2$,因此由公式(4.2.10)可知其通解为

$$y = C\mathrm{e}^{-\int P(x)\mathrm{d}x} = C\mathrm{e}^{-\int 3x^2 \mathrm{d}x} = C\mathrm{e}^{-x^3},$$

其中 C 为任意常数.

2. 一阶非齐次线性微分方程

下面我们使用所谓**"常数变易法"**来求解一阶非齐次线性微分方程

$$\frac{\mathrm{d}y}{\mathrm{d}x} + P(x)y = Q(x). \qquad (4.2.11)$$

具体步骤如下:

(1) 将一阶齐次线性微分方程的通解(4.2.10)中的 C 换成 x 的未知函数 $u(x)$,即作变换

$$y = u(x)\mathrm{e}^{-\int P(x)\mathrm{d}x}, \qquad (4.2.12)$$

得

$$\frac{\mathrm{d}y}{\mathrm{d}x} = u'(x)\mathrm{e}^{-\int P(x)\mathrm{d}x} - u(x)P(x)\mathrm{e}^{-\int P(x)\mathrm{d}x};$$

(2) 将以上两式代入一阶非齐次线性微分方程(4.2.11),得

$$u'(x)\mathrm{e}^{-\int P(x)\mathrm{d}x} - u(x)P(x)\mathrm{e}^{-\int P(x)\mathrm{d}x} + P(x)u(x)\mathrm{e}^{-\int P(x)\mathrm{d}x} = Q(x),$$

即

$$u'(x)e^{-\int P(x)dx} = Q(x),$$

从而得

$$u'(x) = Q(x)e^{\int P(x)dx};$$

(3) 将上式两边积分,得

$$u(x) = \int Q(x)e^{\int P(x)dx}dx + C;$$

(4) 再将上式代入(4.2.12),便得一阶非齐次线性微分方程(4.2.11)的通解为

$$y = \left(\int Q(x)e^{\int P(x)dx}dx + C\right)e^{-\int P(x)dx}, \qquad (4.2.13)$$

也可将通解写为两项之和

$$y = Ce^{-\int P(x)dx} + e^{-\int P(x)dx}\int Q(x)e^{\int P(x)dx}dx. \qquad (4.2.14)$$

显然,在(4.2.14)中,右端第一项为一阶齐次线性微分方程(4.2.9)的通解,第二项为一阶非齐次线性微分方程(4.2.11)的一个特解(在通解(4.2.13)中取 $C=0$ 便得到这个特解). 从而可以得到以下结论:

一阶非齐次线性微分方程的通解等于其对应的一阶齐次线性微分方程的通解与非齐次线性微分方程的一个特解之和.

例 8 求微分方程 $y'+y=2x$ 的通解.

解 这是一个一阶非齐次线性微分方程,且 $P(x)=1,Q(x)=2x$,因此代入通解公式(4.2.13),得

$$\begin{aligned}
y &= \left(\int Q(x)e^{\int P(x)dx}dx + C\right)e^{-\int P(x)dx} \\
&= \left(\int 2xe^{\int 1dx}dx + C\right)e^{-\int 1dx} \\
&= \left(\int 2xe^{x}dx + C\right)e^{-x} \\
&= (2xe^{x} - 2e^{x} + C)e^{-x} \\
&= 2x - 2 + Ce^{-x}.
\end{aligned}$$

例 9 求微分方程 $\dfrac{dy}{dx} = \dfrac{y}{y-x}$(其中 $y>0$)的通解.

解 若将 y 作为 x 的函数,该微分方程不属于线性微分方程,但是若将 x 作为 y 的函数,则原微分方程可化为

$$\frac{\mathrm{d}x}{\mathrm{d}y} + \frac{1}{y}x = 1,$$

这是一个关于 $x = x(y)$ 的一阶非齐次线性微分方程,其中 $P(y) = \dfrac{1}{y}$,$Q(y) = 1$. 代入通解公式(4.2.13),得

$$x = \left(\int Q(y)\mathrm{e}^{\int P(y)\mathrm{d}y}\mathrm{d}y + C\right)\mathrm{e}^{-\int P(y)\mathrm{d}y}$$

$$= \left(\int \mathrm{e}^{\int \frac{1}{y}\mathrm{d}y}\mathrm{d}y + C\right)\mathrm{e}^{-\int \frac{1}{y}\mathrm{d}y}$$

$$= \left(\int \mathrm{e}^{\ln y}\mathrm{d}y + C\right)\mathrm{e}^{-\ln y}$$

$$= \left(\int y\,\mathrm{d}y + C\right)\frac{1}{y}$$

$$= \left(\frac{y^2}{2} + C\right)\frac{1}{y},$$

因此,原方程的通解为

$$xy - \frac{y^2}{2} = C.$$

例 10　求微分方程 $y' - \dfrac{2y}{x+1} = (x+1)^3$ 满足初始条件 $y(0) = 1$ 的特解.

解　这是一个一阶非齐次线性微分方程,其中 $P(x) = \dfrac{-2}{x+1}$,$Q(x) = (x+1)^3$. 代入通解公式(4.2.13),得

$$y = \left(\int Q(x)\mathrm{e}^{\int P(x)\mathrm{d}x}\mathrm{d}x + C\right)\mathrm{e}^{-\int P(x)\mathrm{d}x}$$

$$= \left[\int (x+1)^3\mathrm{e}^{\int \frac{-2}{x+1}\mathrm{d}x}\mathrm{d}x + C\right]\mathrm{e}^{-\int \frac{-2}{x+1}\mathrm{d}x}$$

$$= \left[\int (x+1)^3\mathrm{e}^{-\ln(x+1)^2}\mathrm{d}x + C\right]\mathrm{e}^{\ln(x+1)^2}$$

$$= \left[\int (x+1)\mathrm{d}x + C\right](x+1)^2$$

$$= \left[\frac{1}{2}(x+1)^2 + C\right](x+1)^2$$

$$= \frac{1}{2}(x+1)^4 + C(x+1)^2,$$

再将初始条件 $y(0) = 1$ 代入上式,得 $C = \dfrac{1}{2}$,从而特解为 $y = \dfrac{1}{2}(x+1)^4 + \dfrac{1}{2}(x+1)^2$.

例 11　求一曲线的方程,该曲线通过原点,并且它在点 (x, y) 处的切线斜率等

于 $2x+y$.

解　设所求曲线的方程为 $y=f(x)$. 根据导数的几何意义,可知未知函数 $y=f(x)$ 应满足关系式

$$\frac{\mathrm{d}y}{\mathrm{d}x}=2x+y. \tag{4.2.15}$$

此外,未知函数 $y=f(x)$ 还应满足下列条件:

$$x=0 \text{ 时}, \quad y=0.$$

显然,式 (4.2.15) 是一个一阶非齐次线性微分方程,其中 $P(x)=-1$, $Q(x)=2x$. 代入通解公式 (4.2.13),得

$$\begin{aligned}
y &= \left(\int Q(x)\mathrm{e}^{\int P(x)\mathrm{d}x}\mathrm{d}x+C\right)\mathrm{e}^{-\int P(x)\mathrm{d}x}\\
&= \left[\int 2x\mathrm{e}^{\int -1\mathrm{d}x}\mathrm{d}x+C\right]\mathrm{e}^{-\int -1\mathrm{d}x}\\
&= \left[\int 2x\mathrm{e}^{-x}\mathrm{d}x+C\right]\mathrm{e}^{x}\\
&= \left[-2x\mathrm{e}^{-x}-2\mathrm{e}^{-x}+C\right]\mathrm{e}^{x}\\
&= -2x-2+C\mathrm{e}^{x}.
\end{aligned}$$

再将条件 $x=0$ 时,$y=0$ 代入上式,得 $0=0-2+C$,从而可得 $C=2$. 因此所求曲线方程为

$$y=2(-1-x+\mathrm{e}^{x}).$$

例 12(伊万斯价格调整模型)　设某种商品的特定市场需求 D 与供给 S 都是价格 p 的线性函数,它们分别是

$$D(t)=a_0+a_1 p(t), \quad a_1<0,$$
$$S(t)=b_0+b_1 p(t), \quad b_1>0.$$

在市场的整个供求时间 t 内,价格的变化率与过度需求 $D-S$ 成正比,这意味着正的过度需求使价格上升,负的过度需求使价格下降,即

$$\frac{\mathrm{d}p}{\mathrm{d}t}=k(D-S), \quad k>0.$$

试讨论价格函数 $p(t)$.

解　由题意可知

$$\frac{\mathrm{d}p}{\mathrm{d}t}=k(D-S)=k(a_0+a_1 p-b_0-b_1 p),$$

即

$$\frac{\mathrm{d}p}{\mathrm{d}t} + k(b_1 - a_1)p = k(a_0 - b_0).$$

这是一个一阶非齐次线性微分方程,利用通解公式(4.2.13),得

$$p = \left[\int k(a_0 - b_0) \mathrm{e}^{\int k(b_1 - a_1)\mathrm{d}t} \mathrm{d}t + C \right] \mathrm{e}^{-\int k(b_1 - a_1)\mathrm{d}t}$$

$$= \left[\int k(a_0 - b_0) \mathrm{e}^{k(b_1 - a_1)t} \mathrm{d}t + C \right] \mathrm{e}^{-k(b_1 - a_1)t}$$

$$= \left[\frac{a_0 - b_0}{b_1 - a_1} \mathrm{e}^{k(b_1 - a_1)t} + C \right] \mathrm{e}^{-k(b_1 - a_1)t}$$

$$= \frac{a_0 - b_0}{b_1 - a_1} + C \mathrm{e}^{-k(b_1 - a_1)t},$$

其中 C 是任意常数.

习　题　4.2

A 组

1. 求下列微分方程的通解:

(1) $\dfrac{\mathrm{d}y}{\mathrm{d}x} = \dfrac{1 + 3x^2}{1 + 3y^2}$;

(2) $\dfrac{\mathrm{d}y}{\mathrm{d}x} = -\dfrac{x}{y}$;

(3) $(xy^2 + x)\mathrm{d}x + (y - x^2 y)\mathrm{d}y = 0$;

(4) $y' = \dfrac{y}{y + x}$ $(y > 0)$;

(5) $y' = \mathrm{e}^{\frac{y}{x}} + \dfrac{y}{x}$;

(6) $y^2 + x^2 \dfrac{\mathrm{d}y}{\mathrm{d}x} = xy \dfrac{\mathrm{d}y}{\mathrm{d}x}$;

(7) $\dfrac{\mathrm{d}y}{\mathrm{d}x} + 2xy = 2x$;

(8) $xy' + y = x^2 + 3x + 2$;

(9) $xy' - 3y = x^4 \mathrm{e}^x$(其中 $x > 0$).

2. 求下列微分方程满足所给初始条件的特解:

(1) $x\mathrm{d}y + 2y\mathrm{d}x = 0, y(2) = 1$;

(2) $xy' - y = 2, y(1) = 3$;

(3) $\dfrac{\mathrm{d}x}{y} + \dfrac{\mathrm{d}y}{x} = 0, y(3) = 4$;

(4) $y' = \dfrac{x}{y} + \dfrac{y}{x}, y(1) = 2$;

(5) $(x^2 + y^2)\mathrm{d}y = xy\mathrm{d}x, y(1) = 1$;

(6) $\dfrac{\mathrm{d}y}{\mathrm{d}x} + 3y = 8x, y(0) = 2$;

(7) $xy' + y = 3x$,其中 $x > 0, y(1) = 0$;

(8) $\dfrac{\mathrm{d}y}{\mathrm{d}x} - 2xy = x\mathrm{e}^{-x^2}, y(0) = 1$;

(9) $y' - \dfrac{1}{x}y = -\dfrac{2}{x}\ln x, y(1) = 1$.

3. 某林区现有木材 10 万立方米,如果在每一瞬时木材的变化率与当时木材数成正比,假使 10 年内该林区能有木材 20 万立方米,试确定木材数 m 与时间 t 的关系.

4. 在某池塘内养鱼,该池塘最多能养鱼1000尾,在时刻 t,鱼数 y 是时间 t 的函数 $y = y(t)$,其变化率与池塘内鱼数 y 和池塘内还能容纳的鱼数 $1000 - y$ 的乘积成正比.已知在池塘内放养

鱼 100 尾,3 个月后池塘内有鱼 250 尾,求放养 t 月后池塘内鱼数 $y(t)$ 的函数表达式.

5. 设 $y=f_1(x)$ 与 $y=f_2(x)$ 分别是方程

$$y' + P(x)y = Q_1(x) \quad 与 \quad y' + P(x)y = Q_2(x)$$

的解. 证明:$y=f_1(x)+f_2(x)$ 是方程

$$y' + P(x)y = Q_1(x) + Q_2(x)$$

的解.

B 组

1. （　　）不是变量可分离微分方程.

A. $y'=\dfrac{1+y}{1+x}$　　　　　　　　B. $y'=\dfrac{y-x}{y-1}$

C. $y^2\mathrm{d}x+x^2\mathrm{d}y=0$　　　　　　D. $\dfrac{\mathrm{d}x}{y}+\dfrac{\mathrm{d}y}{x}=0$

2. （　　）是一阶线性微分方程.

A. $x^2y'=y$　　　　　　　　B. $y'=y^2$

C. $y'=\dfrac{1}{y}+x$　　　　　　　D. $y'=\mathrm{e}^y$

3. 求下列各微分方程的通解或在初始条件下的特解:

(1) $(1+x^2)\dfrac{\mathrm{d}y}{\mathrm{d}x}-y\ln y=0$;　　　　　　(2) $y'+y\cos x=\mathrm{e}^{-\sin x}$;

(3) $xy'-x\tan\dfrac{y}{x}-y=0$;　　　　　　(4) $\dfrac{\mathrm{d}x}{\mathrm{d}y}=\dfrac{x}{y}+\cos^2\dfrac{x}{y}$,$y(0)=1$;

(5) $(xy^2+x)\mathrm{d}x+(x^2y-y)\mathrm{d}y=0$,$y(0)=1$;　　(6) $y'+y\cos x=\sin x\cos x$,$y(0)=1$.

4. 某公司办公用品的月平均成本 C 与公司雇佣人数 x 有如下关系:

$$C'=\mathrm{e}^{-x}-2C, \quad 且\ C(0)=2,$$

求 $C(x)$.

本章内容小结

本章的主要内容有:

(1) 微分方程及阶的概念;微分方程的解、通解、特解的概念;微分方程的定解条件、初始条件、初值问题的概念;积分曲线的概念;线性和非线性微分方程、齐次和非齐次微分方程的概念.

(2) 几种常见的一阶微分方程的概念和求解:变量可分离的微分方程的求解;齐次微分方程的求解;一阶线性微分方程的求解.

学习中要注意如下几点:

(1) 一阶微分方程的解题步骤一般为

① 观察微分方程,判断它属于哪一种类型;

② 根据不同类型,确定微分方程的求解最终是化为可分离变量的微分方程还是一阶线性微分方程,再根据具体的微分方程选择相应的求解方法或作适当的变量替换后进行求解;

③ 若求解中作了变量替换,得出的解最后应作变量还原得原方程的解.

(2) 应用微分方程解应用问题的步骤:

① 建立微分方程要根据题意,搞清问题所涉及变量的意义,建立相应的微分方程;

② 要分析问题所涉及的条件,列出初始条件;

③ 应用适当的变量代换或直接判断微分方程的类型采用相应的方法进行求解.

(3) 关于微分方程解的几点说明:

① 微分方程的通解中一定含有任意常数;

② 微分方程的特解中不含任意常数;

③ 利用初始条件确定了通解中的任意常数后便得到特解.

阅读材料

微分方程简介及其在生活中的应用

一、微分方程简介

17 世纪后期,牛顿(Newton,1642～1727)和莱布尼茨(Leibniz,1646～1716)创立了在人类科学史具有划时代意义的微积分学.微积分学的产生和发展,与人们求解微分方程的需要密切相关.实际问题一旦转化为微分方程,就归结为对微分方程的研究.可以说微分方程在所有科学包括自然科学和社会科学领域,都有着广泛的应用.在数学学科内部的其他许多分支中,微分方程也是经常要用到的重要工具之一.

微分方程的理论和方法从 17 世纪末开始发展起来后,很快成了研究自然现象的强有力的工具.在 17～18 世纪,力学、天文、物理和技术科学就已借助微分方程取得了巨大的成就.例如,质点动力学和刚体动力学的问题就很容易化为微分方程的求解问题,1864 年勒维烈(V. Le Verrier,1811～1877)根据这个方程预见了海王星的存在,并确定出海王星在天空中的位置.现在,常微分方程在许多方面获得了日新月异的应用.这些应用也为微分方程的进一步发展提出了新的问题,促使人们对微分方程进行更深入的研究,以便适应科学技术飞速发展的需要.微分方程的首要问题是如何求一个给定方程的通解或特解.到目前为止,许多微分方程人们已经得出了求解的一般方法——"积分法". 例如,一阶微分方程中的变量可分离的方程、线性方程等,都可以通过积分法得到解. 但是一般而言,绝大多数微分方程的解不能通过"求积"得到,而理论上又证明了初值问题解的存在唯一性,从而推动人们从其他方面来研究微分方程. 例如,将未知函数表示成一致收敛的级数形式,扩大了微分方程的可解领域. 后来,人们引进新的特殊函数(非初等函数),如椭圆函数、阿贝尔函数、贝塞尔函数、勒让德函数等来表达微分方程的解. 使微分方程和函数论,特别是和复变函数论紧密地联系起来,产生了微分方程的解析理论. 与此同时,人们也开始采用各种近似方法来求微分方程的特解. 例如,用函数近似的逐次逼近法、Taylor 级数法、待定系数法,都可以在一个区间上求得近似解. 又如,求微分方程数值解的 Euler 折线法、Runge-Kutta 法等,可以求得若干个点上微分方程解的近似值. 近年来随着电子计算机的飞速发展,开发出了许多功能强大、使用方便的软件包,在微分方程的求解和应用之中发挥了巨大的作用,真正使微分方程在科学技术和经济发展中得到了充分的应用,解决了许多重大问题. 在微分方程理论中,另一重要的问题是对解的各种属性的研究. 一般是在不求出精确解或者近似解的情况下,把方程的解视为某空间的曲线(轨线),根据方程右端函数本身所具有的性质,来研究积分曲线(轨线)的各种属性,如奇点、周期解、有异性、稳定性以及整族解的定性分布图形等. 于是就发展为微分方程的定性和稳定性理论. 最后,随着当代高科技的发展为数学的广泛应用和深入研究提供了更好的手段,数学机械化的思想也渗透和应用到了微分方程这一支. 用计算机求方程的精确解、近似解,对解的性态进行图示和定性、稳定性研究都十分方便和有效.

二、生活中的一个简单应用

1949 年美国芝加哥大学利比(W. F. Libby)建立的碳-14 测定年代的方法是考古工作者重要的断代手段之一,这可以说是微分方程在日常生活中的一个非常有意思的应用. 其原理如下:从星际空间射到地球的射线称为宇宙线. 宇宙线穿过大气层时撞击空气中的氮核,引起核反应而生成具有放射性的碳-14. 宇宙线的强度可以认为是不变化的,它经年不息地射到地球上来,不断地产生着碳-14,而碳-14 本身又不断地放出射线裂变为氮. 这种不断产生、不断裂变的过程从古到今一直进行着,因此大气中的碳-14 实际上处于动态平衡,大气中碳-14 的含量(指物体标本中碳-14 的原子个数与非放射性碳原子个数之比)可认为是一常值(实测约为 1.2×10^{-12}). 碳-14 和其他碳原子在化学性质上毫无区别. 它与氧化合生成放射性二氧化碳,通过光合作用而进入植物体内. 动物吃植物,碳-14 又进入动物体内. 因此在活的动植物体中碳-14 的含量与大气中的含量大致相同. 动植物一死,体内碳-14 得不到补充,只是不断地裂变为氮而减少. 已经知道放射性元素的裂变规律遵循:裂变速率与剩余量成正比.对碳-14 来说,其半衰期为 5730 年.这样,从动植物尸体中碳-14 的含量就可以约略推算出它的死亡年代.

例如,1972 年发掘长沙市东郊马王堆一号汉墓时,对其棺椁外主要用以防潮吸水用的木炭进行了分析,得知它含碳-14 的量约为大气中的 0.7757,据此便可推算出木炭的年代,它也就可以当作此女尸下葬的年代.

以 t 表示时间(年),$t=0$ 对应于木炭烧制的时刻,以 $y=y(t)$ 表示木炭经过 t 年后碳-14 的含量,则 $\dfrac{dy}{dt}$ 是碳-14 的增长速率,而碳-14 的裂变速率便是 $-\dfrac{dy}{dt}$.故按裂变规律,我们有 $\dfrac{dy}{dt}=-ky$,其中 $k>0$ 为比例常数.显然,这是一个一阶微分方程.并且,木炭在 $t=0$ 时的碳-14 含量与大气中的含量 $\alpha=1.2\times10^{-12}$ 大致相同,而经过 5730 年后衰减了一半,故函数 $y(t)$ 还应满足如下条件:$y(0)=\alpha$,$y(5730)=\dfrac{\alpha}{2}$.利用这些已知条件,我们可以求得 $y=\alpha e^{-\frac{\ln 2}{5730}t}$.假设木炭是 T 年前烧制的,经过 T 年,其碳-14 的含量已减少为大气中含量的 0.7757,故应有 $0.7757\alpha=\alpha e^{-\frac{\ln 2}{5730}T}$.由此算出 $T=-\ln(0.7757)\times\dfrac{5730}{\ln 2}\approx2100$.这表明长沙汉墓中的女尸大约是在公元前 128 年下葬的.

部分习题参考答案

第 1 章

习题 1.2

A 组

1. (1) 不同,因为定义域不同;

   (2) 相同,因为定义域与对应法则相同;

   (3) 不同,因为定义域不同;

   (4) 不同,因为对应法则不同(如 $x=-1$,对应 y 不同).

2. $y=\begin{cases} 50x, & 0\leqslant x\leqslant 10, \\ 100+40x, & x>10. \end{cases}$

3. (1) 偶函数; (2) 奇函数; (3) 既不是偶函数,也不是奇函数.

4. 提示:直接利用周期函数的定义.

5. (1) $f(g(x))=\begin{cases} 0, & |x|\neq 1, \\ 1, & |x|=1; \end{cases}$ (2) $g(f(x))=\begin{cases} 1, & |x|\leqslant 1. \\ 2, & |x|>1. \end{cases}$

6. (1) 由 $y=2^u, u=v^2, v=\sin x$ 复合而成;

   (2) 由 $y=\ln u, u=\sqrt{v}, v=x^2-3x+2$ 复合而成;

   (3) 由 $y=u^5, u=\tan v, v=\sqrt[3]{w}, w=\lg t, t=\arcsin x$ 复合而成;

   (4) 由 $z=\sin u, u=\arctan v, v=x^2+y$ 复合而成.

7. (1) $y=\sqrt[3]{\dfrac{x-1}{2}}$; (2) $y=e^{1-x}-2$.

8. 提示:利用函数单调性定义.

9. $f(x)=\dfrac{2-x}{1-2x}\left(x\neq\dfrac{1}{2}\right)$.

10. π.

11. (1) 函数的定义域为 $D=[0,+\infty)$,值域为 $W=[0,+\infty)$;

    (2) $f\left(\dfrac{1}{2}\right)=\sqrt{2}, f(1)=2, f(3)=4$.

B 组

1. (1) B; (2) D.

2. $f(x)=x^2-2$.

3. $f(x)=x^2-5x+2$.

6. $f(x)=4x^2-x+c$(c 为任意常数). (提示:设 $f(x)=ax^2+bx+c$,利用待定系数法.)

习题 1.3

A 组

1. (1) 0；　(2) 1；　(3) 0；　(4) 4.

2. (1) 有界；　(2) 无界.

3. (1) $\dfrac{1}{4}$；　(2) 0；　(3) $\dfrac{1}{3}$；　(4) $\dfrac{1}{2}$；　(5) $\dfrac{2}{7}$；　(6) 2.

B 组

1. 提示:用反证法. 数列 $\{a_n b_n\}$ 和 $\left\{\dfrac{a_n}{b_n}\right\}(b_n \neq 0)$ 不一定发散.

2. (1) 1；　(2) 3. $\left(\text{提示}: \dfrac{2n-1}{2^n} = \dfrac{2n+1}{2^{n-1}} - \dfrac{2n+3}{2^n}.\right)$

3. 提示:利用单调有界准则.

习题 1.4

A 组

1. (1) 级数收敛,和为 1；　(2) 级数收敛,和为 $\dfrac{1}{2}$.

2. (1) 发散；　(2) 发散.

3. $\dfrac{2}{2-\ln 3}.$

B 组

1. 级数收敛,其和为 $-\ln 2$.

2. 3000 亿元;9000 亿元.

习题 1.5

A 组

1. (1) 0；　(2) 0；　(3) 0；　(4) 0；　(5) 1；　(6) $\dfrac{\pi}{2}$.

2. (1) 6；　(2) 4；　(3) 4；　(4) -1；　(5) $\dfrac{3}{4}$；　(6) 0.

3. 1.

B 组

1. 不存在.

2. $\lim\limits_{x \to 0^+} f(x) = \lim\limits_{x \to 0^-} f(x) = 1, \lim\limits_{x \to 0} f(x) = 1$；

$\lim\limits_{x \to 0^+} \varphi(x) = 1, \lim\limits_{x \to 0^-} \varphi(x) = -1, \lim\limits_{x \to 0} \varphi(x)$ 不存在.

习题 1.6

A 组

1. (1) 无穷小量；　(2) 无穷大量；　(3) 无穷小量；　(4) 无穷小量.

2. 12.7 万元.

3. (1) 2；　(2) $\dfrac{3}{2}$；　(3) $\dfrac{3}{4}$；　(4) 0；　(5) 2；　(6) $\dfrac{1}{3}$；　(7) 0；　(8) $\dfrac{2}{3}$.

4. 2. $\left(\text{提示:令 } f(x)=2+\alpha,\text{其中 } \alpha=\dfrac{1}{x}\right)$

5. (1) $2x$; (2) $\dfrac{2}{3}$; (3) 0; (4) ∞; (5) $\dfrac{1}{2}$; (6) $x+\dfrac{a}{2}$.

B 组

1. $\dfrac{1}{2}$.

2. 1. $\left(\text{提示:令 } \alpha(x)=\dfrac{1}{x}-\left[\dfrac{1}{x}\right],0\leqslant\alpha(x)\leqslant1\right)$

3. (1) 同阶,但不等价; (2) 等价.

4. $a=1,b=-4$.

5. 0.

6. (1) 不一定; (2) 不一定.

习题 1.7

A 组

1. $k=\dfrac{1}{2}(\mathrm{e}^2-1)$.

2. 连续.

3. $x=0$ 是跳跃间断点(第一类间断点);连续区间是 $(-\infty,0),(0,+\infty)$.

4. (1) $\dfrac{2\sqrt{2}}{3}$; (2) 0.

5. $\dfrac{3}{2}$.

6. 不连续.

7. 提示:利用零点存在定理.

8. 提示:令 $g(x)=f(x)-x$,利用零点存在定理.

B 组

1. $a=-1,b=0$.

2. (1) $x=0$ 是第一类间断点(跳跃间断点);

   (2) $x=0,k\pi+\dfrac{\pi}{2}(k=0,\pm1,\pm2,\cdots)$ 是第一类间断点(可去间断点);$x=k\pi(k=\pm1,$

   $\pm2,\cdots)$ 是第二类间断点(无穷间断点).

3. 提示:利用介值定理.

4. C.

第 2 章

习题 2.1

A 组

1. (1) $y'=m$; (2) $y'=\dfrac{1}{2\sqrt{x}}$; (3) $y'=-\sin x$.

2. (1) $y'=\dfrac{21}{5}x^{\frac{16}{5}}$； (2) $y'=\dfrac{1}{6}x^{-\frac{5}{6}}$；

(3) $y'=3x^2-\dfrac{28}{x^5}+\dfrac{2}{x^2}$； (4) $y'=15x^2-2^x\ln2+3e^x$；

(5) $y'=2\sec^2x+\sec x\tan x$； (6) $y'=\cos^2x-\sin^2x$；

(7) $y'=2x\ln x+x$； (8) $y'=3e^x\cos x-3e^x\sin x$；

(9) $y'=\dfrac{1-\ln x}{x^2}$； (10) $y'=e^x\left(\dfrac{1}{x^2}-\dfrac{2}{x^3}\right)$；

(11) $y'=2x\cos x\ln x+x\cos x-x^2\sin x\ln x$； (12) $s'=\dfrac{1+\cos t+\sin t}{(1+\cos t)^2}$.

3. (1) $y'|_{x=\frac{\pi}{6}}=\dfrac{1+\sqrt{3}}{2}$，$y'|_{x=\frac{\pi}{4}}=\sqrt{2}$；

(2) $\dfrac{d\rho}{d\theta}\Big|_{\theta=\frac{\pi}{4}}=\dfrac{\sqrt{2}}{4}+\dfrac{\pi\sqrt{2}}{8}$；

(3) $f'(0)=\dfrac{3}{25}$，$f'(2)=\dfrac{17}{15}$.

4. $a=2,b=-1$.

5. $f'_+(0)=0$，$f'_-(0)=-1$，$f'(0)$不存在.

6. $f'(x)=\begin{cases}1, & x\geqslant0, \\ \cos x, & x<0.\end{cases}$

7. (1) $y''=4-\dfrac{1}{x^2}$； (2) $y''=-2\sin x-x\cos x$；

(3) $y''=2\sec^2x\tan x$； (4) $y''=e^x\left(\dfrac{1}{x}-\dfrac{2}{x^2}+\dfrac{2}{x^3}\right)$.

B 组

1. (1) 1； (2) 1.

2. $f'(1)=2$.

3. $f'(a)=\phi(a)$.

5. (1) $y^{(4)}=-4e^x\cos x$； (2) $y^{(3)}=6e^x(1+x)+x^2e^x$.

6. e^{-4}.

7. 1.

习题 2. 2

A 组

1. $11dy$.

2. 当 $\Delta x=1$ 时，$\Delta y=18$，$dy=11$； 当 $\Delta x=0.1$ 时，$\Delta y=1.161$，$dy=1.1$；
   当 $\Delta x=0.01$ 时，$\Delta y=0.110601$，$dy=0.11$. Δx 越小，$\Delta y-dy$ 也越小.

3. (1) $dy=(1-2x+\ln x)dx$； (2) $dy=(\tan x+x\sec^2x)dx$；

(3) $dy=e^x(\sin x+\cos x)dx$； (4) $dy=e^x(1+x)dx$.

4. (1) $dy=(u'vw+uv'w+uvw')dx$； (2) $dy=\left(\dfrac{v'u-vu'}{u^2}+w'\right)dx$.

B 组

1. (a) $\Delta y>0, \mathrm{d}y>0, \Delta y-\mathrm{d}y>0$;

    (b) $\Delta y>0, \mathrm{d}y>0, \Delta y-\mathrm{d}y<0$;

    (c) $\Delta y<0, \mathrm{d}y<0, \Delta y-\mathrm{d}y>0$;

    (d) $\Delta y<0, \mathrm{d}y<0, \Delta y-\mathrm{d}y<0$.

2. (1) $2x+C$;　　(2) $\dfrac{3}{2}x^2+C$;　　(3) $\sin t+C$;

    (4) $2\sqrt{x}+C$;　(5) $\dfrac{3^x}{\ln 3}+C$;　(6) $\ln x+C$.

3. ABCD.

4. B.

习题 2.3

A 组

1. (1) $y'=3x^2\mathrm{e}^{x^3}$;　　　　　　　(2) $y'=\cot x$;

    (3) $y'=\dfrac{1}{1+\ln^2(ax+b)}\cdot\dfrac{a}{ax+b}$; (4) $y'=\dfrac{-3\left(\arcsin\dfrac{1}{x}\right)^2}{|x|\sqrt{x^2-1}}$;

    (5) $y'=\dfrac{1}{\sqrt{1-\sin^4 x}}\cdot 2\sin x\cos x$; (6) $y'=(-3\sin 2x+2\cos 2x)\mathrm{e}^{-3x}$;

    (7) $y'=-\dfrac{1}{1+x^2}$;　　　　　(8) $y'=\dfrac{-4x\sin(x^2-1)}{\sqrt{1-4\cos^2(x^2-1)}}$.

2. (1) $\mathrm{d}y=\dfrac{((1+x^2)\arctan x-1)\mathrm{e}^x}{(1+x^2)\arctan^2 x}$;

    (2) $\mathrm{d}y=(\mathrm{e}^x\sin 2x+2\mathrm{e}^x\cos 2x)\mathrm{d}x$;

    (3) $\mathrm{d}y=\left(\dfrac{1}{x}\cos^2 x-\ln x\sin 2x\right)\mathrm{d}x$;

    (4) $\mathrm{d}y=\dfrac{1}{\mathrm{e}^x+\sqrt{1+\mathrm{e}^{2x}}}\cdot\left(\mathrm{e}^x+\dfrac{\mathrm{e}^{2x}}{\sqrt{1+\mathrm{e}^{2x}}}\right)\mathrm{d}x$;

    (5) $\mathrm{d}y=\dfrac{2\ln(1-x)}{x-1}\mathrm{d}x$;

    (6) $\mathrm{d}y=8x\tan(1+2x^2)\sec^2(1+2x^2)\mathrm{d}x$;

    (7) $\mathrm{d}y=-\dfrac{x\mathrm{d}x}{|x|\sqrt{1-x^2}}$;

    (8) $\mathrm{d}y=\dfrac{-2x}{1+x^4}\mathrm{d}x$.

3. $\dfrac{\sqrt{5}}{5}\mathrm{d}x$.

4. (1) $\ln(1+x)+C$;   (2) $\dfrac{1}{2}e^{2x}+C$;

   (3) $-\dfrac{1}{2}\cos 2x+C$;   (4) $\sqrt{1+x^2}+C$;

   (5) $\dfrac{1}{2}\tan 2x+C$;   (6) $\ln(\ln x)+C$.

B 组

1. (1) $y'=\dfrac{2(1-x^2)}{(1+x^2)^2}\cos\dfrac{2x}{1+x^2}$;

   (2) $y'=\dfrac{1}{2\sqrt{x+\sqrt{x+\sqrt{x}}}}\left(1+\dfrac{1}{2\sqrt{x+\sqrt{x}}}\left(1+\dfrac{1}{2\sqrt{x}}\right)\right)$;

   (3) $y'=\dfrac{1}{\ln\left(\ln\tan\dfrac{x}{2}\right)}\cdot\dfrac{1}{\ln\tan\dfrac{x}{2}}\cdot\dfrac{1}{\tan\dfrac{x}{2}}\cdot\sec^2\dfrac{x}{2}\cdot\dfrac{1}{2}$;

   (4) $y'=-e^x\tan e^x$.

2. $y'=\dfrac{f(x)f'(x)+g(x)g'(x)}{\sqrt{f^2(x)+g^2(x)}}$.

3. (1) $y'=2xf'(x^2)$;

   (2) $y'=\sin 2x(f'(\sin^2 x)-f'(\cos^2 x))$.

4. $\dfrac{e-1}{1+e^2}$.

习题 2.4

A 组

1. (1) $\dfrac{\partial z}{\partial x}=2,\quad \dfrac{\partial z}{\partial y}=3$;   (2) $\dfrac{\partial z}{\partial x}=2y,\quad \dfrac{\partial z}{\partial y}=2x$;

   (3) $\dfrac{\partial z}{\partial x}=-\dfrac{4y}{x^3},\quad \dfrac{\partial z}{\partial y}=\dfrac{2}{x^2}$;   (4) $\dfrac{\partial z}{\partial x}=\dfrac{4xy^2}{(x^2+y^2)^2},\quad \dfrac{\partial z}{\partial y}=-\dfrac{4x^2 y}{(x^2+y^2)^2}$;

   (5) $\dfrac{\partial z}{\partial x}=\ln y+\dfrac{y}{x},\quad \dfrac{\partial z}{\partial y}=\dfrac{x}{y}+\ln x$; (6) $\dfrac{\partial w}{\partial u}=e^u\ln v,\quad \dfrac{\partial w}{\partial v}=\dfrac{1}{v}e^u$;

   (7) $\dfrac{\partial z}{\partial x}=\dfrac{e^x(x+y-1)-e^y}{(x+y)^2},\quad \dfrac{\partial z}{\partial y}=\dfrac{e^y(x+y-1)-e^x}{(x+y)^2}$;

   (8) $\dfrac{\partial u}{\partial x}=-\dfrac{zy^z}{x^{z+1}},\quad \dfrac{\partial u}{\partial y}=\dfrac{zy^{z-1}}{x^z},\quad \dfrac{\partial u}{\partial z}=\left(\dfrac{y}{x}\right)^z\ln\left(\dfrac{y}{x}\right)$;

   (9) $\dfrac{\partial g}{\partial x}=\dfrac{2yz(y^2+z^2-x^2)}{(x^2+y^2+z^2)^2},\dfrac{\partial g}{\partial y}=\dfrac{2xz(x^2+z^2-y^2)}{(x^2+y^2+z^2)^2},\dfrac{\partial g}{\partial z}=\dfrac{2xy(x^2+y^2-z^2)}{(x^2+y^2+z^2)^2}$;

   (10) $\dfrac{\partial f}{\partial u}=-\dfrac{w}{(u+v)^2},\quad \dfrac{\partial f}{\partial v}=-\dfrac{w}{(u+v)^2},\quad \dfrac{\partial f}{\partial w}=\dfrac{1}{u+v}$;

   (11) $\dfrac{\partial z}{\partial x}=\dfrac{2}{y}\csc\dfrac{2x}{y},\quad \dfrac{\partial z}{\partial y}=-\dfrac{2x}{y^2}\csc\dfrac{2x}{y}$;

(12) $\dfrac{\partial z}{\partial x} = y(1+x)^{y-1}$, $\dfrac{\partial z}{\partial y} = (1+x)^y \ln(1+x)$;

(13) $\dfrac{\partial z}{\partial x} = \dfrac{1}{2x\sqrt{\ln(xy)}}$, $\dfrac{\partial z}{\partial y} = \dfrac{1}{2y\sqrt{\ln(xy)}}$;

(14) $\dfrac{\partial z}{\partial x} = y[\cos(xy) - \sin(2xy)]$, $\dfrac{\partial z}{\partial y} = x[\cos(xy) - \sin(2xy)]$;

(15) $\dfrac{\partial u}{\partial x} = \dfrac{y}{z} x^{\frac{y}{z}-1}$, $\dfrac{\partial u}{\partial y} = \dfrac{1}{z} x^{\frac{y}{z}} \ln x$, $\dfrac{\partial u}{\partial z} = -\dfrac{y}{z^2} x^{\frac{y}{z}} \ln x$;

(16) $\dfrac{\partial u}{\partial x} = \dfrac{z(x-y)^{z-1}}{1+(x-y)^{2z}}$, $\dfrac{\partial u}{\partial y} = -\dfrac{z(x-y)^{z-1}}{1+(x-y)^{2z}}$, $\dfrac{\partial u}{\partial z} = \dfrac{(x-y)^z \ln(x-y)}{1+(x-y)^{2z}}$.

2. $f_x\left(0, \dfrac{\pi}{4}\right) = \dfrac{\sqrt{2}}{2}$, $f_y\left(0, \dfrac{\pi}{4}\right) = \dfrac{\sqrt{2}}{2}$.

3. $f_x(1,1) = e$, $f_y(1,1) = e+1$.

4. $z_x\left(2, \dfrac{\pi}{6}\right) = 2$, $z_y\left(2, \dfrac{\pi}{6}\right) = 2\sqrt{3}$.

7. $f_x(x,1) = 1$.

B 组

1. 不存在.

2. (1) $f_x(x,y) = \begin{cases} \dfrac{2xy^3}{(x^2+y^2)^2}, & x^2+y^2 \neq 0, \\ 0, & x^2+y^2 = 0, \end{cases}$

$f_y(x,y) = \begin{cases} \dfrac{x^4 - x^2 y^2}{(x^2+y^2)^2}, & x^2+y^2 \neq 0, \\ 0, & x^2+y^2 = 0; \end{cases}$

(2) 当 $x^2+y^2 \neq 0$ 时,

$$f_x(x,y) = \dfrac{x}{\sqrt{x^2+y^2}} \sin\dfrac{1}{x^2+y^2} - \dfrac{2x\sqrt{x^2+y^2}}{(x^2+y^2)^2} \cos\dfrac{1}{x^2+y^2},$$

$$f_y(x,y) = \dfrac{y}{\sqrt{x^2+y^2}} \sin\dfrac{1}{x^2+y^2} - \dfrac{2y\sqrt{x^2+y^2}}{(x^2+y^2)^2} \cos\dfrac{1}{x^2+y^2},$$

当 $x^2+y^2 = 0$ 时, $f_x(0,0)$ 与 $f_y(0,0)$ 都不存在;

(3) 当 $x^2+y^2 \neq 0$ 时,

$$f_x(x,y) = \ln(x^2+y^2) + \dfrac{2x^2}{x^2+y^2},$$

$$f_y(x,y) = \dfrac{2xy}{x^2+y^2},$$

当 $x^2+y^2 = 0$ 时, $f_x(0,0)$ 都不存在, $f_y(0,0) = 0$.

3. $u_x(0,0,0) = u_y(0,0,0) = u_z(0,0,0) = 1$.

4. A.

习题 2.5

A 组

1. (1) $dz = \left(\dfrac{1}{y} + y\right)dx + \left(-\dfrac{x}{y^2} + x\right)dy$;

   (2) $dz = (4y^3 + 10xy^6)dx + (12xy^2 + 30x^2y^5)dy$;

   (3) $dz = \dfrac{-2y}{(x-y)^2}dx + \dfrac{2x}{(x-y)^2}dy$;

   (4) $du = e^x(x^2 + y^2 + z^2 + 2x)dx + 2ye^x dy + 2ze^x dz$;

   (5) $dz = \dfrac{1}{x + y^2}dx + \dfrac{2y}{x + y^2}dy$;

   (6) $dz = yx^{y-1}dx + x^y \ln x dy$;

   (7) $dz = \dfrac{-xy}{(x^2 + y^2)\sqrt{x^2 + y^2}}dx + \dfrac{x^2}{(x^2 + y^2)\sqrt{x^2 + y^2}}dy$;

   (8) $du = y^2 z \cos(xy^2)dx + 2xyz\cos(xy^2)dy + \sin(xy^2)dz$.

2. $\Delta z = -0.119, dz = -0.125$.

3. $dz = 2\pi dx + \pi^2 dy$.

4. $0.25e$.

5. $2e dx + (e + 2)dy$.

6. (1) 连续;   (2) $f_x(0,0) = f_y(0,0) = 0$;   (3) 不可微分.

B 组

1. C.

2. B,D.

3. $-0.2 m^2$.

5. 可微分.

习题 2.6

A 组

1. 切线方程为 $3x - y - 2 = 0$;法线方程为 $x + 3y - 4 = 0$.

2. 切线方程为 $\dfrac{\sqrt{3}}{2}x - y + \dfrac{1}{2}\left(1 - \dfrac{\sqrt{3}}{6}\pi\right) = 0$;

   法线方程为 $\dfrac{2\sqrt{3}}{3}x + y - \dfrac{1}{2}\left(1 + \dfrac{2\sqrt{3}}{9}\pi\right) = 0$.

3. $3x - y - 4 = 0$.

4. $(1,2); (-1,-2)$.

5. $17.6\pi cm^3$.

6. (1) 2.746;   (2) 9.987;   (3) 1.035;   (4) 0.001;   (5) 0.502;   (6) 2.039.

B 组

2. $x + y - 2 = 0$.

3. $(2,4)$.

4. (1) $1775, 1.97$; (2) 1.58; (3) 1.5.

5. $255, 17, 14, 13$.

6. $L'(20) = 50, L'(25) = 0, L'(35) = -100$.

7. (1) $C'(x) = 5 + 4x, R'(x) = 200 + 2x, L'(x) = 195 - 2x$; (2) $L'(25) = 145$.

8. (1) $C'(x) = 450 + 0.04x$;

   (2) $L(x) = 40x - 0.02x^2 - 2000, L'(x) = 40 - 0.04x$;

   (3) $x = 1000$.

第 3 章

习题 3.1

A 组

1. (1) $\dfrac{5}{2}$; (2) $\dfrac{\pi}{4} a^2$.

4. (1) $\dfrac{2}{7} x^{\frac{7}{2}} + C$; (2) $\dfrac{m}{m+n} x^{\frac{m+n}{m}} + C$; (3) $-\dfrac{2}{\sqrt{x}} + C$; (4) $\dfrac{1}{\ln 3 - 1} \dfrac{3^x}{e^x} + C$.

5. $-\sin x + C$.

6. $y = e^x + 1$.

B 组

1. C.

2. (1) 1.495; (2) 1.4995.

3. (1) $\displaystyle\int_0^1 \dfrac{1}{1+x^2} dx$; (2) $\displaystyle\int_0^1 \sin \pi x \, dx$.

4. $y = \ln |x|$.

习题 3.2

A 组

1. (1) $x + \dfrac{2}{5} x^{\frac{5}{2}} + C$; (2) $e^{2+t} + C$; (3) $-\dfrac{1}{x} + \ln |x| + C$;

   (4) $\dfrac{1}{2} x^2 - \sqrt{3} x + C$; (5) $x + \arctan x + C$; (6) $x - 2\ln |x| - \dfrac{1}{x} + C$;

   (7) $\dfrac{1}{2} \sin x + \dfrac{1}{2} x + C$; (8) $\dfrac{1}{2} \tan x + C$.

2. (1) $1 \leqslant \displaystyle\int_0^1 (x^2 + 1) dx \leqslant 2$; (2) $e^{-2} \leqslant \displaystyle\int_1^2 e^{x-x^2} dx \leqslant 1$;

   (3) $\dfrac{\pi}{2} \leqslant \displaystyle\int_0^{\frac{\pi}{2}} (1 + \sin x) dx \leqslant \pi$; (4) $0 \leqslant \displaystyle\int_0^2 \ln(x+1) dx \leqslant 2\ln 3$.

3. (1) 6; (2) -2; (3) -3; (4) $-\dfrac{2}{3}$.

4. $\dfrac{5}{4}$.

5. 0.

B 组

1. B.

2. (1) $-\cot x - \tan x + C$；　(2) $\arctan x - \dfrac{1}{x} + C$.

3. $\dfrac{\pi}{3}$.

4. $-1 - e^{-1}$.

习题 3.3

A 组

1. e^{x^2}, e.

2. (1) $\dfrac{28}{15}$；　(2) $\dfrac{3}{2} + \ln 2$；　(3) $1 - \dfrac{\pi}{4}$；　(4) $e^2 - 3$；　(5) $\dfrac{1}{\ln 2} + \dfrac{1}{5} + \tan 1$；　(6) $1 - \dfrac{\pi}{2}$.

3. (1) $x\ln x$；　(2) $-e^{x^2}$；　(3) 0；　(4) $\cos x[\cos(\sin x) - 1]$.

B 组

2. $\dfrac{\pi}{6}$.

3. 1.

习题 3.4

A 组

1. (1) $\dfrac{1}{3}$；　　(2) $-\dfrac{1}{6}$；　　(3) $\dfrac{1}{2}$；　　(4) -1；　　(5) -1；

　(6) $-\dfrac{1}{2}$；　(7) $\dfrac{1}{3}$；　　(8) $\dfrac{1}{\sqrt{2}}$；　(9) $\dfrac{1}{4}$；　　(10) $\dfrac{1}{3}$.

2. (1) $\dfrac{1}{4}(2+3x)^{\frac{4}{3}} + C$；　(2) $\dfrac{1}{2}(\ln x)^2 + \ln x + C$；　(3) $\dfrac{1}{2}(\arctan x)^2 + C$；

　(4) $\dfrac{1}{32}(4x^2+3)^4 + C$；　(5) $-2\cos\sqrt{x} + C$；　　(6) $-e^{\frac{1}{x}} + C$；

　(7) $-\dfrac{3}{4}\sqrt[3]{\cos^4 x} + C$；　(8) $\dfrac{1}{4}\tan^4 x + C$；　(9) $\dfrac{1}{3}(\arcsin x)^3 + C$；

　(10) $\arctan(x+1) + C$；　(11) $\dfrac{1}{4}\ln\dfrac{x^4}{1+x^4} + C$；　(12) $\sqrt{2x} - \ln(1+\sqrt{2x}) + C$；

　(13) $\dfrac{x}{a^2\sqrt{a^2-x^2}} + C$；　(14) $-\dfrac{1}{3}\dfrac{\sqrt{(1+x^2)^3}}{x^3} + C$；

　(15) $2\sqrt{x-1} - 2\arctan\sqrt{x-1} + C$；　　(16) $\sqrt{x^2-1} + C$.

3. $\dfrac{1}{x} + C$.

4. (1) $\dfrac{1-\sqrt{3}}{2}$；　(2) $\dfrac{15}{64}$；　(3) $\dfrac{\sqrt{5}-1}{4}$；　(4) $2(\sqrt{2}-1)$；　(5) $\dfrac{4}{3}$；　(6) $\dfrac{1}{2}(1-e^{-1})$；

　(7) $\dfrac{\pi}{2}$；　(8) $\ln(2+\sqrt{3}) - \dfrac{\sqrt{3}}{2}$；　(9) π；　(10) $\sqrt{2} - \dfrac{2\sqrt{3}}{3}$；　(11) $1 - 2\ln 2$；　(12) $2 - \dfrac{\pi}{2}$.

5. (1) $x\mathrm{e}^x+C$;　　　　　　　　　　(2) $\dfrac{1}{3}x^3\ln x-\dfrac{1}{9}x^3+C$;

(3) $\left(-\dfrac{1}{2}x^2+\dfrac{3}{4}\right)\cos 2x+\dfrac{x}{2}\sin 2x+C$;　(4) $x(\ln^2 x-2\ln x+2)+C$;

(5) $-\dfrac{1}{5}(\sin 2x+2\cos 2x)\mathrm{e}^{-x}+C$;　　　(6) $\dfrac{1}{2}(x^2+1)\arctan x-\dfrac{1}{2}x+C$.

6. (1) $1-\dfrac{2}{\mathrm{e}}$;　　(2) $2\ln 2-\dfrac{3}{4}$;　　(3) $8\pi-16$;

(4) $\dfrac{\pi}{4}-\dfrac{1}{2}$;　　(5) $\dfrac{\mathrm{e}^\pi-2}{5}$;　　　(6) $2-\dfrac{2}{\mathrm{e}}$.

7. (1) $\dfrac{1}{3}x^3-\dfrac{1}{2}x^2+x-\ln|1+x|+C$;

(2) $\dfrac{1}{2}\ln(x^2-2x+2)+2\arctan(x-1)+C$;

(3) $\ln|x+1|-\dfrac{1}{2}\ln(x^2-x+1)+\sqrt{3}\arctan\dfrac{2x-1}{\sqrt{3}}+C$;

(4) $-\ln|\csc x+1|+C$;

(5) $\dfrac{1}{x+1}+\dfrac{1}{2}\ln|x^2-1|+C$;

(6) $2\sqrt{x}-4\sqrt[4]{x}+4\ln(\sqrt[4]{x}+1)+C$.

B 组

1. (1) $\dfrac{1}{2}\arctan x^2+C$;　(2) $\mathrm{e}^{\mathrm{e}^x}+C$;　(3) $\dfrac{x\mathrm{e}^x}{1+\mathrm{e}^x}-\ln(1+\mathrm{e}^x)+C$;

(4) $\dfrac{1}{4}(\arcsin x)^2+\dfrac{x}{2}\sqrt{1-x^2}\arcsin x-\dfrac{x^2}{4}+C$;

(5) $(\arcsin x)^2+2\sqrt{1-x^2}\arcsin x-2x+C$;　(6) $\dfrac{2}{3}\mathrm{e}^{\sqrt{3x+4}}(\sqrt{3x+4}-1)+C$;

(7) $-\dfrac{x+1}{x^2+x+1}-\dfrac{4}{\sqrt{3}}\arctan\dfrac{2x+1}{\sqrt{3}}+C$;

(8) $\ln\left|\sqrt{\dfrac{1-x}{1+x}}-1\right|-\ln\left|\sqrt{\dfrac{1-x}{1+x}}+1\right|+2\arctan\sqrt{\dfrac{1-x}{1+x}}+C$;

(9) $\dfrac{\pi}{2}$;　(10) 4;　(11) $\dfrac{\pi^3}{324}$;

(12) $2-\dfrac{4}{\mathrm{e}}$;　(13) $\dfrac{\pi^2}{4}$;　(14) $\dfrac{\pi^2}{2}+2\pi-4$;

(15) $\begin{cases}\dfrac{n-1}{n}\times\dfrac{n-3}{n-2}\times\cdots\times\dfrac{2}{3}\pi, & n\text{ 为偶数,}\\[2mm]\dfrac{n-1}{n}\times\dfrac{n-3}{n-2}\times\cdots\times\dfrac{1}{2}\times\dfrac{\pi^2}{2}, & n\text{ 为偶数;}\end{cases}$

(16) $\begin{cases}\dfrac{n}{n+1}\times\dfrac{n-2}{n-1}\times\cdots\times\dfrac{1}{2}\times\dfrac{\pi}{2}, & n\text{ 为奇数,}\\[2mm]\dfrac{n}{n+1}\times\dfrac{n-2}{n-1}\times\cdots\times\dfrac{2}{3}, & n\text{ 为偶数.}\end{cases}$

2. (1) $-x^2\mathrm{e}^{-x}+C$;　(2) $(x^2+x+1)\mathrm{e}^{-x}+C$.

3. $-\dfrac{1}{2}$.

4. $-2\sqrt{1-x}\arcsin\sqrt{x}+2\sqrt{x}+C.$

习题 3.5

A 组

1. $\sqrt{3}-\dfrac{2+\pi}{6}.$

2. $\dfrac{4a^2}{3}.$

3. $\dfrac{2}{3}.$

4. $2\pi^2R^2b, \dfrac{4}{3}\pi R^3.$

5. $5\pi^2a^3, 6\pi^3a^3.$

6. $\dfrac{\pi^2}{4}.$

7. 300.

8. $\dfrac{1}{3}q^3-2q^2+4q+6, 15q-q^2.$

9. (1) $0.2q^2+2q+20$;　(2) $-0.2q^2+16q-20.$

B 组

1. $\left(\dfrac{\pi}{4}-\dfrac{1}{4}\right)a^2.$

2. $a-\dfrac{4}{3}, b-\dfrac{5}{12}.$

3. $\dfrac{\pi^2}{2}-\dfrac{2}{3}\pi.$

4. $2\pi a.$

5. (1) $P(1,1)$;　(2) $y-1=2(x-1)$;　(3) $\dfrac{\pi}{30}.$

6. (1) $y(t)=A-kt$　$t\in[0,T], k=\dfrac{A}{T}$;　(2) $\dfrac{A}{2}.$

7. 4.5万元.

第 4 章

习题 4.1

A 组

1. (1) 一阶；　(2) 三阶；　(3) 一阶；　(4) 二阶.

3. $y=\dfrac{1}{2}x+2.$

4. $y'=\dfrac{1}{x}.$

B 组

1. D.

2. (1) $C_1=0, C_2=1$;　(2) $C_1=1, C_2=\dfrac{\pi}{2}.$

习题 4.2

A 组

1. (1) $y+y^3=x+x^3+C$;　　　　(2) $y^2=-x^2+C$;

   (3) $y^2=C|x^2-1|-1$;　　　(4) $x=y(\ln y+C)$;

   (5) $-e^{-\frac{y}{x}}=\ln C|x|$;　　　(6) $y=x\ln C|y|$;

   (7) $y=Ce^{-x^2}+1$;　　　　(8) $y=\dfrac{x^2}{3}+\dfrac{3}{2}x+2+\dfrac{C}{x}$;

   (9) $y=(e^x+C)x^3$.

2. (1) $y=\dfrac{4}{x^2}$;　　　　　(2) $y=5x-2$;

   (3) $x^2+y^2=25$;　　　　(4) $y^2=2x^2(\ln|x|+2)$;

   (5) $x^2=2y^2\left(\ln|y|+\dfrac{1}{2}\right)$;　(6) $y=\dfrac{8}{3}x-\dfrac{8}{9}+\dfrac{26}{9}e^{-3x}$;

   (7) $y=\dfrac{3}{2}x-\dfrac{3}{2x}$;　　　(8) $y=-\dfrac{1}{4}e^{-x^2}+\dfrac{5}{4}e^{x^2}$;

   (9) $y=2\ln x+2-x$.

3. $m=10\times2^{\frac{t}{10}}$ 万立方米.

4. $y(t)=\dfrac{1000\times3^{\frac{t}{3}}}{9+3^{\frac{t}{3}}}$.

5. 提示：利用解的叠加原理.

B 组

1. B.

2. A.

3. (1) $\ln|\ln y|=\arctan x+C$;　(2) $y=e^{-\sin x}(x+C)$;

   (3) $\sin\dfrac{y}{x}=Cx$;　　　(4) $\tan\dfrac{x}{y}=\ln|y|$;

   (5) $|1-x^2|(1+y^2)=2$;　(6) $y=\sin x-1+2e^{-\sin x}$.

4. $C(x)=e^{-x}+e^{-2x}$.

参 考 文 献

陈吉象. 2003,文科数学基础. 北京:高等教育出版社

邓乐斌. 2002,高等数学的基本概念与方法. 武汉:华中科技大学出版社

菲赫金哥尔茨 Г M. 微积分学教程. 8 版. 杨弢亮,叶彦谦译. 2006,北京:高等教育出版社

韩旭里. 2008,微积分. 北京:科学出版社

李心灿. 2007,微积分的创立者及其先驱. 3 版. 北京:高等教育出版社

梁宗巨. 1980,世界数学史简编. 沈阳:辽宁人民出版社

卢介景. 数学史海览胜. http://www.ikepu.com/book/ljj/maths_history_impressions.htm

罗定军,盛立人. 2005,高等数学. 北京:化学工业出版社

上海大学理学院数学系. 2004,文科高等数学. 上海:上海大学出版社

上海交通大学数学系. 2006,高等数学. 上海:上海交通大学出版社

同济大学数学系. 2007,高等数学. 6 版. 北京:高等教育出版社

汪国柄. 2005,大学文科数学. 北京:清华大学出版社

吴传生. 2003,经济数学——微积分. 北京:高等教育出版社

吴文俊. 1995,世界著名数学家传记. 北京:科学出版社

向熙廷,周维楚. 2000,大学数学教程. 长沙:湖南科学技术出版社

姚孟臣. 1997,大学文科高等数学. 北京:高等教育出版社

张从军,王育全,李辉等. 2003,微积分. 上海:复旦大学出版社

张金清. 2002,微积分. 北京:高等教育出版社

张顺燕. 2000,数学的源与流. 北京:高等教育出版社

赵树嫄. 2007,微积分. 3 版. 北京:中国人民大学出版社

周勇. 微积分. 2007,北京:科学出版社

Apostol T M. 1967,Calculus. 2nd ed. New York:John Wiley & Sons,Inc.

Apostol T M. 2004,数学分析(英文版). 2 版. 北京:机械工业出版社

Rudin W. 1976,Principles of Mathematical Analysis. 3rd ed. New York:McGraw-Hill,Inc.

Zakon E. 2004,Mathematical Analysis. Indiana:The Trillia Group West Lafayette

Zorich V A. 2004,Mathematical Analysis. Heidelberg:Springer

附　　录

附录1　常用的数学公式、符号与希腊字母

一、三角函数公式

1. 积化和差公式

(1) $\sin\alpha\cos\beta=\dfrac{1}{2}\left[\sin(\alpha+\beta)+\sin(\alpha-\beta)\right]$

(2) $\cos\alpha\sin\beta=\dfrac{1}{2}\left[\sin(\alpha+\beta)-\sin(\alpha-\beta)\right]$

(3) $\cos\alpha\cos\beta=\dfrac{1}{2}\left[\cos(\alpha+\beta)+\cos(\alpha-\beta)\right]$

(4) $\sin\alpha\sin\beta=-\dfrac{1}{2}\left[\cos(\alpha+\beta)-\cos(\alpha-\beta)\right]$

2. 和差化积公式

(1) $\sin\alpha+\sin\beta=2\sin\dfrac{\alpha+\beta}{2}\cos\dfrac{\alpha-\beta}{2}$

(2) $\sin\alpha-\sin\beta=2\cos\dfrac{\alpha+\beta}{2}\sin\dfrac{\alpha-\beta}{2}$

(3) $\cos\alpha+\cos\beta=2\cos\dfrac{\alpha+\beta}{2}\cos\dfrac{\alpha-\beta}{2}$

(4) $\cos\alpha-\cos\beta=-2\sin\dfrac{\alpha+\beta}{2}\sin\dfrac{\alpha-\beta}{2}$

二、几个重要的不等式

(1) $\left||a|-|b|\right|\leqslant|a\pm b|\leqslant|a|+|b|$

(2) $(ac+bd)^2\leqslant(a^2+b^2)(c^2+d^2)$

(3) $\dfrac{a+b}{2}\geqslant\sqrt{ab}\quad(a>0,b>0)$

三、几个重要的恒等式

(1) $(a+b)^n=C_n^0a^n+C_n^1a^{n-1}b+C_n^2a^{n-2}b^2+\cdots+C_n^ra^{n-r}b^r+\cdots+C_n^nb^n$

(2) $a^n - b^n = (a-b)(a^{n-1} + a^{n-2}b + \cdots + b^{n-1})$

(3) $\log_a N = \dfrac{\log_m N}{\log_m a}$ $(a>0, 且\ a \neq 1, m>0, 且\ m \neq 1, N>0)$

四、几个重要的数学符号

$\displaystyle\sum$:连加符号,例如,$a_1 + a_2 + \cdots + a_n$ 可记作 $\displaystyle\sum_{k=1}^{n} a_k$

$\displaystyle\prod$:连乘符号,例如,$a_1 \cdot a_2 \cdot \cdots \cdot a_n$ 可记作 $\displaystyle\prod_{k=1}^{n} a_k$

$\mathbf{N}^+$:表示所有大于零的自然数集

五、希腊字母及其读音

大写	小写	英文注音	中文注音
A	α	alpha	阿尔法
B	β	beta	贝塔
Γ	γ	gamma	伽马
Δ	δ	delta	德耳塔
E	ε	epsilon	艾普西隆
Z	ζ	zeta	截塔
H	η	eta	艾塔
Θ	θ	theta	西塔
I	ι	iota	约塔
K	κ	kappa	卡帕
Λ	λ	lambda	拉姆达
M	μ	mu	缪
N	ν	nu	纽
Ξ	ξ	xi	克西
O	o	omicron	奥麦克容
Π	π	pi	派
P	ρ	rho	柔
Σ	σ	sigma	西格马
T	τ	tau	陶
Υ	υ	upsilon	宇普西隆
Φ	φ,φ	phi	斐
X	χ	chi	开,西
Ψ	ψ	psi	普西
Ω	ω	omega	奥米伽

附录 2　常用积分公式

一、含有 $ax+b$ 的积分 $(a\neq 0)$

1. $\int \dfrac{\mathrm{d}x}{ax+b} = \dfrac{1}{a}\ln|ax+b|+C$

2. $\int (ax+b)^{\mu}\mathrm{d}x = \dfrac{1}{a(\mu+1)}(ax+b)^{\mu+1}+C(\mu\neq -1)$

3. $\int \dfrac{x}{ax+b}\mathrm{d}x = \dfrac{1}{a^2}(ax+b-b\ln|ax+b|)+C$

4. $\int \dfrac{x^2}{ax+b}\mathrm{d}x = \dfrac{1}{a^3}\left[\dfrac{1}{2}(ax+b)^2 - 2b(ax+b) + b^2\ln|ax+b|\right]+C$

5. $\int \dfrac{\mathrm{d}x}{x(ax+b)} = -\dfrac{1}{b}\ln\left|\dfrac{ax+b}{x}\right|+C$

6. $\int \dfrac{\mathrm{d}x}{x^2(ax+b)} = -\dfrac{1}{bx}+\dfrac{a}{b^2}\ln\left|\dfrac{ax+b}{x}\right|+C$

7. $\int \dfrac{x}{(ax+b)^2}\mathrm{d}x = \dfrac{1}{a^2}\left(\ln|ax+b|+\dfrac{b}{ax+b}\right)+C$

8. $\int \dfrac{x^2}{(ax+b)^2}\mathrm{d}x = \dfrac{1}{a^3}\left(ax+b-2b\ln|ax+b|-\dfrac{b^2}{ax+b}\right)+C$

9. $\int \dfrac{\mathrm{d}x}{x(ax+b)^2} = \dfrac{1}{b(ax+b)}-\dfrac{1}{b^2}\ln\left|\dfrac{ax+b}{x}\right|+C$

二、含有 $\sqrt{ax+b}$ 的积分

10. $\int \sqrt{ax+b}\,\mathrm{d}x = \dfrac{2}{3a}\sqrt{(ax+b)^3}+C$

11. $\int x\sqrt{ax+b}\,\mathrm{d}x = \dfrac{2}{15a^2}(3ax-2b)\sqrt{(ax+b)^3}+C$

12. $\int x^2\sqrt{ax+b}\,\mathrm{d}x = \dfrac{2}{105a^3}(15a^2x^2-12abx+8b^2)\sqrt{(ax+b)^3}+C$

13. $\int \dfrac{x}{\sqrt{ax+b}}\mathrm{d}x = \dfrac{2}{3a^2}(ax-2b)\sqrt{ax+b}+C$

14. $\int \dfrac{x^2}{\sqrt{ax+b}}\mathrm{d}x = \dfrac{2}{15a^3}(3a^2x^2-4abx+8b^2)\sqrt{ax+b}+C$

15. $\int \dfrac{\mathrm{d}x}{x\sqrt{ax+b}} = \begin{cases} \dfrac{1}{\sqrt{b}}\ln\left|\dfrac{\sqrt{ax+b}-\sqrt{b}}{\sqrt{ax+b}+\sqrt{b}}\right|+C, & b>0 \\[3mm] \dfrac{2}{\sqrt{-b}}\arctan\sqrt{\dfrac{ax+b}{-b}}+C, & b<0 \end{cases}$

16. $\int \dfrac{\mathrm{d}x}{x^2 \sqrt{ax+b}} = -\dfrac{\sqrt{ax+b}}{bx} - \dfrac{a}{2b}\int \dfrac{\mathrm{d}x}{x \sqrt{ax+b}}$

17. $\int \dfrac{\sqrt{ax+b}}{x}\mathrm{d}x = 2 \sqrt{ax+b} + b\int \dfrac{\mathrm{d}x}{x \sqrt{ax+b}}$

18. $\int \dfrac{\sqrt{ax+b}}{x^2}\mathrm{d}x = -\dfrac{\sqrt{ax+b}}{x} + \dfrac{a}{2}\int \dfrac{\mathrm{d}x}{x \sqrt{ax+b}}$

三、含有 $x^2 \pm a^2$ 的积分

19. $\int \dfrac{\mathrm{d}x}{x^2+a^2} = \dfrac{1}{a}\arctan \dfrac{x}{a} + C$

20. $\int \dfrac{\mathrm{d}x}{(x^2+a^2)^n} = \dfrac{x}{2(n-1)a^2(x^2+a^2)^{n-1}} + \dfrac{2n-3}{2(n-1)a^2}\int \dfrac{\mathrm{d}x}{(x^2+a^2)^{n-1}}$

21. $\int \dfrac{\mathrm{d}x}{x^2-a^2} = \dfrac{1}{2a}\ln \left| \dfrac{x-a}{x+a} \right| + C$

四、含有 $ax^2+b(a>0)$ 的积分

22. $\int \dfrac{\mathrm{d}x}{ax^2+b} - \begin{cases} \dfrac{1}{\sqrt{ab}}\arctan \sqrt{\dfrac{a}{b}}x + C, & b>0 \\[3mm] \dfrac{1}{2\sqrt{-ab}}\ln \left| \dfrac{\sqrt{a}x - \sqrt{-b}}{\sqrt{a}x + \sqrt{-b}} \right| + C, & b<0 \end{cases}$

23. $\int \dfrac{x}{ax^2+b}\mathrm{d}x = \dfrac{1}{2a}\ln | ax^2+b | + C$

24. $\int \dfrac{x^2}{ax^2+b}\mathrm{d}x = \dfrac{x}{a} - \dfrac{b}{a}\int \dfrac{\mathrm{d}x}{ax^2+b}$

25. $\int \dfrac{\mathrm{d}x}{x(ax^2+b)} = \dfrac{1}{2b}\ln \dfrac{x^2}{| ax^2+b |} + C$

26. $\int \dfrac{\mathrm{d}x}{x^2(ax^2+b)} = -\dfrac{1}{bx} - \dfrac{a}{b}\int \dfrac{\mathrm{d}x}{ax^2+b}$

27. $\int \dfrac{\mathrm{d}x}{x^3(ax^2+b)} = \dfrac{a}{2b^2}\ln \dfrac{| ax^2+b |}{x^2} - \dfrac{1}{2bx^2} + C$

28. $\int \dfrac{\mathrm{d}x}{(ax^2+b)^2} = \dfrac{x}{2b(ax^2+b)} + \dfrac{1}{2b}\int \dfrac{\mathrm{d}x}{ax^2+b}$

五、含有 $ax^2+bx+c(a>0)$ 的积分

29. $\int \dfrac{\mathrm{d}x}{ax^2+bx+c} = \begin{cases} \dfrac{2}{\sqrt{4ac-b^2}}\arctan \dfrac{2ax+b}{\sqrt{4ac-b^2}} + C, & b^2<4ac \\[3mm] \dfrac{1}{\sqrt{b^2-4ac}}\ln \left| \dfrac{2ax+b - \sqrt{b^2-4ac}}{2ax+b + \sqrt{b^2-4ac}} \right| + C, & b^2>4ac \end{cases}$

30. $\displaystyle\int \frac{x}{ax^2+bx+c}\mathrm{d}x = \frac{1}{2a}\ln|ax^2+bx+c| - \frac{b}{2a}\int \frac{\mathrm{d}x}{ax^2+bx+c}$

六、含有 $\sqrt{x^2+a^2}\,(a>0)$ 的积分

31. $\displaystyle\int \frac{\mathrm{d}x}{\sqrt{x^2+a^2}} = \mathrm{arsh}\,\frac{x}{a} + C_1 = \ln(x+\sqrt{x^2+a^2}) + C$

32. $\displaystyle\int \frac{\mathrm{d}x}{\sqrt{(x^2+a^2)^3}} = \frac{x}{a^2\,\sqrt{x^2+a^2}} + C$

33. $\displaystyle\int \frac{x}{\sqrt{x^2+a^2}}\mathrm{d}x = \sqrt{x^2+a^2} + C$

34. $\displaystyle\int \frac{x}{\sqrt{(x^2+a^2)^3}}\mathrm{d}x = -\frac{1}{\sqrt{x^2+a^2}} + C$

35. $\displaystyle\int \frac{x^2}{\sqrt{x^2+a^2}}\mathrm{d}x = \frac{x}{2}\,\sqrt{x^2+a^2} - \frac{a^2}{2}\ln(x+\sqrt{x^2+a^2}) + C$

36. $\displaystyle\int \frac{x^2}{\sqrt{(x^2+a^2)^3}}\mathrm{d}x = -\frac{x}{\sqrt{x^2+a^2}} + \ln(x+\sqrt{x^2+a^2}) + C$

37. $\displaystyle\int \frac{\mathrm{d}x}{x\,\sqrt{x^2+a^2}} = \frac{1}{a}\ln \frac{\sqrt{x^2+a^2}-a}{|x|} + C$

38. $\displaystyle\int \frac{\mathrm{d}x}{x^2\,\sqrt{x^2+a^2}} = -\frac{\sqrt{x^2+a^2}}{a^2 x} + C$

39. $\displaystyle\int \sqrt{x^2+a^2}\,\mathrm{d}x = \frac{x}{2}\,\sqrt{x^2+a^2} + \frac{a^2}{2}\ln(x+\sqrt{x^2+a^2}) + C$

40. $\displaystyle\int \sqrt{(x^2+a^2)^3}\,\mathrm{d}x = \frac{x}{8}(2x^2+5a^2)\,\sqrt{x^2+a^2} + \frac{3}{8}a^4\ln(x+\sqrt{x^2+a^2}) + C$

41. $\displaystyle\int x\,\sqrt{x^2+a^2}\,\mathrm{d}x = \frac{1}{3}\,\sqrt{(x^2+a^2)^3} + C$

42. $\displaystyle\int x^2\,\sqrt{x^2+a^2}\,\mathrm{d}x = \frac{x}{8}(2x^2+a^2)\,\sqrt{x^2+a^2} - \frac{a^4}{8}\ln(x+\sqrt{x^2+a^2}) + C$

43. $\displaystyle\int \frac{\sqrt{x^2+a^2}}{x}\mathrm{d}x = \sqrt{x^2+a^2} + a\ln \frac{\sqrt{x^2+a^2}-a}{|x|} + C$

44. $\displaystyle\int \frac{\sqrt{x^2+a^2}}{x^2}\mathrm{d}x = -\frac{\sqrt{x^2+a^2}}{x} + \ln(x+\sqrt{x^2+a^2}) + C$

七、含有 $\sqrt{x^2-a^2}\,(a>0)$ 的积分

45. $\displaystyle\int \frac{\mathrm{d}x}{\sqrt{x^2-a^2}} = \ln|x+\sqrt{x^2-a^2}| + C$

46. $\displaystyle\int \frac{\mathrm{d}x}{\sqrt{(x^2-a^2)^3}} = -\frac{x}{a^2\sqrt{x^2-a^2}} + C$

47. $\displaystyle\int \frac{x}{\sqrt{x^2-a^2}}\mathrm{d}x = \sqrt{x^2-a^2} + C$

48. $\displaystyle\int \frac{x}{\sqrt{(x^2-a^2)^3}}\mathrm{d}x = -\frac{1}{\sqrt{x^2-a^2}} + C$

49. $\displaystyle\int \frac{x^2}{\sqrt{x^2-a^2}}\mathrm{d}x = \frac{x}{2}\sqrt{x^2-a^2} + \frac{a^2}{2}\ln|x+\sqrt{x^2-a^2}| + C$

50. $\displaystyle\int \frac{x^2}{\sqrt{(x^2-a^2)^3}}\mathrm{d}x = -\frac{x}{\sqrt{x^2-a^2}} + \ln|x+\sqrt{x^2-a^2}| + C$

51. $\displaystyle\int \frac{\mathrm{d}x}{x\sqrt{x^2-a^2}} = \frac{1}{a}\arccos\frac{a}{|x|} + C$

52. $\displaystyle\int \frac{\mathrm{d}x}{x^2\sqrt{x^2-a^2}} = \frac{\sqrt{x^2-a^2}}{a^2 x} + C$

53. $\displaystyle\int \sqrt{x^2-a^2}\,\mathrm{d}x = \frac{x}{2}\sqrt{x^2-a^2} - \frac{a^2}{2}\ln|x+\sqrt{x^2-a^2}| + C$

54. $\displaystyle\int \sqrt{(x^2-a^2)^3}\,\mathrm{d}x = \frac{x}{8}(2x^2-5a^2)\sqrt{x^2-a^2} + \frac{3}{8}a^4\ln|x+\sqrt{x^2-a^2}| + C$

55. $\displaystyle\int x\sqrt{x^2-a^2}\,\mathrm{d}x = \frac{1}{3}\sqrt{(x^2-a^2)^3} + C$

56. $\displaystyle\int x^2\sqrt{x^2-a^2}\,\mathrm{d}x = \frac{x}{8}(2x^2-a^2)\sqrt{x^2-a^2} - \frac{a^4}{8}\ln|x+\sqrt{x^2-a^2}| + C$

57. $\displaystyle\int \frac{\sqrt{x^2-a^2}}{x}\mathrm{d}x = \sqrt{x^2-a^2} - a\arccos\frac{a}{|x|} + C$

58. $\displaystyle\int \frac{\sqrt{x^2-a^2}}{x^2}\mathrm{d}x = -\frac{\sqrt{x^2-a^2}}{x} + \ln|x+\sqrt{x^2-a^2}| + C$

八、含有 $\sqrt{a^2-x^2}\,(a>0)$ 的积分

59. $\displaystyle\int \frac{\mathrm{d}x}{\sqrt{a^2-x^2}} = \arcsin\frac{x}{a} + C$

60. $\displaystyle\int \frac{\mathrm{d}x}{\sqrt{(a^2-x^2)^3}} = \frac{x}{a^2\sqrt{a^2-x^2}} + C$

61. $\displaystyle\int \frac{x}{\sqrt{a^2-x^2}}\mathrm{d}x = -\sqrt{a^2-x^2} + C$

62. $\displaystyle\int \frac{x}{\sqrt{(a^2-x^2)^3}}\mathrm{d}x = \frac{1}{\sqrt{a^2-x^2}} + C$

63. $\displaystyle\int \frac{x^2}{\sqrt{a^2-x^2}}\mathrm{d}x = -\frac{x}{2}\sqrt{a^2-x^2}+\frac{a^2}{2}\arcsin\frac{x}{a}+C$

64. $\displaystyle\int \frac{x^2}{\sqrt{(a^2-x^2)^3}}\mathrm{d}x = \frac{x}{\sqrt{a^2-x^2}}-\arcsin\frac{x}{a}+C$

65. $\displaystyle\int \frac{\mathrm{d}x}{x\sqrt{a^2-x^2}} = \frac{1}{a}\ln\frac{a-\sqrt{a^2-x^2}}{|x|}+C$

66. $\displaystyle\int \frac{\mathrm{d}x}{x^2\sqrt{a^2-x^2}} = -\frac{\sqrt{a^2-x^2}}{a^2x}+C$

67. $\displaystyle\int \sqrt{a^2-x^2}\,\mathrm{d}x = \frac{x}{2}\sqrt{a^2-x^2}+\frac{a^2}{2}\arcsin\frac{x}{a}+C$

68. $\displaystyle\int \sqrt{(a^2-x^2)^3}\,\mathrm{d}x = \frac{x}{8}(5a^2-2x^2)\sqrt{a^2-x^2}+\frac{3}{8}a^4\arcsin\frac{x}{a}+C$

69. $\displaystyle\int x\sqrt{a^2-x^2}\,\mathrm{d}x = -\frac{1}{3}\sqrt{(a^2-x^2)^3}+C$

70. $\displaystyle\int x^2\sqrt{a^2-x^2}\,\mathrm{d}x = \frac{x}{8}(2x^2-a^2)\sqrt{a^2-x^2}+\frac{a^4}{8}\arcsin\frac{x}{a}+C$

71. $\displaystyle\int \frac{\sqrt{a^2-x^2}}{x}\mathrm{d}x = \sqrt{a^2-x^2}+a\ln\frac{a-\sqrt{a^2-x^2}}{|x|}+C$

72. $\displaystyle\int \frac{\sqrt{a^2-x^2}}{x^2}\mathrm{d}x = -\frac{\sqrt{a^2-x^2}}{x}-\arcsin\frac{x}{a}+C$

九、含有 $\sqrt{\pm ax^2+bx+c}\,(a>0)$ 的积分

73. $\displaystyle\int \frac{\mathrm{d}x}{\sqrt{ax^2+bx+c}} = \frac{1}{\sqrt{a}}\ln|2ax+b+2\sqrt{a}\sqrt{ax^2+bx+c}|+C$

74. $\displaystyle\int \sqrt{ax^2+bx+c}\,\mathrm{d}x = \frac{2ax+b}{4a}\sqrt{ax^2+bx+c}$

$$\qquad\qquad +\frac{4ac-b^2}{8\sqrt{a^3}}\ln|2ax+b+2\sqrt{a}\sqrt{ax^2+bx+c}|+C$$

75. $\displaystyle\int \frac{x}{\sqrt{ax^2+bx+c}}\mathrm{d}x = \frac{1}{a}\sqrt{ax^2+bx+c}$

$$\qquad\qquad -\frac{b}{2\sqrt{a^3}}\ln|2ax+b+2\sqrt{a}\sqrt{ax^2+bx+c}|+C$$

76. $\displaystyle\int \frac{\mathrm{d}x}{\sqrt{c+bx-ax^2}} = -\frac{1}{\sqrt{a}}\arcsin\frac{2ax-b}{\sqrt{b^2+4ac}}+C$

77. $\displaystyle\int \sqrt{c+bx-ax^2}\,\mathrm{d}x = \frac{2ax-b}{4a}\sqrt{c+bx-ax^2}+\frac{b^2+4ac}{8\sqrt{a^3}}\arcsin\frac{2ax-b}{\sqrt{b^2+4ac}}+C$

78. $\displaystyle\int \frac{x}{\sqrt{c+bx-ax^2}}dx =-\frac{1}{a}\sqrt{c+bx-ax^2}+\frac{b}{2\sqrt{a^3}}\arcsin\frac{2ax-b}{\sqrt{b^2+4ac}}+C$

十、含有 $\sqrt{\pm\dfrac{x-a}{x-b}}$ 或 $\sqrt{(x-a)(b-x)}$ 的积分

79. $\displaystyle\int \sqrt{\frac{x-a}{x-b}}dx = (x-b)\sqrt{\frac{x-a}{x-b}} + (b-a)\ln(\sqrt{|\,x-a\,|}+\sqrt{|\,x-b\,|})+C$

80. $\displaystyle\int \sqrt{\frac{x-a}{b-x}}dx = (x-b)\sqrt{\frac{x-a}{b-x}} + (b-a)\arcsin\sqrt{\frac{x-a}{b-a}}+C$

81. $\displaystyle\int \frac{dx}{\sqrt{(x-a)(b-x)}} = 2\arcsin\sqrt{\frac{x-a}{b-a}}+C \quad (a<b)$

82. $\displaystyle\int \sqrt{(x-a)(b-x)}dx = \frac{2x-a-b}{4}\sqrt{(x-a)(b-x)}$

$$+\frac{(b-a)^2}{4}\arcsin\sqrt{\frac{x-a}{b-a}}+C \quad (a<b)$$

十一、含有三角函数的积分

83. $\displaystyle\int \sin x\,dx =-\cos x+C$

84. $\displaystyle\int \cos x\,dx = \sin x+C$

85. $\displaystyle\int \tan x\,dx =-\ln|\cos x|+C$

86. $\displaystyle\int \cot x\,dx = \ln|\sin x|+C$

87. $\displaystyle\int \sec x\,dx = \ln\left|\tan\left(\frac{\pi}{4}+\frac{x}{2}\right)\right|+C = \ln|\sec x+\tan x|+C$

88. $\displaystyle\int \csc x\,dx = \ln\left|\tan\frac{x}{2}\right|+C = \ln|\csc x-\cot x|+C$

89. $\displaystyle\int \sec^2 x\,dx = \tan x+C$

90. $\displaystyle\int \csc^2 x\,dx =-\cot x+C$

91. $\displaystyle\int \sec x\tan x\,dx = \sec x+C$

92. $\displaystyle\int \csc x\cot x\,dx =-\csc x+C$

93. $\displaystyle\int \sin^2 x\,dx = \frac{x}{2}-\frac{1}{4}\sin 2x+C$

94. $\int \cos^2 x \mathrm{d}x = \dfrac{x}{2} + \dfrac{1}{4}\sin 2x + C$

95. $\int \sin^n x \mathrm{d}x = -\dfrac{1}{n}\sin^{n-1} x \cos x + \dfrac{n-1}{n}\int \sin^{n-2} x \mathrm{d}x$

96. $\int \cos^n x \mathrm{d}x = \dfrac{1}{n}\cos^{n-1} x \sin x + \dfrac{n-1}{n}\int \cos^{n-2} x \mathrm{d}x$

97. $\int \dfrac{\mathrm{d}x}{\sin^n x} = -\dfrac{1}{n-1} \cdot \dfrac{\cos x}{\sin^{n-1} x} + \dfrac{n-2}{n-1}\int \dfrac{\mathrm{d}x}{\sin^{n-2} x}$

98. $\int \dfrac{\mathrm{d}x}{\cos^n x} = \dfrac{1}{n-1} \cdot \dfrac{\sin x}{\cos^{n-1} x} + \dfrac{n-2}{n-1}\int \dfrac{\mathrm{d}x}{\cos^{n-2} x}$

99. $\int \cos^m x \sin^n x \mathrm{d}x = \dfrac{1}{m+n}\cos^{m-1} x \sin^{n+1} x + \dfrac{m-1}{m+n}\int \cos^{m-2} x \sin^n x \mathrm{d}x$

$$= -\dfrac{1}{m+n}\cos^{m+1} x \sin^{n-1} x + \dfrac{n-1}{m+n}\int \cos^m x \sin^{n-2} x \mathrm{d}x$$

100. $\int \sin ax \cos bx \mathrm{d}x = -\dfrac{1}{2(a+b)}\cos(a+b)x - \dfrac{1}{2(a-b)}\cos(a-b)x + C$

101. $\int \sin ax \sin bx \mathrm{d}x = -\dfrac{1}{2(a+b)}\sin(a+b)x + \dfrac{1}{2(a-b)}\sin(a-b)x + C$

102. $\int \cos ax \cos bx \mathrm{d}x = \dfrac{1}{2(a+b)}\sin(a+b)x + \dfrac{1}{2(a-b)}\sin(a-b)x + C$

103. $\int \dfrac{\mathrm{d}x}{a+b\sin x} = \dfrac{2}{\sqrt{a^2-b^2}}\arctan \dfrac{a\tan \frac{x}{2}+b}{\sqrt{a^2-b^2}} + C \quad (a^2 > b^2)$

104. $\int \dfrac{\mathrm{d}x}{a+b\sin x} = \dfrac{1}{\sqrt{b^2-a^2}}\ln\left|\dfrac{a\tan \frac{x}{2}+b-\sqrt{b^2-a^2}}{a\tan \frac{x}{2}+b+\sqrt{b^2-a^2}}\right| + C \quad (a^2 < b^2)$

105. $\int \dfrac{\mathrm{d}x}{a+b\cos x} = \dfrac{2}{a+b}\sqrt{\dfrac{a+b}{a-b}}\arctan\left(\sqrt{\dfrac{a-b}{a+b}}\tan \dfrac{x}{2}\right) + C \quad (a^2 > b^2)$

106. $\int \dfrac{\mathrm{d}x}{a+b\cos x} = \dfrac{1}{a+b}\sqrt{\dfrac{a+b}{b-a}}\ln\left|\dfrac{\tan \frac{x}{2}+\sqrt{\dfrac{a+b}{b-a}}}{\tan \frac{x}{2}-\sqrt{\dfrac{a+b}{b-a}}}\right| + C \quad (a^2 < b^2)$

107. $\int \dfrac{\mathrm{d}x}{a^2\cos^2 x + b^2\sin^2 x} = \dfrac{1}{ab}\arctan\left(\dfrac{b}{a}\tan x\right) + C$

108. $\int \dfrac{\mathrm{d}x}{a^2\cos^2 x - b^2\sin^2 x} = \dfrac{1}{2ab}\ln\left|\dfrac{b\tan x+a}{b\tan x-a}\right| + C$

109. $\int x\sin ax \mathrm{d}x = \dfrac{1}{a^2}\sin ax - \dfrac{1}{a}x\cos ax + C$

110. $\displaystyle\int x^2 \sin ax\, \mathrm{d}x = -\frac{1}{a}x^2 \cos ax + \frac{2}{a^2}x\sin ax + \frac{2}{a^3}\cos ax + C$

111. $\displaystyle\int x\cos ax\, \mathrm{d}x = \frac{1}{a^2}\cos ax + \frac{1}{a}x\sin ax + C$

112. $\displaystyle\int x^2 \cos ax\, \mathrm{d}x = \frac{1}{a}x^2 \sin ax + \frac{2}{a^2}x\cos ax - \frac{2}{a^3}\sin ax + C$

十二、含有反三角函数的积分$(a>0)$

113. $\displaystyle\int \arcsin \frac{x}{a}\, \mathrm{d}x = x\arcsin \frac{x}{a} + \sqrt{a^2 - x^2} + C$

114. $\displaystyle\int x\arcsin \frac{x}{a}\, \mathrm{d}x = \left(\frac{x^2}{2} - \frac{a^2}{4}\right)\arcsin \frac{x}{a} + \frac{x}{4}\sqrt{a^2 - x^2} + C$

115. $\displaystyle\int x^2 \arcsin \frac{x}{a}\, \mathrm{d}x = \frac{x^3}{3}\arcsin \frac{x}{a} + \frac{1}{9}(x^2 + 2a^2)\sqrt{a^2 - x^2} + C$

116. $\displaystyle\int \arccos \frac{x}{a}\, \mathrm{d}x = x\arccos \frac{x}{a} - \sqrt{a^2 - x^2} + C$

117. $\displaystyle\int x\arccos \frac{x}{a}\, \mathrm{d}x = \left(\frac{x^2}{2} - \frac{a^2}{4}\right)\arccos \frac{x}{a} - \frac{x}{4}\sqrt{a^2 - x^2} + C$

118. $\displaystyle\int x^2 \arccos \frac{x}{a}\, \mathrm{d}x = \frac{x^3}{3}\arccos \frac{x}{a} - \frac{1}{9}(x^2 + 2a^2)\sqrt{a^2 - x^2} + C$

119. $\displaystyle\int \arctan \frac{x}{a}\, \mathrm{d}x = x\arctan \frac{x}{a} - \frac{a}{2}\ln(a^2 + x^2) + C$

120. $\displaystyle\int x\arctan \frac{x}{a}\, \mathrm{d}x = \frac{1}{2}(a^2 + x^2)\arctan \frac{x}{a} - \frac{a}{2}x + C$

121. $\displaystyle\int x^2 \arctan \frac{x}{a}\, \mathrm{d}x = \frac{x^3}{3}\arctan \frac{x}{a} - \frac{a}{6}x^2 + \frac{a^3}{6}\ln(a^2 + x^2) + C$

十三、含有指数函数的积分

122. $\displaystyle\int a^x \mathrm{d}x = \frac{1}{\ln a}a^x + C$

123. $\displaystyle\int \mathrm{e}^{ax} \mathrm{d}x = \frac{1}{a}\mathrm{e}^{ax} + C$

124. $\displaystyle\int x\mathrm{e}^{ax} \mathrm{d}x = \frac{1}{a^2}(ax - 1)\mathrm{e}^{ax} + C$

125. $\displaystyle\int x^n \mathrm{e}^{ax} \mathrm{d}x = \frac{1}{a}x^n \mathrm{e}^{ax} - \frac{n}{a}\int x^{n-1}\mathrm{e}^{ax}\, \mathrm{d}x$

126. $\displaystyle\int xa^x \mathrm{d}x = \frac{x}{\ln a}a^x - \frac{1}{(\ln a)^2}a^x + C$

127. $\displaystyle\int x^n a^x \mathrm{d}x = \frac{1}{\ln a}x^n a^x - \frac{n}{\ln a}\int x^{n-1}a^x\, \mathrm{d}x$

128. $\displaystyle\int e^{ax}\sin bx\,dx=\frac{1}{a^2+b^2}e^{ax}(a\sin bx-b\cos bx)+C$

129. $\displaystyle\int e^{ax}\cos bx\,dx=\frac{1}{a^2+b^2}e^{ax}(b\sin bx+a\cos bx)+C$

130. $\displaystyle\int e^{ax}\sin^n bx\,dx=\frac{1}{a^2+b^2n^2}e^{ax}\sin^{n-1}bx(a\sin bx-nb\cos bx)$

$\displaystyle\qquad\qquad\qquad+\frac{n(n-1)b^2}{a^2+b^2n^2}\int e^{ax}\sin^{n-2}bx\,dx$

131. $\displaystyle\int e^{ax}\cos^n bx\,dx=\frac{1}{a^2+b^2n^2}e^{ax}\cos^{n-1}bx(a\cos bx+nb\sin bx)$

$\displaystyle\qquad\qquad\qquad+\frac{n(n-1)b^2}{a^2+b^2n^2}\int e^{ax}\cos^{n-2}bx\,dx$

十四、含有对数函数的积分

132. $\displaystyle\int \ln x\,dx=x\ln x-x+C$

133. $\displaystyle\int \frac{dx}{x\ln x}=\ln|\ln x|+C$

134. $\displaystyle\int x^n\ln x\,dx=\frac{1}{n+1}x^{n+1}\left(\ln x-\frac{1}{n+1}\right)+C$

135. $\displaystyle\int (\ln x)^n\,dx=x(\ln x)^n-n\int (\ln x)^{n-1}\,dx$

136. $\displaystyle\int x^m(\ln x)^n\,dx=\frac{1}{m+1}x^{m+1}(\ln x)^n-\frac{n}{m+1}\int x^m(\ln x)^{n-1}\,dx$

十五、定积分

137. $\displaystyle\int_{-\pi}^{\pi}\cos nx\,dx=\int_{-\pi}^{\pi}\sin nx\,dx=0$

138. $\displaystyle\int_{-\pi}^{\pi}\cos mx\sin nx\,dx=0$

139. $\displaystyle\int_{-\pi}^{\pi}\cos mx\cos nx\,dx=\begin{cases}0, & m\neq n\\ \pi, & m=n\end{cases}$

140. $\displaystyle\int_{-\pi}^{\pi}\sin mx\sin nx\,dx=\begin{cases}0, & m\neq n\\ \pi, & m=n\end{cases}$

141. $\displaystyle\int_{0}^{\pi}\sin mx\sin nx\,dx=\int_{0}^{\pi}\cos mx\cos nx\,dx=\begin{cases}0, & m\neq n\\ \dfrac{\pi}{2}, & m=n\end{cases}$

142. $\displaystyle I_n=\int_{0}^{\frac{\pi}{2}}\sin^n x\,dx=\int_{0}^{\frac{\pi}{2}}\cos^n x\,dx$

$$I_n = \frac{n-1}{n} I_{n-2}$$

$$I_n = \begin{cases} \dfrac{n-1}{n} \cdot \dfrac{n-3}{n-2} \cdot \cdots \cdot \dfrac{4}{5} \cdot \dfrac{2}{3}, & n \text{ 为大于 1 的正奇数}, I_1 = 1 \\[3mm] \dfrac{n-1}{n} \cdot \dfrac{n-3}{n-2} \cdot \cdots \cdot \dfrac{3}{4} \cdot \dfrac{1}{2} \cdot \dfrac{\pi}{2}, & n \text{ 为正偶数}, I_0 = \dfrac{\pi}{2} \end{cases}$$